工程师经验手记

玩转.NET Micro Framework 移植
——基于 STM32F10x 处理器

莫 雨 编著

北京航空航天大学出版社

内 容 简 介

本书循循善诱，带领大家进入.NET Micro Framework 移植这个神奇的领域。全书内容总体上分为三个部分：第一部分介绍.NET Micro Framework 的基本概况，比如应用领域、发展前景、嵌入式系统的对比等，让读者大致了解它所处的地位；第二部分是熟悉开发环境，比如需要什么开发工具、如何编译代码、如何调试等，让读者了解移植所需要做的准备工作；第三部分是全书之重，主要介绍如何将.NET Micro Framework 移植到 STM32F103ZE 处理器上及需注意的要点，内容涉及向量表、USB 驱动、FLASH 驱动等，让读者明白如何从无到有进行移植。本书附录中有"快速上手指南"，读者可根据其中的步骤快速地进行系统编译。本书共享书中所有源代码，请到作者博客或北京航空航天大学出版社网站下载。

本书的读者对象是：对.NET Micro Framework 移植非常感兴趣的朋友，只要具备基础的 C++ 知识，就能根据书中的内容一步一步实现移植；对于想了解和使用 STM32F10x 的读者，也具备一定的参考价值；当然，还有对嵌入式开发有着浓厚兴趣、一直支持 norains 的朋友们。

图书在版编目(CIP)数据

玩转.NET Micro Framework 移植：基于 STM32F10x 处理器 / 莫雨编著. —— 北京：北京航空航天大学出版社，2012.4
ISBN 978-7-5124-0723-7

Ⅰ. ①玩… Ⅱ. ①莫… Ⅲ. ①计算机网络—程序设计 Ⅳ. ①TP393.09

中国版本图书馆 CIP 数据核字(2012)第 024983 号

版权所有，侵权必究。

玩转.NET Micro Framework 移植
——基于 STM32F10x 处理器

莫　雨　编著
责任编辑　宋淑娟

*

北京航空航天大学出版社出版发行
北京市海淀区学院路 37 号(邮编 100191)　http://www.buaapress.com.cn
发行部电话：(010)82317024　传真：(010)82328026
读者信箱：emsbook@gmail.com　邮购电话：(010)82316936
涿州市新华印刷有限公司印装　各地书店经销

*

开本：710×1 000　1/16　印张：18.75　字数：422 千字
2012 年 4 月第 1 版　2012 年 4 月第 1 次印刷　印数：3 000 册
ISBN 978-7-5124-0723-7　定价：39.00 元

若本书有倒页、脱页、缺页等印装质量问题，请与本社发行部联系调换。联系电话：(010)82317024

序

2006年才偶然知道.NET Micro Framework,那是无意间翻阅一本当年的《程序员》杂志,发现有一篇马宁所写的介绍.NET Micro Framework 的文章。文章称.NET Micro Framework 不仅可以自启动,而且所提供的托管代码库还可以非常方便地操作硬件,比如操作 GPIO、串口、USB 和以太网之类的接口,这一瞬间就把仅有Windows编程和工控经验的我深深吸引住了。

也就是在同一年,微软中国和CSIP(工业和信息化部软件与集成电路促进中心)签署合作备忘录。2007年9月18日,微软中国与CSIP联合主办的.NET Micro Framework 技术大会在京隆重召开,正式把.NET Micro Framework 引入中国。

从那个时候开始,我便着手研究.NET Micro Framework,并写一些关于.NET Micro Framework 的技术文章,在积极推进当时我所在公司与CSIP合作开发.NET Micro Framework 项目未果的情况下,在马宁的引荐下,2008年我加入了微软中国.NET Micro Framework 项目组,从而得以进入嵌入式领域,开始了我的 ARM 开发生涯。

虽然从2007年开始,CSIP和微软中国便大力推广.NET Micro Framework,但定位仅仅是与高校合作,其推出的近乎天价的几万元的双子星教育箱,也只有高校可以买单,一般嵌入式爱好者是无缘使用的。而国外推出的.NET Micro Framework 开发板,动不动几千元的价格,也不是一般爱好者所能接受的。此外更致命的是,.NET Micro Framework Porting Kit 不仅 TinyCLR 不开源,而且还收取600美金的授权使用费,所以更限制了.NET Micro Framework 在中国,乃至在世界的推广。

直到2009年,微软才幡然醒悟,不仅.NET Micro Framework Porting Kit 完全免费,而且还以更为彻底的源代码授权方式(Apache 2.0 license)全部开源了.NET Micro Framework 代码,并且源代码也交予社区进行开发维护。

当此时也,物联网风起云涌,ARM 推出了 Cortex 系列芯片,各大厂商的云计算平台更是甚嚣尘上,而恰恰最重要的"端"这个依托平台正是.NET Micro Framework 最适合的施展舞台。

为了顺应这个发展潮流,我以个人之粗见,尽微薄之力,推出了全球第一款基于Cortex-M3的.NET Micro Framework 开发板,使.NET Micro Framework 爱好者能用较低的代价，便可以进入.NET Micro Framework 学习的殿堂。

也就是在那个时候，我结识了来自深圳的莫雨，他采用了自己的方式，用了近半年的时间，一步步、认认真真地完成了.NET Micro Framework 的移植工作。难能可贵的是，他把自己的移植过程结集成书，使有心进行.NET Micro Framework 移植的朋友多了一盏指路明灯。尤其值得一提的是，莫雨的这本新书，应该是全球第一本写.NET Micro Framework 底层移植的书。

需要指出的是，对于没有多少嵌入式基础的读者，.NET Micro Framework 应该是进入嵌入式开发殿堂最好的切入点，为什么这么说呢？因为.Net Micro Framework 相对于其他嵌入式系统而言，既不简单（相对于 μC/OS-Ⅱ），也不复杂（相对于 Windows CE、嵌入式 Linux）；并且包罗万象，知识面涉及很广，不仅包含一个小巧的操作系统，而且还能在 CLR 精简运行时，包含一个强大的在线调试系统，真可谓"麻雀虽小，五脏俱全"。

此外，学习.Net Micro Framework 也是 Windows 平台开发人员顺利过渡到真正嵌入式开发的最佳渠道。而且从这一点出发，还会很容易地过渡到其他的嵌入式系统上，如 μC/OS-Ⅱ、μCLinux、嵌入式 Linux 等。而 Windows CE 则不然，学过 Windows CE 的人都知道，其开发的难点就是驱动开发和平台移植，而这种代码的编写、编译和调试都要基于微软自己的 PB 开发环境（目前已作为插件成为 Visual Studio 的一部分），开发者很难接触到 MDK、RVDS、GCC 等开发工具，因而也就很难转入到其他的嵌入式系统。至于 Windows CE 的应用开发，它与 PC 平台开发几乎没有什么区别，也许你已经进行了几年的 Windows CE 应用开发，那么从严格意义上讲，你仍不是一个真正的嵌入式开发人员。当然，如果仅仅学习嵌入式 Linux 的应用开发，那么你也称不上一个真正的嵌入式开发人员，真正的嵌入式开发人员至少要有与中断、芯片寄存器打交道的经历。

总之一句话，如果你已经学习了一阵子.Net Micro Framework 的应用开发，而且已经不满足当前所学，还想进一步深入研究和开发.Net Micro Framework，那么莫雨的这本关于底层移植的书，你不得不读，它会帮你拨开底层移植的层层迷雾，让你尽享.Net Micro Framework 底层移植的快乐。

刘洪峰（网名：叶帆）
2011 年 8 月于北京

前　言

一、初识.NET Micro Framework

接触到.NET Micro Framework 其实是一个非常偶然却又必然的机缘。

当时我在做车载设备，其架构分为两个主要部件，分别是导航板和控制板。导航板用的是 ARM11 核心的 CPU，运行的是 Windows CE 系统，主要用来运行导航软件；而控制板则用的是 MCU 或低端的 ARM，用来控制外围设备以及与汽车的沟通。当时因为公司人员配置的问题，控制板这块几乎没有人手有能力去开发，所以只能购买其他公司做好的板子。而这对于一个公司来说，无异于喉咙被对手扼住，生存和死亡就看对方是否高兴。

鉴于这种情形，我开始了控制板的研究。但以前习惯了有操作系统作为支撑的开发方式，现在陡然进入一个对自己犹如一片白纸的领域，可谓无从下手。比如在 Windows CE 中创建多任务，只需要调用几个简单的 API 函数即可；但是在 MCU 这个区域，根本就没有操作系统的支撑，一切都只能自己动手——自己写调度算法、自己写逻辑关系等。

于是，为了打破这种困境，我开始寻找轻量级的嵌入式操作系统。经过多方比较，找到了 $\mu C/OS\text{-}II$。只可惜 $\mu C/OS\text{-}II$ 的结构化不符合自己的要求，因为系统与应用的关联度太大了。比如说，创建一个任务，就必须要修改操作系统代码，这对于极度追求稳定性的自己来说是不符合要求的——因为谁也无法保证是否能够完全避开"地雷"。后来，我便索性不再搜索成熟的嵌入式操作系统，而打算自己重写一个，只要能够完成最简单的任务即可。也许冥冥中天注定，在这期间看到了网友叶帆关于.NET Micro Framework 的一系列文章，而.NET Micro Framework 又刚好满足系统与应用分隔的原则，于是就开始了与.NET Micro Framework 的不解之缘。

二、内容特色

本书主要介绍与.NET Micro Framework 移植相关的内容。说到"移植"二字，可能不少初学者闻之色变，认为这是不可企及的高度，特别是将整个框架移植到新的 CPU 中，感觉难度更如登天。不过先别着急，虽然本书打着"移植"的旗号，但实际上是面对初学者的。只要具备 C++的基本知识，并按照本书的介绍一步一步去完成，就能真正踏入嵌入式领域。

前 言

本书的移植目标是 STM32F10x，它是 ST 公司出品的一款高性能、低功耗的 CPU。为什么选用这款 CPU，而不是市面上常见的三星系列呢？因为 STM32F10x 采用的是 Cortex-M3 核心，是 ARM11 的下一代产品，同时也是 ARM 的未来发展趋势。更为重要的是，Cortex 相对于之前的 ARM 系列，变动很大，特别是中断机制方面更是大相径庭。虽然 M3 是 Cortex 性能较低的一个版本，但指令集基本是一致的，因此，只要熟悉了 STM32F10x 的工作原理，对日后转为更高阶的 Cortex 版本就具有非常重要的参考价值。更为有意思的是，.NET Micro Framework 并没有完全实现 Cortex 核心的代码，而需要用户自己去更改相应的流程，但这对于进一步了解 .NET Micro Framework 的工作原理却是大有裨益。

虽然本书是基于 STM32F10x 编写的，但却不会太过深入讲解该 CPU 的具体特性，而是点到为止——.NET Micro Framework 需要什么，就只说什么。因为本书的主要目标是介绍 .NET Micro Framework 的移植，如果额外增加对 STM32F10x 特性的详细说明，则无疑会增加书的厚度，更何况市面上关于 STM32F10x 的优秀书籍也不少，我又何苦在这再造轮子呢？如果读者您是 STM32F10x 的忠实粉丝，那么不妨将本书当做是对 STM32F10x 一个具体项目的实现。

本书的目标在于带领各位读者进入 .NET Micro Framework 移植的大门，根据本书的介绍来移植一个能运行托管代码的最简单的 TinyCLR。该目标听起来似乎并不那么宏伟，但麻雀虽小，五脏俱全，只要能够达成这一目标，也就意味着你对于 .NET Micro Framework 的了解更深了一层，后续更多的动作也就能够很容易地举一反三了。

三、致 谢

在本书编写过程中得到了很多人的帮助。负责书中源代码测试的有：蓝应志、余海标、朱艳锋、龚军波、王靖、钟镇轩和刘翔宇。负责搭建硬件平台，为软件提供测试基础的有：马俊、黄明飞、覃玉恩和龙晓波。负责书中插图设计，为本书添光增彩的有：覃思、莫多、洪玲和梁菲。

还有一些朋友需要特别感谢。首先是网友叶帆，正是你的文章指引我进入了 .NET Micro Framework 领域，并且在移植过程中给予我不少建议，让我少走很多弯路，你不愧为微软的 .NET Micro Framework 项目组成员，更无愧于微软 MVP 的称号。叶帆的博客不能不推荐，其地址为 http://blog.csdn.net/yefanqiu。

其次是向飞，一个实力非常高超的网友，如果没有你的无私帮助，说不定我现在还在 USB 的泥潭中苦苦挣扎，书中那么多的错误也不会及时地被发现。

下一个是老尹，你让我知道除了车载以外还有那么广阔的领域，而那些都是 .NET Micro Framework 触角可以碰触的地方，这让我对 .NET Micro Framework 的前景充满了信心。

当然还有曾盛洲，如果不是你及时而又耐心地回答我工作中那些繁杂的问题，我根本就不会有这么多时间去研究.NET Micro Framework。

最后还有我的妻子，如果没有你坚定的支持，那么我在工作的抉择上还是犹豫不决，根本就无法如此心平气和地完成本书。

当然，还要感谢北京航空航天大学出版社的工作人员，本书的顺利出版离不开你们。

尽管我尽了极大的努力，但限于经验水平，书中的错误还是难免。如果读者您找到了这些错误，还望不吝指教，可以直接在我的博客 http://blog.csdn.net/norains 上留言，或者发邮件到 norains@gmail.com。在此，先行拜谢！

此书即将面市，吾姑且言之，众位看官姑且听之：

吾乃一名沉溺于嵌入式开发而不知日月轮转的工程师，2012 年新晋微软最有价值专家。凡是与技术相关之种种，无论大小繁杂，均欲一窥究竟，故涉猎甚广。期间所获之造诣，均载于所建博客，于业界颇有其名。曾不知地厚天高，2010 年以《Windows CE 大排档》一书献丑，所幸友人们顾及薄面，不致板砖遍地，倒有鲜花不少，于吾心有戚戚焉。现再推新作，虽已"二度进宫"，然仍忐忑不安。尤恐读者不满，板砖鸡蛋伺候，以致环境污染，千古罪人是也。怎奈书稿既成，如独自暗藏，恐心痒难耐。久思熟虑之后，乃纵性横心，拉脸弃面，令其曝光于世。若对本书愤懑，乃吾之过也，不若将其置之桌脚，便可疏导气闷。切记，勿忘！

莫雨（norains）
2011 年 8 月于深圳

目　录

第1章　概　述 … 1
1.1　什么是.NET Micro Framework … 1
1.2　.NET Micro Framework 的架构 … 2
1.2.1　Hardware Layer(硬件层) … 3
1.2.2　Runtime Component Layer(执行组件层) … 3
1.2.3　Class Library Layer(类库层) … 3
1.2.4　Application Layer(应用层) … 4
1.3　.NET Micro Framework 与嵌入式系统的比较 … 4
1.4　.NET Micro Framework 与其他.NET 平台的比较 … 5
1.5　开发工具 … 6
1.5.1　Visual Studio … 6
1.5.2　RealView MDK … 8
1.6　硬件平台 … 9
1.7　闲谈.NET Micro Framework 的适用范围 … 14

第2章　开发环境 … 15
2.1　.NET Micro Framework Porting Kit 概述 … 15
2.2　安装.NET Micro Framework Porting Kit … 15
2.3　了解文件类型 … 18
2.3.1　命令文件：*.cmd … 18
2.3.2　工程文件：*.proj … 21
2.3.3　分散加载文件：*.xml … 24
2.3.4　源代码文件：*.s,*.c,*.cpp,*.h … 25
2.4　编译 MFDeploy … 26
2.5　C♯程序开发 … 29
2.5.1　安装 SDK … 29
2.5.2　第一个 C♯程序 … 32
2.5.3　查看帮助文档 … 35

目录

第3章 移植初步 … 42
- 3.1 Solution Wizard 创建新方案 … 42
- 3.2 探究处理器数值设置 … 47
- 3.3 .NET Micro Framework 工程 … 54
  - 3.3.1 典型工程概述 … 55
  - 3.3.2 断点调试 NativeSample … 59
- 3.4 ST 函数库 … 65

第4章 向量表和启动 … 74
- 4.1 向量表 … 74
- 4.2 启动代码 … 75
- 4.3 .NET Micro Framework 的启动流程 … 78
- 4.4 修改 .NET Micro Framework 的启动流程 … 80
- 4.5 使向量表正常工作 … 81
- 4.6 将向量表移至内存 … 86
- 4.7 不可或缺的 PrepareImageRegions … 89
- 4.8 修正 PrepareImageRegions … 90
- 4.9 INTC 驱动 … 92
  - 4.9.1 驱动概述 … 92
  - 4.9.2 搭建工程 … 92
  - 4.9.3 动态设置中断函数 … 93

第5章 SysTick 驱动 … 97
- 5.1 驱动概述 … 97
- 5.2 建立工程 … 100
- 5.3 使用 ST 函数库的定时器 … 101
- 5.4 驱动实现 … 102
- 5.5 中断函数 … 106

第6章 串口驱动 … 110
- 6.1 驱动概述 … 110
- 6.2 建立工程 … 111
- 6.3 寄存器概述 … 112
- 6.4 ST 函数库的使用 … 117
- 6.5 中断函数 … 119
- 6.6 PAL 层驱动 … 122

6.7　NativeSample 测试 …………………………………………… 122

第 7 章　USB 驱动 …………………………………………………… 126

7.1　驱动概述 ………………………………………………………… 126
7.2　PC 端驱动 ……………………………………………………… 128
7.3　建立工程 ………………………………………………………… 131
7.4　插入检测 ………………………………………………………… 135
7.5　Endpoint0 的设备枚举 ………………………………………… 138
　　7.5.1　设备描述符 …………………………………………… 138
　　7.5.2　初始化 ………………………………………………… 144
　　7.5.3　中断函数 ……………………………………………… 146
　　7.5.4　控制传输 ……………………………………………… 150
　　7.5.5　安装 PC 端驱动程序 ………………………………… 156
7.6　Endpoint1 和 Endpoint2 的数据传输 ………………………… 161
7.7　MFDeploy 测试 ………………………………………………… 164

第 8 章　FLASH 驱动 ………………………………………………… 166

8.1　驱动概述 ………………………………………………………… 166
8.2　增加 NAND FLASH 设备 ……………………………………… 170
　　8.2.1　建立工程 ……………………………………………… 170
　　8.2.2　添加设备的代码 ……………………………………… 171
　　8.2.3　初始化 BLOCK_CONFIG ………………………… 172
　　8.2.4　初始化 BlockDeviceInfo …………………………… 172
　　8.2.5　初始化 BlockRegionInfo …………………………… 176
　　8.2.6　初始化 BlockRange ………………………………… 178
8.3　FSMC NAND …………………………………………………… 179
　　8.3.1　FSMC 简介 …………………………………………… 180
　　8.3.2　建立工程 ……………………………………………… 181
　　8.3.3　适用性判断 …………………………………………… 183
8.4　NAND FLASH 驱动 …………………………………………… 184
　　8.4.1　建立工程 ……………………………………………… 184
　　8.4.2　代码概述 ……………………………………………… 185
　　8.4.3　地址转换 ……………………………………………… 188
　　8.4.4　读　取 ………………………………………………… 192
　　8.4.5　写　入 ………………………………………………… 196
8.5　增加 NOR FLASH 设备 ………………………………………… 199
　　8.5.1　建立工程和增加设备 ………………………………… 199

8.5.2　初始化信息 ··· 200
8.6　FSMC NOR ·· 205
8.7　NOR FLASH 驱动 ·· 207
　　8.7.1　读　取 ··· 207
　　8.7.2　写　入 ··· 210
8.8　NativeSample 程序验证 ···································· 212

第 9 章　Power 驱动 ·· 216

9.1　驱动概述 ·· 216
9.2　建立工程 ·· 216
9.3　驱动实现 ·· 218
9.4　调试 C♯ 程序 ·· 218
9.5　调试探秘 ·· 219

第 10 章　GPIO 驱动 ·· 222

10.1　驱动概述 ··· 222
10.2　建立工程 ··· 223
10.3　ST 函数库的使用 ·· 224
10.4　外部中断释疑 ·· 225
10.5　中断函数 ··· 229
10.6　.NET Micro Framework 和 ST 函数库的 GPIO 标识映射 ·· 232
10.7　在 C♯ 程序中调用 GPIO ·································· 235

第 11 章　LCD 驱动 ··· 239

11.1　驱动概述 ··· 239
11.2　控制器驱动 ··· 240
　　11.2.1　建立工程 ··· 240
　　11.2.2　范例函数 ··· 242
　　11.2.3　硬件设计 ··· 243
　　11.2.4　字　体 ·· 247
　　11.2.5　代码完善 ··· 253
11.3　显示驱动 ··· 254
　　11.3.1　建立工程 ··· 254
　　11.3.2　代码完善 ··· 256

第 12 章　调试异常与解决 ······································ 258

　　12.1　CheckMultipleBlocks 函数引发的异常与解决 ············ 258

12.2　TinyCLR 的 this 赋值语句的缘起与解决 ………………………………… 260
12.3　MDK 指针赋值操作的 bug …………………………………………………… 264
12.4　&Load$$ER_RAM$$Base 赋值语句的崩溃 ……………………………… 266
12.5　闲谈赋值的出错 ………………………………………………………………… 269
12.6　灵活使用 ARM 汇编的 WEAK 关键字 ……………………………………… 269

附录 A　代码包快速上手指南 ………………………………………………………… 273

附录 B　BIN 文件的烧录 ……………………………………………………………… 279

参考文献 ………………………………………………………………………………… 285

后　记　授之于渔：写在 .NET Micro Framework 4.2 RC 发布之际 ……………… 286

第 1 章 概　述

本章只介绍.NET Micro Framework 的一些基础概况,并不涉及非常具体的技术问题,如果各位朋友对此已经熟稔,可以跳到第 2 章。

1.1　什么是.NET Micro Framework

.NET Micro Framework 是专门为小型的、资源有限的设备准备的。它为这些设备提供了一个完整的并且可以谓之革命性的开发和运行环境,并以此来加快产品的研发进度。

对于目前的.NET 开发者来说,这意味着他们所创建的程序可以运行于非常多的嵌入式设备,比如 PC 的远程控制、服务器,甚至云计算,而这一切都可以使用同样的模型和工具..NET 的开发者们,此时是否觉得热血沸腾了?

而对于目前的嵌入式开发者来说,又带来了怎样的变革呢? 他们可以更容易地开发针对具体应用的程序,并且与以前相比大大缩短了产品上市的时间。时间意味着市场,仅就此一点来说,也许很多嵌入式开发者也开始跃跃欲试了吧?

可以这么说,.NET Micro Framework 的意义在于将一个与桌面开发一致的 Visual Studio 体验带到了嵌入式的世界。

说了这么多,那么.NET Micro Framework 究竟能干什么呢? 简单来说,借助它可以:

① 更容易地开发强大的、更具影响力的复杂的应用程序;
② 更安全地通过有线或无线协议来连接设备;
③ 能够以更低的成本、更快的速度进行可信赖的开发,而这一切包含了设备,服务器和云计算。

相对于文字来说,也许图 1.1.1 更能让各位读者明白.NET Micro Framework 究竟能做什么。

第1章 概 述

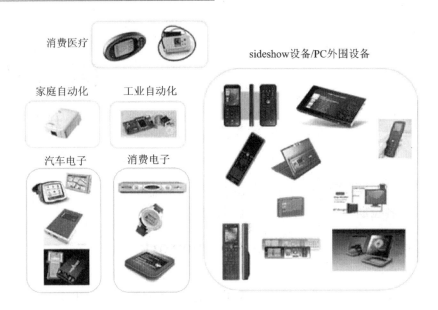

图 1.1.1　.NET Micro Framework 设备

1.2　.NET Micro Framework 的架构

任何一个框架都必定有其独特的架构，对于.NET Micro Framework 来说也是如此，其架构如图 1.2.1 所示。

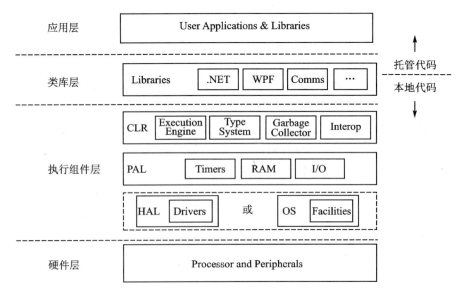

图 1.2.1　.NET Micro Framework 架构

1.2.1　Hardware Layer(硬件层)

对于 Hardware Layer 来说,有多种型号的微处理器可以选择,比如 ARM7、ARM9、Cortex、Xscale、ARC 和 ADI。Hardware Layer 也可以放在操作系统之上,当然这并不意味着硬件不存在了,只不过是.NET Micro Framework 无法直接与硬件沟通而已。那么,此时.NET Micro Framework 该如何操作硬件呢?只能通过系统提供的服务了。比如说,在 Windows XP 操作系统中,可以通过 CreateFile 来对串口进行操作。事实上,在.NET Micro Framework SDK 中用到的模拟器就是一个最好的将.NET Micro Framework 部署到操作系统之上的样例。这种模式的部署给.NET Micro Framework 带来的最大影响便是,其所能做的,只能取决于其所属的系统。

1.2.2　Runtime Component Layer(执行组件层)

Runtime Component Layer 包含三个组件:CLR(公共语言运行库)、HAL(硬件抽象层)和 PAL(平台抽象层)。在.NET Micro Framework 的术语当中,本层被称为 firmware(固件)。

1. CLR(公共语言运行库)

.NET Micro Framework 其实是.NET Framework CLR 的子集,其所用的运行环境也是由.NET Framework 提供的。这两者最大的不同在于,.NET Micro Framework 做了裁剪,令其能够更适合小型的嵌入式设备。

部署工具包提供了公共语言运行库的代码,而这些代码是与硬件无关的,所以它能够适应于多种编译器以及不同的 CPU 架构类型。

2. HAL(硬件抽象层)和 PAL(平台抽象层)

如果 CLR 需要操作硬件的话,那么它就必须透过 HAL 和 PAL。无论是 HAL 还是 PAL,其实本质都是用 C++ 编写的驱动。正如名字所表示出的意义一样,HAL 是与硬件密切相关的,而 PAL 则是完全独立于硬件的。

一般来说,驱动的 HAL 和 PAL 是成对出现的,并且是互相协调来完成一个任务。因为 CLR 会调用 PAL 的代码,然后在 PAL 内部又会调用 HAL 的代码,因此,正是这一层衔接一层的调用让 CLR 实现了操作硬件的功能。

HAL 除了包含驱动以外,还包含启动代码(bootstrap code)。当设备开始上电时,启动代码就进行低阶的硬件初始化,接着再运行 CLR,由 CLR 来进行设备的高阶初始化。不仅如此,HAL 还包含了配置信息,比如芯片支持包和板间支持包,前者指定特定的芯片,后者则指定相应的开发板。

1.2.3　Class Library Layer(类库层)

Class Library Layer 是.NET Micro Framework 中可复用的面向对象的组件,

开发者可将之用于嵌入式程序的开发。当然,第三方的开发者也可将自己的类库添加到组件中,最简单的例子便是开发板的厂家,他们会提供一系列操作开发板外围器件的类库供开发者使用,以减少开发者的时间。

1.2.4 Application Layer(应用层)

Application Layer 位于.NET Micro Framework 的顶层,在该层中用户可使用托管代码为设备开发程序,只不过稍显遗憾的是,目前只能使用C♯进行托管代码的开发。当然,完全可以有理由相信,以后将有更多的语言添加到这个领域中来。

说点题外话,从技术角度而言,其实应用层完全可以称得上是固件;但在.Net Micro Framework 的术语中,"固件"这个词只能给予执行组件层。那么,应用层应该叫什么呢? 因为在微软的文档中也没有说明,所以本书在这里也只好留白了。☺

1.3 .NET Micro Framework 与嵌入式系统的比较

熟悉微软的嵌入式产品线的朋友都知道,微软的嵌入式产品可谓丰富,最常见的有 Windows CE,以及国内朋友可能接触比较少的桌面 Windows 嵌入式系列。既然已经有了如此多的嵌入式产品,那么为什么还要有一个.NET Micro Framework 呢? 或是说,.NET Micro Framework 有什么优势呢? 在回答这个问题之前,先看看表1.3.1所列的比较。

表 1.3.1 .NET Micro Framework 与其他嵌入式系统的比较

平台 属性	.NET Micro Framework	Windows CE	Windows XPe
设备范例	传感器,辅助显示,健康监控设备,远程控制,机器人	手持GPS,PDA,汽车自动化,机顶盒	小客户端,ATM设备,信息查询设备
设备特性	联网,小型,耐用度高,图形界面	联网,图形设备,服务器,浏览器,RAS,DirectX	计算机性能级别,计算机网络
资源占用	250～500 KB 托管代码	300 KB 以上,无托管代码;12 MB 托管代码	40 MB 以上,取决于所选特性
电源	功耗非常低	功耗低	功耗一般
CPU	ARM7,ARM9,无 MMU	X86,MIPS,SH4,ARM,带MMU	X86
实时特性	非实时	硬实时	通过第三方扩展可以具备实时特性
托管代码 vs. 本地代码	通过.NET Micro Framework 运行托管代码,本地代码仅仅是在构建框架的时候使用	两者都支持,但托管代码必须借助.NET Compact Framework	两者都支持,但托管代码必须借助.NET Framework

从表 1.3.1 中可以看出，.NET Micro Framework 的最大优势在于，体积非常小，只占 250～500 KB，并且它对 CPU 的要求也非常低，甚至不需要 CPU 支持 MMU（内存管理单元）。而如果是在 Windows CE 上运行托管代码，那么就必须添加一个 12 MB 的组件；至于嵌入式的 Windows XP，则更不用说了，完全与对桌面版的 Windows XP 的要求相同。相比较之下，运行.NET Micro Framework 的设备成本要比后两者的大为降低，这对价格敏感的行业来说，是一个非常重要的砝码。

1.4 .NET Micro Framework 与其他.NET 平台的比较

除了本书要讲解的.NET Micro Framework 平台以外，.NET 平台还有两种，分别是.NET Framework 和.NET Compact Framework。从关系上来说，.NET Micro Framework 和.NET Compact Framework 都是.NET Framework 的子集。各位朋友应该对.NET Framework 比较熟悉了，该平台必须依赖于系统运行，最常见的系统便是桌面 Windows 系列，比如 Windows XP 和 Windows 7 等。相对陌生的是.NET Compact Framework，因为它只局限于 Windows CE 平台，并且也必须依赖于操作系统。由于在 Windows CE 开始大面积使用时，CPU 的性能普遍不高，开发者为了达到性能最优化的目的，普遍遗弃了.NET Compact Framework，而直接使用 C++进行开发。不过这一两年来，随着嵌入式 CPU 的性能不断提高，.NET Compact Framework 也逐渐进入了开发者的视野。

至于.NET Micro Framework，除了 1.3 节提到的体积小以外，它与其他两个.NET 平台的最大区别在于，它可以不依赖于操作系统。因为它具有自启动的特性，所以它可以直接从硬件启动。它甚至还具备了操作系统的某些特性，比如启动管理、中断处理、线程调度和内存管理等。如果不严格地说，甚至可以将.Net Micro Framework 看成是一个非常精巧的操作系统。图 1.4.1 很清晰地绘制出这三种.NET平台所处的应用领域。

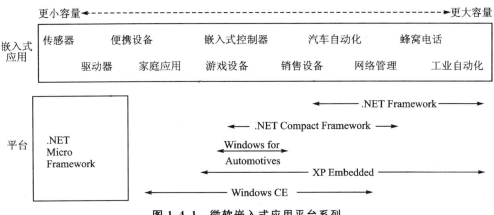

图 1.4.1 微软嵌入式应用平台系列

第1章 概述

1.5 开发工具

程序员进行开发时需要什么？开发工具！那么对于.NET Micro Framework 也是如此。只不过与微软其他的开发方式不同，.NET Micro Framework 仅采用微软的产品还无法胜任，还必须借助于其他厂家的开发工具。是不是觉得很奇怪呢？没关系，我们慢慢道来。

1.5.1 Visual Studio

对于熟悉 Windows 开发的读者来说，Visual Studio 系列可谓如雷贯耳。说白了，Visual Studio 是微软公司推出的开发环境，可以用来创建 Windows 平台下的 Windows 应用程序和网络应用程序，也可以用来创建网络服务、智能设备应用程序和 Office 插件。基本上可以这么说，如果要开发 Windows 应用，肯定无法忽视 Visual Studio。也许有一些读者朋友没有接触过该系列，那么不妨先看看图 1.5.1 所示的软件界面。

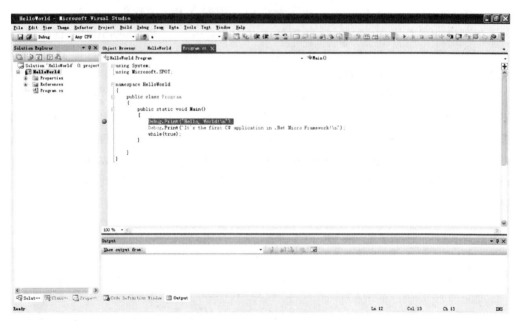

图 1.5.1 Visual Studio 界面

在.NET Micro Framework 领域，Visual Studio 处于一个什么样的地位呢？如果你需要安装.NET Micro Framework Porting 的话，那么就必须有相应版本的 Visual Studio；如果你想开发.NET Micro Framework 的应用程序，那么也需要 Visual Studio。唯一的问题是，无法使用同一套 Visual Studio 版本来进行所有的.NET Micro Framework 开发，也就是说，.NET Micro Framework 必须要与 Visual

Studio 版本相对应。

为了使读者对此关系有个清晰的认识,不妨来看看表 1.5.1。当然,为了不使该表格显得单调,这里也将 Windows CE 的系统开发工具 Platform Build 列举出来,请各位读者看看微软的生意经。☺

表 1.5.1 Visual Studio 版本适用范围

开发工具 版本	Visual Studio 2005	Visual Studio 2008	Visual Studio 2010
.NET Micro Framework Porting Kit 2.5	√	×	×
.NET Micro Framework Porting Kit 4.0	×	√	×
.NET Micro Framework Porting Kit 4.1	×	×	√
.NET Micro Framework SDK 3.0	×	√ (不能与 4.0 共存)	√
.NET Micro Framework SDK 4.0	×	√ (不能与 3.0 共存)	√
.NET Micro Framework SDK 4.1	×	×	√
Platform Build 6.0	√	×	×
Platform Build 7.0	×	√	×

本书中用到的 .NET Micro Framework 版本为 4.1,根据表 1.5.1 可知,需要安装 Visual Studio 2010。只不过笔者在实际使用 Visual Studio 2010 的时候,发现其启动速度比 Visual Studio 2005 要慢很多,也许是计算机配置太低的缘故。但这又有什么办法呢?要使用 .NET Micro Framework 4.1,就必须忍受这种折磨,如果读者您也是如此,不妨在启动的时候泡杯茶吧!☺

估计大家对 Visual Studio 2010 心存顾虑,那么不妨来看看微软 Professional 版本所列的基础配置,看看自己的机器是否能够胜任。

软件需求:
- Windows XP (x86) Service Pack 3,除 Starter Edition 之外的所有版本;
- Windows Vista (x86 & x64) Service Pack 1,除 Starter Edition 之外的所有版本;
- Windows 7 (x86 & x64);
- Windows Server 2003 (x86 & x64) Service Pack 2;
- Windows Server 2003 R2 (x86 & x64);
- Windows Server 2008 (x86 & x64) Service Pack 2;
- Windows Server 2008 R2 (x64)。

硬件要求:
- 配有 1.6 GHz 或更快处理器的计算机;
- 1 024 MB 内存;

第 1 章 概 述

- 3 GB 可用硬盘空间；
- 5 400 RPM 硬盘驱动器；
- DirectX 9 视频卡，1 280×1 024 或更高显示分辨率；
- DVD-ROM 驱动器。

1.5.2 RealView MDK

MDK 是 RealView 出品的一款开发工具，熟悉嵌入式开发的朋友，对于 MDK 这三个英文字母应该不会觉得陌生，甚至于在进行 8051 单片机开发时，也时常能见到其身影。看到这里，应该会有不少朋友觉得非常奇怪，.NET Micro Framework 是微软的产品，那么为什么还需要其他厂家的开发工具呢？或是说，究竟要拿 MDK 做什么呢？

如果要将.NET Micro Framework 移植到新的平台上，那么首先必须从微软的官方网站上下载.NET Micro Framework Porting Kit。如果要编译这个开发包，则不能使用 Visual Studio 系列，而必须使用其他厂家出品的开发工具，比如 RVDS 和 MDK。只是笔者一般使用的是 MDK，对此比较熟稔，所以本书的开发讲解都是以该工具作为示例。如果读者使用的是 RVDS，那么也没关系，代码既然能够在 MDK 中进行编译，那么理论上在 RVDS 中也是可行的，只不过在配置文件方面需要多花点工夫。

回到本节最初的话题，为什么微软不直接让 Visual Studio 来编译.NET Micro Framework Porting Kit 呢？这个问题估计只能直接问微软了。不过，为了满足部分读者的好奇心，笔者在此不妨自作聪明地瞎扯一下。由 Visual Studio 的编译器编译出来的程序，其实非常明显地依赖于操作系统，因为其 PE 文件头设定了很多与操作系统特性有关的东西。最简单的例子是一个什么都不做的 C++程序，用 Visual Studio 编译后，是绝对无法在 Linux 中运行的。资源有限的小型 CPU 连操作系统都无法运行，它们就更不需要程序中增加类似的 PE 文件头了。于是出现的问题就很有意思了，如果微软需要用 Visual Studio 进行.NET Micro Framework Porting Kit 的编译，那么就必须重新更改编译器，而这更改后的编译器又只能用在该领域的产品线中，可偏偏该产品线的竞争又有 MDK 和 RVDS 这些老牌的对手，所以微软索性就使用其他厂家的开发工具吧——反正做嵌入式开发的人，对这些工具都熟。

相对于 Visual Studio 来说，MDK 的界面就稍显简陋了。不过这种简陋带来的好处是，其对硬件配置的要求非常低；而对用户的唯一坏处是，启动的时候没空去泡茶了。☺

在本节的最后，让没有接触过 MDK 的朋友稍微看一下其运行的界面，也算是彼此照个面吧！如图 1.5.2 所示。

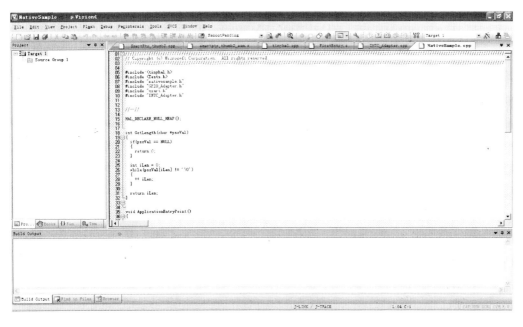

图 1.5.2 MDK 运行界面

1.6 硬件平台

既然本书的重点在于移植,那么肯定离不开硬件。在这里,笔者选用的是红牛开发板。为什么要选择这块开发板呢?话说笔者当年觉得 Cortex - M3 大有可为,想弄款该核心的开发板来折腾一下,结果囊中羞涩的我只能在网上购买了红牛开发板。再后来,遇到了.NET Micro Framework,本着物尽其用的原则,于是一切就从红牛开发板开始了。(读者:招了吧,还要在书中给人家做广告,你到底收了人家多少钱? norains:冤枉啊,这开发板还是俺勒紧裤腰带,好不容易挤出来的米钱啊~!)

首先来看看这块红牛开发板的模样,如图 1.6.1 所示。

红牛开发板的资源不可谓不丰富,根据用户手册指引,其配置如下:

- CPU 为 STM32F103ZET6;
- 512 KB SRAM,2 MB NOR FLASH;
- 128 MB 或 256 MB NAND FLASH;
- 可配 2.8 in TFT 真彩触摸屏模块或 3.2 in TFT 真彩触摸屏模块;
- 1 路 CAN 通信接口,驱动器芯片为 SN65VHD230;
- 2 路 RS232 通信接口;
- 1 路 RS485 通信接口;
- 1 个 SD 卡座 SDIO 控制方式;
- 1 个 I^2C 存储器接口,标配 24LC02(EEPROM);

第1章 概述

图 1.6.1 红牛开发板全貌

- 1 个 SPI 存储器接口,标配 AT45DB161D(DATA FLASH);
- 1 路 ADC 调节电位器输入;
- 3 路 ADC 输入接线端子引出;
- 2 路 PWM 输出接线端子引出;
- 2 路 DAC 输出接线端子引出;
- 1 个蜂鸣器,5 个用户 LED 灯,1 个电源指示灯,1 个 USB 通信指示灯;
- 4 个用户按键,1 个系统复位按键;
- 电源选择跳线,支持外接 5 V 电源供电、USB 供电或 JLINK 供电;
- 板子规格尺寸为 13 cm×10 cm;
- 所有 I/O 口通过 2.54 mm 标准间距引出,以便于二次开发。

如果以图 1.6.2 来标识的话,可能大家对板上的资源会看得更清楚些。

这款开发板用来验证本书中的驱动例程是足够了。但由于板载的内存太小,很多.NET Micro Framework 的应用例程,特别是图形方面的例子,就不足以运行了。所幸的是,截止到本书写作时为止,红牛开发板已经出了最新的 V3 版本,板子上的资源更多了,而 SRAM 则更是由 512 KB 一下子飞跃到 2 MB,这样的容量对于大部分应用来说是完全足够的。根据用户手册的说明,V3 版本的主要特性如下:

第1章 概述

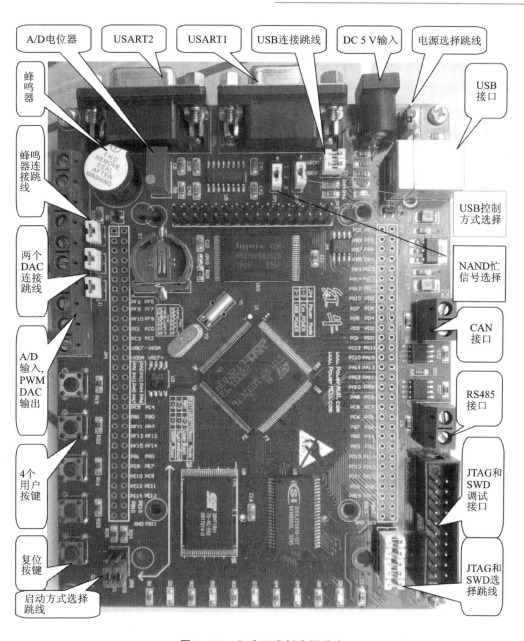

图 1.6.2 红牛开发板资源分布

- CPU 为 STM32F103ZET6。
- 2 MB SRAM,16 MB NOR FLASH,128 MB NADN FLASH。
- 2 MB 串行 FLASH,256 B 串行 EEPROM。
- 板载 VS1003B 高性能 MP3 解码芯片,支持解码音乐格式包括 MP3,WMA, WAV,MIDI 和 P-MIIDI,录音编码格式为 IMA ADPCM(单声道);支持麦克风和线入(line input)两种输入方式;支持 MP3 和 WAV 流;低功耗;具有内部锁相环时钟倍频器;高质量的立体声数/模转换器(DAC);16 位可调片内模/数转换器(ADC);高质量的立体声耳机驱动(30 Ω);单独的模拟、数字和 I/O 供电电源;串行的数据和控制接口(SPI)。
- 板载 1 个扬声器和 1 个驻极体咪头,1 个立体声耳机插座。
- 支持本站的 3.5 in 大屏幕彩色 LCD 模块。
- 1 个 MicroSD 卡插槽,支持 SDIO 模式。
- 1 个 CAN2.0A/B 接口。
- 2 个 RS232 串口。
- 1 个 RS485 接口。
- 1 个 USB2.0 全速设备接口。
- 1 个 USB HOST 接口(SL811)。
- 1 个 100 M/10 M 以太网接口(DM9000A)。
- 1 个 5 向摇杆,1 个 Reset 按键,1 个 Wakeup 按键,1 个 Tamper 按键,1 个自定义按键。
- 4 个自定义 LED 灯,1 个电源 LED 灯,1 个 USB 通信指示 LED 灯。
- 1 个 CR1220 电池座。
- 1 路可调电位器输入模拟信号。
- 标准 ARM JTAG 20 脚仿真接口座(方便连接 ST-LINK、J-LINK、ULINK2 等主流仿真器)。
- 2 个 BNC 输入端子,集成双通道示波器电路。
- 1 个电源开关,上下电时无需拔插电缆。
- 3 种启动方式,包括用户 FLASH、系统存储器和 SRAM。
- 所有 I/O 口均引出,便于接外部电路做实验。
- 工业级 4 层板设计,抗干扰能力超强。
- PCB 尺寸为 160 mm×120 mm。

如果各位读者朋友想选择红牛开发板,而又不是太囊中羞涩的话,强烈建议选择 V3 版本,这样,在今后的应用程序开发中也能够游刃有余。更何况,板子上还打了".NET Micro Framework"字样的 logo,所以用来配合移植是再好不过了,如图 1.6.3 所示。

如果正面的 logo 看不清,那么背面的看起来就清楚多了吧,如图 1.6.4 所示。

如果各位朋友对这款开发板有兴趣,可以到其官方网站查看,其网址为 www.PowerMCU.com 或 www.PowerAVR.com。(读者:norains,你还敢说没收人钱财?将人家网址都打广告了!从实招来,否则十大酷刑伺候!norains:冤啊,小的真冤枉,这个真的没有……!呃,当然,如果哪位读者愿意送我一块,我其实也是不介意的啦~☺)

第 1 章 概述

图 1.6.3 红牛开发板 V3 的正面

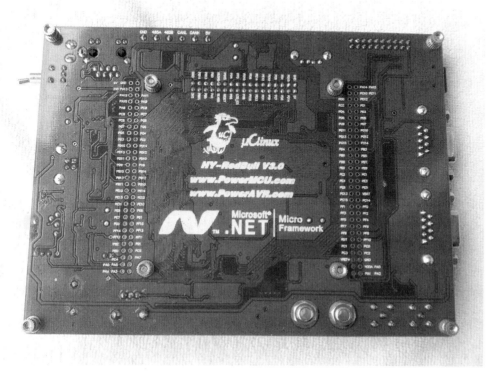

图 1.6.4 红牛开发板 V3 的背面

第1章 概 述

1.7 闲谈.NET Micro Framework 的适用范围

有什么人会用 C# 去写微处理器程序呢？关于这个问题其实与很多朋友都讨论过，并且大家的答案都基本一致：现在用 C/C++ 的人才不会改用 C# 编写微处理器程序呢！这个观点是没错的。但换个角度来说，.NET Micro Framework 的目的其实不是让 C/C++ 程序员转去用 C#，而是让 C# 程序员来抢 C/C++ 嵌入式的饭碗。当然这个抢占也是有限度的，因为它只能抢占逻辑应用的层面，而更深一层，比如驱动和协议等方面，C/C++ 的地位还是非常牢固的。就以.NET Micro Framework 领域为例，想在一款新的 CPU 上跑 C# 程序，还需要用 C/C++ 去移植 CLR 代码呢！

如果在.NET Micro Framework 大面积应用起来之后，就会呈现一个两极分化的局面。底层的、复杂的部分都由 C/C++ 程序员去解决；而简单的、属于逻辑应用的部分，则就是 C# 出马的时候了。而对于现阶段只能用 C/C++ 来编写应用程序，但对硬件底层不是很了解的程序员来说，除非加强自己的功力，否则届时就只能遭受被淘汰的命运。

用 C# 编写微处理器的代码有意义吗？这也许是另一个被问得最多的问题。在嵌入式领域中，除非是非常简单的应用，否则基本上都会运行一个比较微小的操作系统。其实这也是一个很容易理解的事情。比如说可以想象一下，假设使用的是 C8051，而且需要执行三个任务，那么这些任务的调度该如何分配运行时间呢？其相应的算法又该基于什么样的准则呢？应该知道，对于 C8051 是没有什么线程函数的说法的。因此，为何 μC/OS-II 在嵌入式领域会占有一席之地就不难理解了。

只不过类似于 μC/OS-II 的嵌入式系统都不免存在一个问题，就是应用代码与操作系统无法很好地分开。比如说，要想在 μC/OS-II 中增加一个任务，就必须修改操作系统的代码，令其创建一个任务线程。所以无论用户怎么小心，其实凡是涉及修改操作系统代码的情况，都无一例外地会留下不小的隐患。

而对于.NET Micro Framework 而言，就不存在这样的问题。因为它的底层是用 C/C++ 编写的，主要是将整个 CLR 运行起来；而其应用层呢，则是用 C# 编写的托管代码，其安全性毋庸置疑，即使应用层崩溃，也不会影响到底层的 CLR。最有意思的是，托管代码还能被随时刷新，而不用去更新底层的 CLR。但对于 μC/OS-II 这样的嵌入式操作系统来说，情形则大为不同，如果需要更新应用层代码，那么必须将整个 μC/OS-II 进行编译，然后再重新更新。所以相比较而言，在需要嵌入式操作系统的领域，.NET Micro Framework 所具备的优势还是非常明显的。

第 2 章 开发环境

本章介绍移植工作开始之前的准备工作,以及开发环境的特性和所需要注意的一些细节。

2.1 .NET Micro Framework Porting Kit 概述

.NET Micro Framework Porting Kit 是啥玩意？与.NET Micro Framework 有什么关系？一般来说,在购买可以直接在上面进行托管代码开发的开发板时,其内部肯定已经烧录了可以运行托管代码的固件,而该固件就是通过.NET Micro Framework Porting Kit 来进行编译的。目前来说,微软官方所支持的开发板数量有限,如果用户需要将.NET Micro Framework 运用到其他板子中,那么就必须要自己动手移植。而这种移植所需要的基本工具,其中之一就是.NET Micro Framework Porting Kit。当然,如果不需要做移植,而仅仅只是想在已包含固件的开发板上开发 C♯程序的话,那么就不需要该开发包了。

相对于微软其他系列的产品,.NET Micro Framework Porting Kit 显得厚道得多,因为它是开源的、免费的。只要能够自己将.NET Micro Framework 移植到所需的 CPU 中,那么后续的开发就完全不用担心授权费用的问题。正因如此,所以才可以很容易地从微软的网站上下载到.NET Micro Framework Porting Kit。在本书编写过程中,可供下载的版本为 4.1,其下载地址为 http://www.microsoft.com/downloads/en/details.aspx? FamilyID = ccdd5eac-04b1-4ecb-bad9-3ac78fb0452b。可能在本书上架之后,最新的 4.2 版本也要出来了。不过没关系,万变不离其宗,基本的移植方法还是相同的。

2.2 安装.NET Micro Framework Porting Kit

根据 2.1 节提示的下载地址下载.NET Micro Framework Porting Kit 开发包之后,将之解压缩,然后双击 MicroFrameworkPK.msi 文件进行安装,如图 2.2.1 所示。

然后在接下来的对话框中选择 Custom,如图 2.2.2 所示。

之所以不选择 Complete,是因为如果选择 Custom 的话,接下来的对话框还可以

第 2 章 开发环境

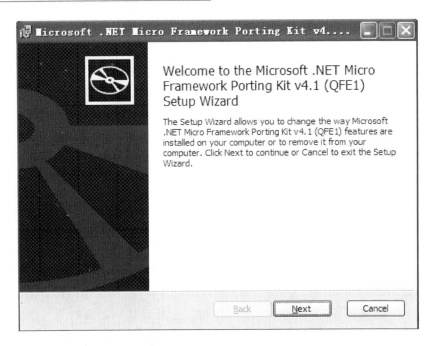

图 2.2.1 开始安装的界面

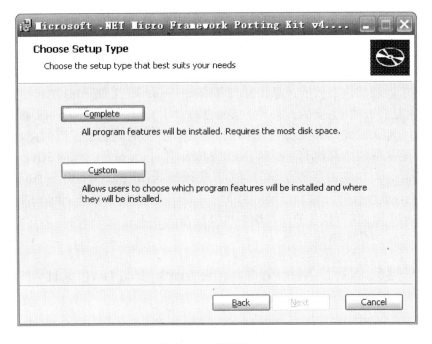

图 2.2.2 选择 Custom

选择安装的路径,这对于一些追求完美的读者朋友来说可能非常有用,如图 2.2.3 所示。

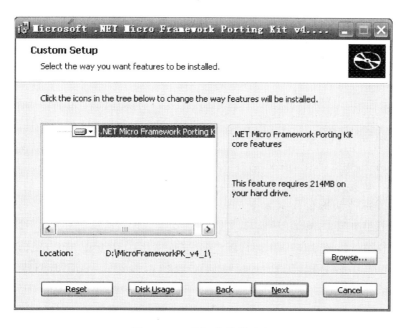

图 2.2.3　选择安装的路径

需要特别提醒,此安装路径绝对不能包含空格,否则后续会引发一些莫名其妙的问题。

因为开发包本身不是很大,所以安装过程非常快速,估计也就是两三分钟的光景,然后就会弹出如图 2.2.4 所示的安装完毕对话框。

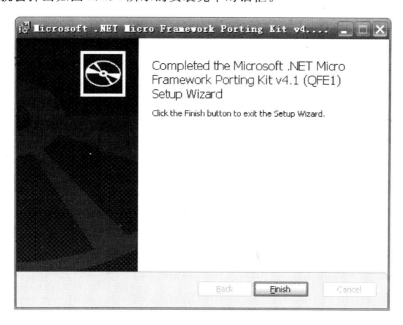

图 2.2.4　安装完毕对话框

第 2 章 开发环境

2.3 了解文件类型

开发包安装完毕后,所需要的文件便已经全部位于硬盘之中了,现在不妨了解一下这些文件的主要类型,以利于后续移植工作。

2.3.1 命令文件:*.cmd

虽然以后缀 cmd 结尾,但完全可以将其认为是批处理文件。当然,编辑的方式也很简单——直接用记事本打开。在实际开发中,使用最频繁的时候便是调用该文件来进行开发环境的设置。基本上可以这么说,在每次开始移植工作之前,所做的第一步工作便是调用该类型的文件。

不过该文件可不是随便调用的,因为这与所使用的开发工具有关。读者可以按 *.cmd 来搜索一下安装目录,这时应该能看到不少以 setenv 为前缀的文件,如图2.3.1 所示。

名称	所在文件夹
InternalSetArmVars.cmd	D:\ProgramFiles\NetMicroFramework\v4_1
setenv_base.cmd	D:\ProgramFiles\NetMicroFramework\v4_1
setenv_blackfin.cmd	D:\ProgramFiles\NetMicroFramework\v4_1
setenv_gcc.cmd	D:\ProgramFiles\NetMicroFramework\v4_1
setenv_MDK3.1.cmd	D:\ProgramFiles\NetMicroFramework\v4_1
setenv_MDK3.80a.cmd	D:\ProgramFiles\NetMicroFramework\v4_1
setenv_RVDS3.0.cmd	D:\ProgramFiles\NetMicroFramework\v4_1
setenv_RVDS3.1.cmd	D:\ProgramFiles\NetMicroFramework\v4_1
setenv_RVDS4.0.cmd	D:\ProgramFiles\NetMicroFramework\v4_1
setenv_shc.cmd	D:\ProgramFiles\NetMicroFramework\v4_1
setenv_vs10.cmd	D:\ProgramFiles\NetMicroFramework\v4_1
setenv_vs9.cmd	D:\ProgramFiles\NetMicroFramework\v4_1
setenv.cmd	D:\ProgramFiles\NetMicroFramework\v4_1
ADSwrapper.cmd	D:\ProgramFiles\NetMicroFramework\v4_1\USB_Drivers
build_usb_drivers.cmd	D:\ProgramFiles\NetMicroFramework\v4_1\tools\make
dump_serial.cmd	D:\ProgramFiles\NetMicroFramework\v4_1\tools\Scripts
init.cmd	D:\ProgramFiles\NetMicroFramework\v4_1\tools\Scripts
PrepareLibsForConcat.cmd	D:\ProgramFiles\NetMicroFramework\v4_1\tools\Scripts
prop_feedback_files.cmd	D:\ProgramFiles\NetMicroFramework\v4_1\tools\Scripts
sign_file.cmd	D:\ProgramFiles\NetMicroFramework\v4_1\tools\Scripts
Feedback_FixMultiSections.cmd	D:\ProgramFiles\NetMicroFramework\v4_1\tools\make\Feedback
build_all_at91.cmd	D:\ProgramFiles\NetMicroFramework\v4_1\DeviceCode\Targets\Native\AT91
OS2-EMX.cmd	D:\ProgramFiles\NetMicroFramework\v4_1\DeviceCode\pal\OpenSSL\OpenSSL_1_0_0\os2

图 2.3.1 开发环境设置文件

在图 2.3.1 中圈出来的文件都是用来设置相应开发工具的。正如之前所说,.NET Micro Framework Porting Kit 只能使用第三方工具来进行编译,为了使第三方工具能够正常识别编译文件,就必须对其进行设置,setenv_XXX.cmd 文件就是做这样的工作。

现在就来举一个例子,看看这个命令文件该如何调用。因为笔者使用的是 MDK 工具,所以要调用的命令文件自然为 setenv_MDKxxx.cmd 形式。这时会发现一个非常有意思的地方,就是从文件名可以推测出微软的命令文件是对应 3.1 版本和 3.8 版本的。那么,这是不是意味着其他版本,比如 4.02 就无法使用呢? 当然不是。虽然硬盘上安装的 MDK 是 4.02 版本,但依然可以使用 setenv_MDK3.80a.cmd 进行设置。为什么可以这样做呢？原因很简单,下面先查看一下 setenv_MDK3.80a.cmd 文件。

该文件的内容很简单,主要的语句是 setenv_base.cmd MDK3.80a PORT ％＊。其意义很清楚,仅仅是调用了另外一个文件 setenv_base.cmd 而已。那么,接下来就是看看文件 setenv_base.cmd。仔细查看后会发现,批处理文件无论是 3.8 版本还是 3.1 版本,都是设置相同的环境变量：

```
IF /I "%COMPILER_TOOL_VERSION%" == "MDK3.1"   CALL :SET_MDK_VARS
IF /I "%COMPILER_TOOL_VERSION%" == "MDK3.80a" CALL :SET_MDK_VARS
```

唯一的区别只是下面这几行：

```
if "%COMPILER_TOOL_VERSION%" == "MDK3.1" (
    set RVCT31BIN=%MDK_TOOL_PATH%\ARM\BIN31
) ELSE (
    set RVCT31BIN=%MDK_TOOL_PATH%\ARM\BIN40
)
```

从以上内容可以很明显地看出,3.1 版本和 3.8 版本的最大区别仅在于工具所处的文件夹的名称不同,3.1 版本的文件夹名是 BIN31,而 3.8 版本的则是 BIN40,恰好 MDK 4.0 的工具也是位于文件夹 BIN40 中,这也就是为什么可以采用 setenv_MDK3.80a.cmd 批处理文件来对 MDK4.0 进行设置的原因。其实,如果以后 MDK 的工具路径有变更,而微软又没有发布相应的批处理文件的话,那么就可以在此处进行更改。

当然,直接运行很可能是不行的,除非你的 MDK 的安装路径是默认的"C:\Keil\ARM",否则只能在调用的时候手动添加路径,如：

```
setenv_MDK3.80a.cmd "D:\ProgramFiles\Keil\ARM"
```

可能细心的朋友会有所发觉,例程中的路径没有带空格,这是不是意味着 MDK 的安装路径也必须没有空格呢？是的,确实如此。虽然可以通过修改 setenv_base.cmd 文件来强制对 CMD 文件中带有空格的路径进行修正,并且最后的确能够正常设置环境变量,但最终在编译.NET Micro Porting Kit 的 solution 时还是会有错误。所以,MDK 的安装路径依然还是要没有空格。不过,.NET Micro Framework Porting Kit 也只是调用其相应的编译器而已,如果不想重新安装 MDK,那么可将原来的 MDK 复制到一个没有空格的路径即可。

可能之前的说明有些复杂,下面就以实际操作来说明开发环境的设置,并说明如何进行验证。具体操作是：

① 从系统菜单中选择"开始"→"运行"菜单项,在弹出的对话框中输入"CMD"并回车,显示如图 2.3.2 所示命令行窗口。

② 使用"CD"命令进入到.NET Micro Framework Porting Kit 的安装目录,如：

```
cd D:\ProgramFiles\NetMicroFramework\v4_1
```

第2章 开发环境

③ 调用命令文件来设置开发环境,如:

`setenv_MDK3.80a.cmd "D:\ProgramFiles\Keil\ARM"`

如果设置正常的话,会有相应的提示,如图2.3.2所示。

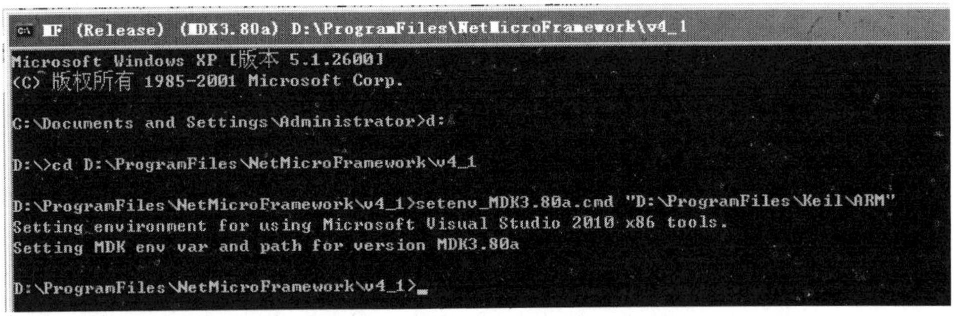

图 2.3.2　开发环境设置正常

④ 开发环境设置完毕后就可以试着编译了。虽然还没有开始真正移植,但微软还是有一些已经移植好的工程,不妨拿它们来小试牛刀吧!

首先要进入例程工程,故输入如下命令:

`cd D:\ProgramFiles\NetMicroFramework\v4_1\Solutions\SAM9261_EK\NativeSample`

然后输入编译命令:

`msbuild /t:build /p:flavor=debug;memory=flash`

如果之前的开发环境设置正常的话,那么会非常顺利地通过编译,即出现如图2.3.3所示的编译成功提示。

图 2.3.3　编译成功

2.3.2 工程文件：*.proj

工程文件主要是告诉编译器，有哪些文件需要编译，又有哪些库文件需要链接。回过头来，其实 2.3.1 小节的编译命令就是针对 NativeSample.proj 工程的。

工程文件本质上是以 XML 语法书写的文本文件，所以自然也能够用记事本打开来进行编辑。只不过有不少朋友可能看到 XML 就头晕，其实笔者也有同样的感觉，只不过有困难也得上，没有困难制造困难也要上！（读者：……）在这里不需要了解工程文件的方方面面，只要知道哪些与我们的移植有关即可。

1. Compile

正如之前所说，工程文件的首要任务就是告知编译器有什么源代码文件需要编译，而这告知的任务就以 Compile 关键字列出，如：

```
<ItemGroup>
    <Compile Include = "NativeSample.cpp" />
    <Compile Include = "Tools.cpp" />
</ItemGroup>
```

NativeSample.cpp 和 Tools.cpp 就是需要编译的源代码文件，只不过对这种写法有个要求，就是源代码文件必须与工程文件同处于一个目录。如果所在的目录不同，那么就必须要列出完整的路径，如：

```
<ItemGroup>
    <Compile Include = "$(SPOCLIENT)\Solutions\STM32F103ZE_RedCow\NativeSample\NativeSample.cpp" />
</ItemGroup>
```

路径中的 $(SPOCLIENT) 是一个变量，其代表的是 .NET Micro Framework Porting Kit 的安装根目录，比如笔者的安装根目录是"D:\ProgramFiles\NetMicroFramework\v4_1"，那么在编译时就会以该路径替代该变量，所以例子的路径就转变为"D:\ProgramFiles\NetMicroFramework\v4_1\Solutions\STM32F103ZE_RedCow\NativeSample\NativeSample.cpp"。

工程文件中还有不少类似的变量可以使用，但在移植中使用比较多的变量如表 2.3.1 所列。

表 2.3.1 常用的工程文件变量

变 量	说 明
$(SPOCLIENT)	.NET Micro Framework Porting Kit 的安装根目录
$(COMPILER_TOOL)	编译工具，取值有 rvds,gcc,mdk
$(SRC_DIR)	源文件所在的文件夹名，其实该值基本上等同于工程文件所在的路径

第 2 章 开发环境

续表 2.3.1

变 量	说 明
$(LIB_EXT)	生成的库文件的后缀
$(INSTRUCTION_SET)	CPU 的架构，取值有 arm，thumb，thumb2

更深入一点来说，源代码文件完全可以不处在相同的文件夹中，只要在工程文件中明确指出它们的路径即可，如：

```
<ItemGroup>
    <Compile Include = "$(SPOCLIENT)\Solutions\STM32F103ZE_RedCow\NativeSample\NativeSample.cpp" />
    <Compile Include = "$(SPOCLIENT)\Device\STM32F10x\Tools.cpp" />
</ItemGroup>
```

不要小看这一点，因为很可能在某些情况下，它会给代码的组织带来非常大的便利。

2. IncludePaths

与源代码相关的内容，还有头文件的搜索路径，而工程文件自然也是不能落下的。在工程文件中，设置头文件搜索路径的关键字是 IncludePaths，而该关键字也只能在 ItemGroup 区域有效。所以，添加头文件路径的写法如下：

```
<ItemGroup>
    <IncludePaths Include = "头文件路径" />
</ItemGroup>
```

不过，这里会有一个非常有意思的问题。假如有一个 solution 叫 MySolution，并且新建的工程叫 NewProj，而这个工程所需要的附加头文件在 Addtion 文件夹中。可能这样讲有点迷糊，还是以路径来表示。

工程文件路径：

```
$(SPOCLIENT)\MySolution\NewProj\NewProj.proj
```

头文件路径：

```
$(SPOCLIENT)\MySolution\Addtion
```

根据如上的信息和知识，很可能在 NewProj.proj 文件中写下如下语句：

```
<ItemGroup>
    <IncludePaths Include = "$(SPOCLIENT)\MySolution\Addtion" />
</ItemGroup>
```

但如果是这样书写的，那么在编译时还是会被提示找不到头文件！原因很简单，就是头文件的路径不对！可能有的朋友看到这里就迷糊了，不是已经填入正常的路径了吗？是的，说的没错，但错就错在编译器会画蛇添足！

如果仔细查看编译的输入信息的话,就会发现这个头文件的路径已经变成:

```
$(SPOCLIENT)\$(SPOCLIENT)\MySolution\Addtion
```

也就是说,在机器上,它的路径变成了

```
D:\ProgramFiles\NetMicroFramework\v4_1\D:\ProgramFiles\NetMicroFramework\v4_1\MySolution\Addtion
```

因此,能够正常找到头文件那就见鬼了!

所以,对于包含头文件的语句,只能更改如下:

```
<ItemGroup>
    <IncludePaths Include = "MySolution\Addtion " />
</ItemGroup>
```

这个时候,再次编译,应该就能正确找到所附加的头文件了。

因为编译器会将.NET Micro Framework Porting Kit 的安装路径附加到 IncludePaths 的路径之前,所以不难看出,头文件的搜索路径只能位于.NET Micro Framework Porting Kit 的安装目录之下,否则编译时就无法如我们所愿。

3. DriverLibs 和 RequiredProjects

在平时写代码的过程中,为了达到代码的复用,基本上不会将所有的模块都放在同一个工程中,而是根据功能细分的一个一个子模块将它们放在不同的工程中。最简单的例子便是将这些模块编译为库文件。如果在工程中需要使用模块文件,那么就必须要用 DriverLibs 和 RequiredProjects 这两个关键字将它们标示出来,如:

```
<ItemGroup>
    <DriverLibs Include = "GPIO_STM32F10x.$(LIB_EXT)" />
    <RequiredProjects
    Include = "$(SPOCLIENT)\DeviceCode\Targets\Native\STM32F10x\DeviceCode\GPIO\dotNetMF.proj" />
</ItemGroup>
```

DriverLibs 标明链接时用到的库文件,而 RequiredProjects 则标明库文件所在的工程。在实际开发中,首先编译 RequiredProjects 字段所指向的工程文件,然后在链接阶段查找相应的库文件。这里需要注意的是,DriverLibs 的取值是有规定的,其值与库的工程文件中的 LibraryFile 字段相对应,如:

```
<LibraryFile>GPIO_STM32F10x.$(LIB_EXT)</LibraryFile>
```

在这个例子中,库的工程文件中的 LibraryFile 字段的取值为

```
GPIO_STM32F10x.$(LIB_EXT)
```

与引用该库的工程文件中的 DriverLibs 字段取值一致。

2.3.3 分散加载文件：*.xml

在.NET Micro Frmework Porting Kit 中，分散加载文件以 xml 后缀结尾，其最主要的作用在于配置程序所需要的内存。可以这么说，即使工程文件正常，且源代码文件也没有任何 bug，但如果分散加载文件有错误，那么程序也绝对无法运行起来。如果各位朋友非常熟悉 Windows 的开发，但对嵌入式开发并不熟悉，那么对该文件可能就会非常地迷惑。

用来对程序的空间进行配置的分散加载文件的文件名都是以 scatterfile 为前缀，并以某个开发工具名为结尾的，如 scatterfile_tinyclr_mdk.xml。其中 scatterfile 表明此文件是用来进行空间配置的，tinyclr 表明此文件用于 TinyCLR 工程，最后的 mdk 则意味着该配置适用于 MDK 编译工具。

scatterfile_tinyclr_mdk.xml 文件可以使用记事本打开，下面来看看其中一些关键字的含义。

1. TARGETLOCATION

该关键字用来标示程序所存放的介质，取值可以为 FLASH 或 RAM，写法如下：

```
<If Name = "TARGETLOCATION" In = "FLASH">
```

其数值是由编译的命令行决定的。如果进行编译，则输入的命令为

```
msbuild /t:build /p:flavor = debug;memory = flash
```

那么分散加载文件的 TARGETLOCATION 的取值就为 FLASH，这个特性在根据不同介质分配不同资源时特别有用。

2. TARGETTYPE

该关键字用来标示编译的模式，其取值大家应该都很熟悉了，为 DEBUG 或 RELEASE。该取值也是受编译命令影响的，举个例子，如果 TARGETTYPE 的取值为 RELEASE 的话，那么编译命令可能如下：

```
msbuild /t:build /p:flavor = release;memory = flash
```

这样则可以根据 TARGETTYPE 的值来进行其他字段的设置，如：

```
<If Name = "TARGETTYPE" In = "RELEASE DEBUG">
    <Set Name = "Data_BaseAddress" Value = "0x0804D000" />
    <Set Name = "Code_Size" Value = "%Data_BaseAddress - Code_BaseAddress%" />
    <Set Name = "Data_Size" Value = "%Deploy_BaseAddress - Data_BaseAddress%" />
</If>
```

3. Config_BaseAddress 和 Config_Size

这两个关键字主要出现在 TinyCLR 的分散加载文件中，用来设定配置所存在的区域。Config_BaseAddress 标示起始地址，Config_Size 标示空间的大小，该区域主

要用来存放 LR_CONFIG 加载域，如：

```
<Set Name = "Config_BaseAddress" Value = "0x0807A000"/>
<Set Name = "Config_Size" Value = "0x00005000"/>
<IfDefined Name = "Config_BaseAddress">
    <LoadRegion Name = "LR_CONFIG" Base = "%Config_BaseAddress%" Options = "ABSOLUTE" Size = "%Config_Size%">
        <ExecRegion Name = "ER_CONFIG" Base = "%Config_BaseAddress%" Options = "FIXED" Size = "%Config_Size%">
            <FileMapping Name = "*" Options = "(SectionForConfig)"/>
        </ExecRegion>
    </LoadRegion>
</IfDefined>
```

4．Code_BaseAddress 和 Code_Size

这两个关键字在分散加载文件中是非常重要的，因为它确定了代码存放的位置。因为本书的代码是移植到 STM32F103ZE 款 CPU 中去的，而该 CPU 有内置的存储空间，所以这里的设置就都是针对该内置存储空间的地址 0x0800 0000，如：

```
<Set Name = "Code_BaseAddress" Value = "0x08000000"/>
<Set Name = "Code_Size" Value = "0x00060000"/>
```

当然也可以设置于内部的 RAM 空间，如：

```
<Set Name = "Code_BaseAddress" Value = "0x20004000"/>
<Set Name = "Code_Size" Value = "0x0000C000"/>
```

只不过将代码放置到内部 RAM 中的用处并不是很大，因为 STM32F103ZE 的 RAM 很小，除了 NativeSample 工程能够勉强使用以外，TinyBooter 和 TinyCLR 工程都只能将代码放置到 FLASH 中，并且即使将 NativeSample 放在内部 RAM 中，也必须在程序开始时设置 PC 指针指向内部 RAM 的起始地址才能使用。

分散加载文件中的很多配置，其实与具体的硬件设备有非常大的关系，不过这里暂时先不赘述，有兴趣的朋友可以直接转到第 3 章去了解。

2.3.4 源代码文件：*.s，*.c，*.cpp，*.h

因为．NET Micro Framework Porting Kit 已经属于嵌入式范畴了，而嵌入式开发所用的语言无非是 C/C++和汇编，因此熟悉这些语言的朋友在看到上面这些后缀名的时候应该不会有什么可惊讶的了。只不过这么一来，笔者就不知道该说些什么了。比拼语言？讲解语法？似乎这不是笔者的专长，也不是本书的目的。所以还是随便聊聊，说说这几种文件的使用吧。

*.s 是汇编语言文件。在开发包中，该类文件主要包含启动代码和向量表方面的初始化，以及一些对时间比较严格的操作，除此以外，就不会干别的了。所以对于

第 2 章 开发环境

那些看到汇编就发晕，但又需要进行移植的朋友，除了启动代码可能需要稍微留意以外，其他的方面则大可放心了。

接着是＊.cpp，这是 C＋＋语言文件，也整个开发包的重点。系统执行完汇编代码之后，完全无视 C 代码，毫不犹豫地直接跳转到 C＋＋代码去执行。即使是 CLR 的任务调度和线程管理等等这些核心部分的代码，也都是以 CPP 文件的形式出现。这对于坚持只有 C（其语言文件是＊.c）才能写底层代码的偏执狂来说可能要失望了，因为．NET Micro Framework Porting Kit 完全打破了他们一直坚持的只有 C 才能写操作系统的信念。其实笔者一直认为，之所以现在用 C＋＋编写的操作系统非常少，其原因并不是 C＋＋不能胜任，而是现在知名的操作系统都是在 C＋＋诞生之前出现的。笔者认为没有哪个编写者会愿意放弃稳定性等益处，而将 C 代码完全改写为 C＋＋，使得所得的结果仅仅是为了证明 C＋＋也能写出一个与原来功能一样的操作系统吧？

既然 C＋＋能够胜任，那么为何开发包中还存在着 C 语言的文件呢？笔者搜索之后发现，大部分的 C 语言文件其实都是第三方的库文件，比如 OpenSSL 和 LWIP 等，而这些都是微软的拿来主义——直接将第三方文件原封不动地拿过来使用而已。

最后是＊.h 文件，也就是俗称的"头文件"，对 C/C＋＋有所了解的读者应该对此不会陌生。它主要用来定义源代码所需要的宏和声明函数。该文件最大的好处在于，能够将接口与实现分开，令代码看起来比较清爽。

2.4 编译 MFDeploy

MFDeploy 对于．NET Micro Framework 来说是一个很重要的工具，它其中的一个重要功能就是测试 TinyCLR 工程是否能够正常运行。更为难能可贵的是，微软对该工具还是完全开放源代码的，其工程就位列于．NET Micro Framework Porting Kit 的安装目录的 MFDeploy 文件夹之下。不过如果只是下载了．NET Micro Framework Porting Kit，而并没有下载相应的 SDK 的话，那么要想使用 MFDeploy 程序，则还需要进行手动编译。

打开 MFDeploy 目录，发现一个名为 MFDeploy.sln 的工程文件，这时是不是直接打开就能编译了呢？可以尝试双击 MFDeploy.sln 看看。很遗憾，报错，如图 2.4.1 所示。

查看相应的文档，得知如果要编译 MFDeploy 的话，需要在命令行中进行。接下来的步骤就比较简单了，其过程与编译 NativeSample 基本一致：

① 选择"开始"→"运行"菜单项，在弹出的对话框中输入"CMD"，打开命令行窗口。

② 在命令行中借助"CD"命令进入到．NET Micro Framework Porting Kit 的安装根目录。

③ 调用相应的批处理文件来进行编译环境的设置，比如在笔者的机器上，就直

接输入

```
setenv_MDK3.80a.cmd D:\ProgramFiles\Keil\ARM
```

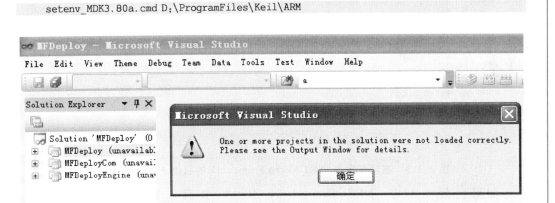

图 2.4.1　直接双击 MFDeploy.sln 报错

④ 一切准备就绪之后,就要输入

```
MSBUILD.EXE build.dirproj
```

来编译整个代码包。之所以要编译整个代码包,是因为 MFDeploy 工程是整个代码包的一部分,编译整个代码包也就自然编译了 MFDeploy。

经过一阵秋风扫落叶般的漫长的等待之后,如果一切顺利,那么在 $(SPOCLIENT)\BuildOutput\public\debug\Server\dll 目录之下就能见到可爱的 MFDeploy 的身影了,如图 2.4.2 所示。

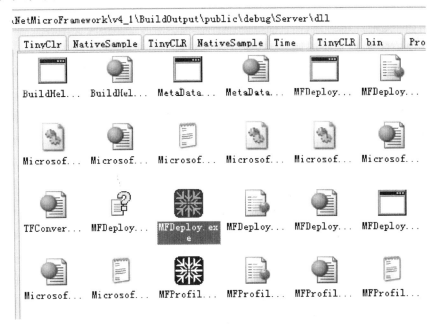

图 2.4.2　编译好的工具集合

第 2 章 开发环境

如果将 MFDeploy.exe 复制到没有安装.NET Micro Framework Porting Kit 或 SDK 的机器上运行,则执行时会出现如图 2.4.3 所示的错误。

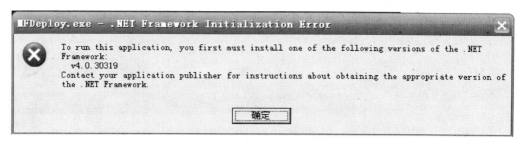

图 2.4.3　在没有安装.NET Micro Framework 的机器上运行会出错

如果已经下载了.NET Framework V4.0,并且安装完毕,但是在运行 MFDeploy.exe 的时候还是会出错,如图 2.4.4 所示。

图 2.4.4　即使安装了.NET Framework V4.0 也会有错

如果在没有安装.NET Micro Framework Porting Kit 或 SDK 的机器上运行 MFDeploy.exe,则结果暂时还不清楚,如果各位朋友知道相应的解决方式的话,麻烦告诉一声,再次先行拜谢!

现在又有了另外一个问题,就是微软既然已经提供了源代码,那么如果我们更改了源代码之后,是不是还要依样画葫芦呢?如果是,估计就很痛苦了,因为笔者估计没有多少人可以忍受变更一次代码就需要编译半个小时的痛苦。其实,这个时候就可以利用之前提到的 MFDeploy.sln 工程了。只不过,运行这个工程还是有一定技巧的,如果直接双击,那么还会出现与之前一样的错误。那么应该怎么办呢?很简单,如果刚刚编译好 build.dirproj 工程的命令行窗口还没关闭的话,那么直接在命令行进入到"$(SPOCLIENT)\Framework\Tools\MFDeploy"目录,然后直接输入MFDeploy.sln 即可。如果命令行窗口已经关闭了也没关系,只要按照之前提到的编译 build.dirproj 的方法,只执行前三个步骤,则设置完编译环境之后也能够将MFDeploy.sln 正常打开,如图 2.4.5 所示。

这个时候能够做什么事情,想必不用多说了吧?直接将 MFDeploy.sln 工程编译后就可以与普通的.NET 程序一样进行调试啦!其实不仅 MFDeploy.sln 工程如此,在开发包中凡是无法直接打开的 sln 工程,都可以使用这种方法打开。

第 2 章 开发环境

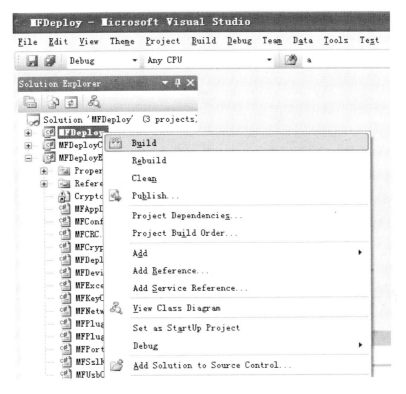

图 2.4.5　从命令行打开 MFDeploy.sln 文件

2.5　C#程序开发

本书虽然重点是介绍.NET 的移植,并不会过多关注于 C#代码的开发,但如果真的不懂得如何开发 C#程序,那么就会像一个快要饿死的人面对着大米却不知道如何下锅一样,该是一件多么"杯具"的事情,更何况有不少驱动程序还需要用 C#程序进行测试呢。所以本节就来说说开发 C#程序需要做些什么准备。

2.5.1　安装 SDK

移植需要用到.NET Micro Framework Porting Kit,而开发 C#代码则需要.NET Micro Framework SDK 4.1,不过不用担心,这个 SDK 也是免费的(只不过配套使用的 Visual Studio 2010 需要收钱……),可以从网站直接下载:http://www.microsoft.com/downloads/en/details.aspx?FamilyID=cff5a7b7-c21c-4127-ac65-5516384da3a0。

下载完毕之后,就一步一步来看看安装的过程吧。双击 MicroFrameworkSDK.msi 文件,会弹出那亘古不变的欢迎画面,如图 2.5.1 所示。

单击 Next 按钮之后,显示软件协议,如果不同意,就无法进入下一步。不过这

第 2 章 开发环境

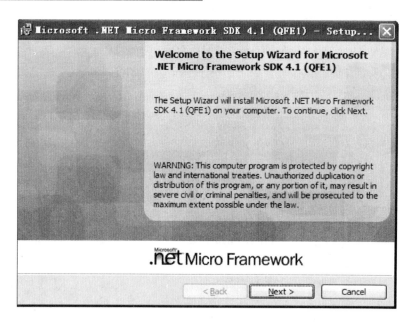

图 2.5.1 欢迎画面

不是废话嘛，如果不同意，还下载干啥呢？何况到了这一步，都被逼上梁山了，不同意也不行啊。所以选择 accept 后就进入下一步吧，如图 2.5.2 所示。

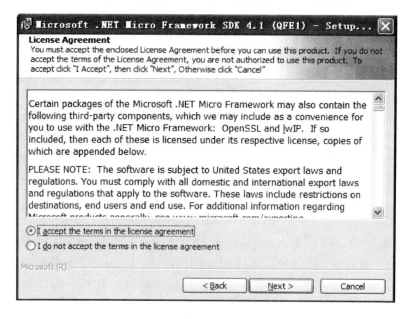

图 2.5.2 选择 accept

接下来就是大伙比较熟悉的安装方式了，这里建议各位朋友选择 Custom，如图 2.5.3 所示，因为该选项的灵活度比较高，而在默认安装方式下，很可能有一些安装内容我们无法认同。

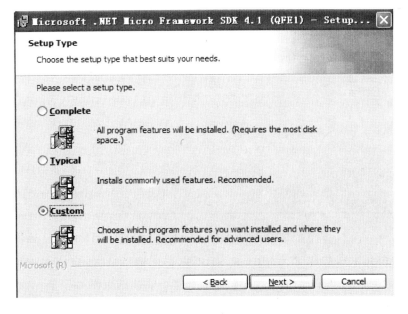

图 2.5.3 选择 Custom

紧接着便是选择安装的组件。这年头,硬盘大大地便宜了,估计各位朋友也不会为这十几兆字节的容量而抠门吧?所以索性还是全部选择。这里需要注意的是,如果各位朋友不喜欢默认的安装路径,那么在这里可以进行改选,如图 2.5.4 所示。

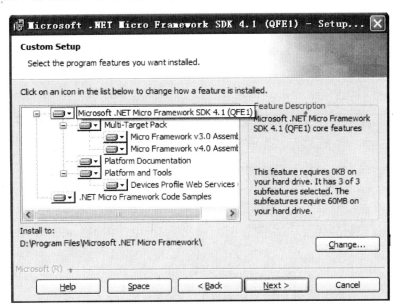

图 2.5.4 选择安装的组件

单击 Next 按钮后,在弹出的对话框中选择 Install 就进入了安装流程,如图 2.5.5 所示。

第 2 章　开发环境

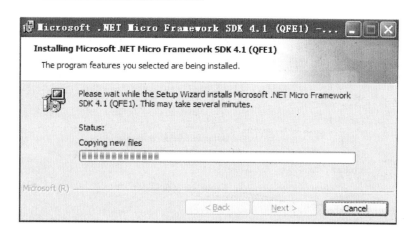

图 2.5.5　安装流程

安装过程并不用等待多久,因为该 SDK 还是比较小的,或许读者您连泡茶的时间都没有,就会顺利地看到如图 2.5.6 所示的这个安装结束画面了。

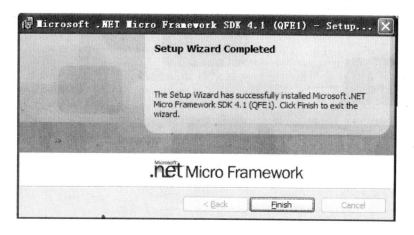

图 2.5.6　安装结束

2.5.2　第一个 C♯程序

在一般的入门书籍中,介绍的第一个程序是什么？估计大家都能回答得出来:Hello world！所以这里也不免赶一下潮流(读者:世俗一把吧？ norains:……),也来一个问候吧！

打开 Visual Studio 2010,因为已经安装了相应的 SDK,所以在新建项目中能够看到 Micro Framework 的选项,如图 2.5.7 所示。

这里的程序类型选择 Console Application,并将工程命名为 HelloWorld,单击 OK 按钮后,工程建立完毕。此时的默认代码其实已经是输出"Hello World！"字符串了,不过可能代码不太清晰,索性改成图 2.5.8 的形式。

第 2 章 开发环境

图 2.5.7 选择 Micro Framework 项目

图 2.5.8 清晰地指明输出字符串

直接按 F5 快捷键,便会调出一个模拟器窗口,如图 2.5.9 所示。

图 2.5.9　运行时出现模拟器画面

画面是空白的？没错，您真的没看错，模拟器的画面中确实什么都没有。因为调试的信息是通过串口来输出的，所以在模拟器窗口中是看不到的。那么这是不是意味着之前所做的一切都白费了？当然不是。界面没有显示，并不代表什么都没发生，此时查看 Visual Studio 的 Output 窗口，就可以看到输出的串口信息了，如图 2.5.10 所示。

其实等到.NET Micro Framework 移植完成之后，将 TinyCLR 部署到开发板，然后将开发板的串口连接到 PC，在 PC 端打开串口调试助手之类的软件，也能很方便地看到这个输出的字符串。不过这是后续的内容，现在才刚刚开始，还请稍安勿躁，一步一个脚印地来做吧。

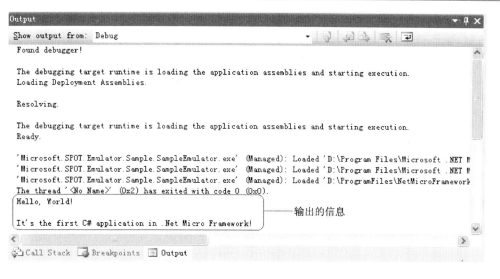

图 2.5.10　输出的字符信息

2.5.3　查看帮助文档

安装完 SDK 之后，在 Visual Studio 中是无法直接看到帮助文档的。比如，CPU 是 Microsoft.SPOT.Hardware 命名空间定义的一个类，如果想查看其信息按下 F1 键的话，则浏览器会提示无法找到本地帮助文件，如图 2.5.11 所示。

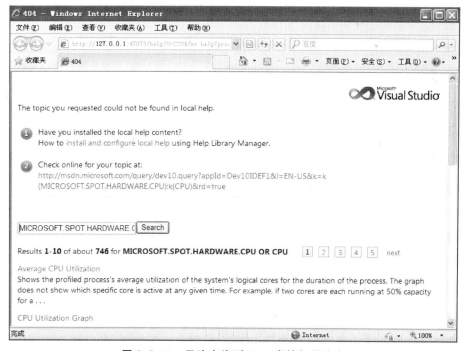

图 2.5.11　无法查找到 CPU 类的相关信息

即使从 References 的文件来查看,也只能看到函数接口,而看不到任何文字描述信息,如图 2.5.12 所示。

图 2.5.12　无法看到文字描述信息

这是不是意味着安装 SDK 之后就没有帮助文档了呢?当然不是。对此还抱有怀疑态度的朋友可以找到安装目录,打开 Documentation 文件夹,便能看到如图 2.5.13 所示的帮助文件了。

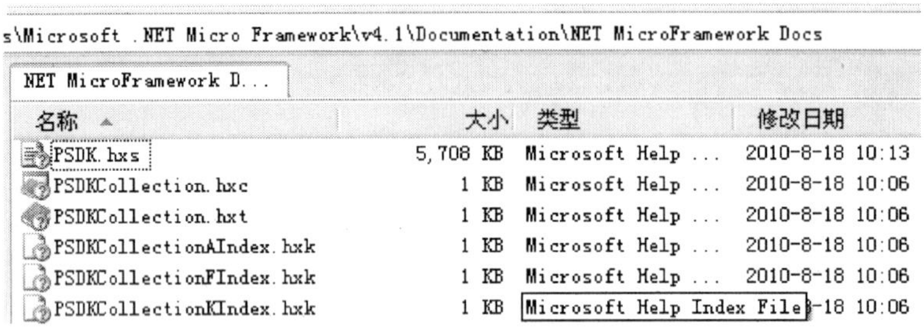

图 2.5.13　文件夹中的帮助文件

当然,直接双击这些帮助文件是无法打开的,否则笔者也不会专门写本小节进行说明了☺。要想使用这些帮助文件,必须先安装 Visual Studio . NET Help Integration Kit。如果没有该工具,可以从微软的官方网站下载:http://www.microsoft.com/downloads/en/details.aspx?FamilyID=CE1B26DC-D6AF-42A1-A9A4-88C4EB456D87。

如果还没有安装 Visual Studio 2003 版本的话,则当直接双击安装文件 vshik_setup.msi 时,会提示无法安装,如图 2.5.14 所示。

这是不是意味着,为了使用这个工具,还必须安装 Visual Studio 2003 呢?呵呵,完全没必要——虽然现在硬盘容量很大,但也不能这么浪费吧?这个时候,脚本文件的威力就显示出来了。新建一个脚本文件,以后缀 vbs 为结尾,并且输入如下内容:

图 2.5.14　无法安装 Visual Studio .NET Help Integration Kit

```
' Patch for the installation of the Visual Studio Help Integration Kit without need to
' have VS.NET already installed
'
' Prepared by Martin Sojdr (martin@sojdr.cz), based on the WiRunSQL.vbs script supplied
' by MS in the MS Installer SDK
'
' 06/26/2002
'


Option Explicit

Const msiOpenDatabaseModeReadOnly = 0
Const msiOpenDatabaseModeTransact = 1

' Connect to Windows installer object
On Error Resume Next
Dim installer : Set installer = Nothing
Set installer = Wscript.CreateObject("WindowsInstaller.Installer") : CheckError

' Open database
Dim databasePath:databasePath = "vshik_setup.msi"
Dim database : Set database = installer.OpenDatabase(databasePath, 1) : CheckError
Dim query, view, record, message, rowData, columnCount, delim, column
Set view = database.OpenView("DELETE FROM LaunchCondition WHERE Condition = 'DEVENV_
COMP'") : CheckError
view.Execute : CheckError
If openMode = msiOpenDatabaseModeTransact Then database.Commit
Wscript.Quit 0

Sub CheckError
    Dim message, errRec
    If Err = 0 Then Exit Sub
    message = Err.Source & " " & Hex(Err) & ": " & Err.Description
    If Not installer Is Nothing Then
        Set errRec = installer.LastErrorRecord
```

第 2 章 开发环境

```
            If Not errRec Is Nothing Then message = message & vbLf & errRec.FormatText
        End If
        Fail message
End Sub

Sub Fail(message)
    Wscript.Echo message
    Wscript.Quit 2
End Sub
```

然后将下载下来的 VSHIK 2003.exe 文件解压到一个文件夹中。是的,没看错,虽然其后缀名是 exe,但其本质是压缩文件,所以可以用 WinRAR 进行解压!接着将编写好的 VBS 文件与解压后的文件放在一起,如图 2.5.15 所示。

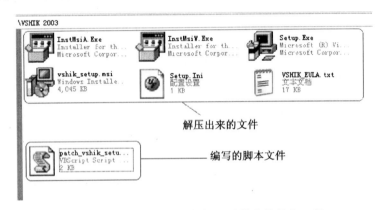

图 2.5.15 将脚本文件与解压后的文件放在一起

双击脚本文件后屏幕显示虽然是一闪而过,没有任何提示,但此时双击 vshik_setup.msi 文件后会发现,已经不再提示出错而能够安装了,如图 2.5.16 所示。

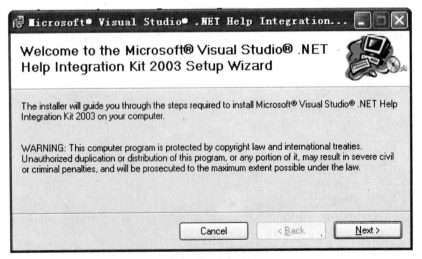

图 2.5.16 安装程序正常工作

安装完毕后,会在相应的文件夹中看到如图 2.5.17 所示的文件。

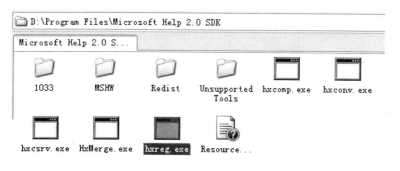

图 2.5.17　安装完毕后所看到的文件

当然,这还没有完全结束,还需要再做相应的设置——不过,离成功也不远了☺。建立一个后缀为 bat 的批处理文件,输入如下内容:

"D:\Program Files\Microsoft Help 2.0 SDK\hxreg.exe" -n MS.NETMicroFramework.v41.en -c PSDK.HxS -d ".NET Micro Framework SDK Document"

"D:\Program Files\Microsoft Help 2.0 SDK\hxreg.exe" -n MS.NETMicroFramework.v41.en -i MS.NETMicroFramework.v41.en -s PSDK.HxS

"D:\Program Files\Common Files\Microsoft Shared\Help 9\dexplore.exe" /helpcol ms-help://MS.NETMicroFramework.v41.en

这里需要注意的是,因为笔者习惯于将软件安装到 D 盘,所以上面路径才按如此设置。如果各位朋友并非如此,则只要根据自己电脑上的 hxreg.exe 和 dexplore.exe 所在的路径进行设置即可。

将该批处理文件保存到 SDK 文档所在的文件夹中,如图 2.5.18 所示。

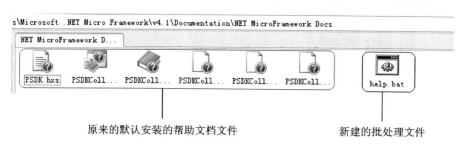

图 2.5.18　将批处理文件和帮助文件放在同一个文件夹中

双击运行批处理文件,如果路径正确,则会弹出一个文档浏览器,此时即可查看相应的文档了,如图 2.5.19 所示。

只不过每次为了打开文档,都要运行一次批处理文件,这也罢了,关键在于当文档不关闭的时候,背后还有一个命令行的对话框,着实惹人烦。其实在运行批处理文

第 2 章 开发环境

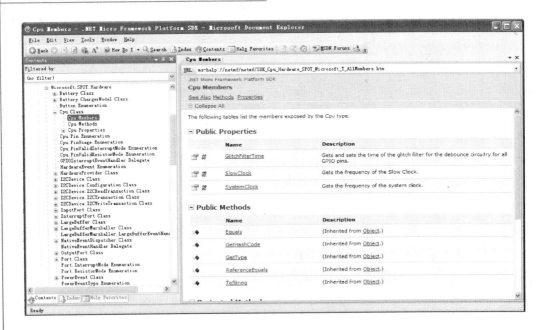

图 2.5.19 通过文档浏览器查看文档

件之后,可以建立一个快捷方式,并输入批处理文件的最后一行内容。这样,以后每次就可以通过直接单击快捷方式来打开文档了,如图 2.5.20 所示。

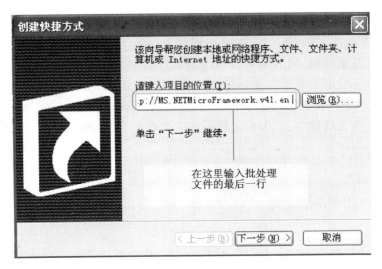

图 2.5.20 建立批处理文件

如果不想如此麻烦,则可以下载一个 H2 Viewer 也能非常便利地查看文档。打开 H2 Viewer 软件,然后选择 File→Open Files 菜单项,在文本框中输入 PSDK.hxs 文件名,打开文件后即可查看该帮助文档,如图 2.5.21 所示。

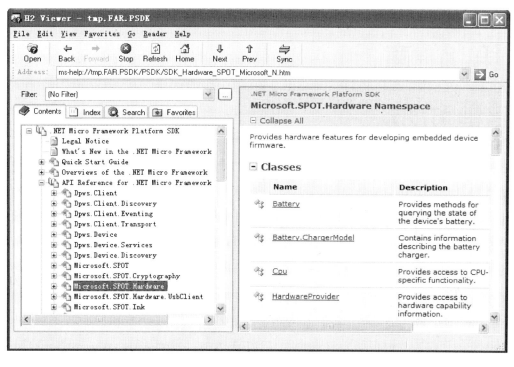

图 2.5.21 用 H2 Viewer 查看文档

这样是不是比微软的方式更简单呢？（读者声讨：norains，你在耍我们啊，前面啰嗦了那么一大堆，后面两行字就能解决了啊，干吗不早抖出来～?！ norains：嘿嘿，最前面的是正统的微软做法，后面的是第三方方式嘛，算是偏方啦，哈哈～～）

第 3 章

移植初步

本节介绍开始移植.NET Micro Framework 之前所需具备的一些基础知识和要做的准备工作,虽然有点烦琐,但却是必不可少。

3.1 Solution Wizard 创建新方案

因为.NET Micro Framework 默认的解决方案是没有 STM32F10x 的,因此如果要在该 CPU 上运行.NET Micro Framework,那么就必须自己动手来移植。对于一个一穷二白的 CPU 来说,首先要做的工作是创建一个新的方案。这听起来似乎很复杂,但实际上可以借助"＄(SPOCLIENT)\tools\bin\SolutionWizard\SolutionWizard.exe"工具。

单击 SolutionWizard.exe 程序,会弹出一个选择.NET Micro Framework Porting 安装路径的界面。不过一般来说,界面显示的路径都是正确的,可以不用修改。比如笔者将其安装至"D:\ProgramFiles\NetMicroFramework\v4_1",刚好与图 3.1.1 所示相符。

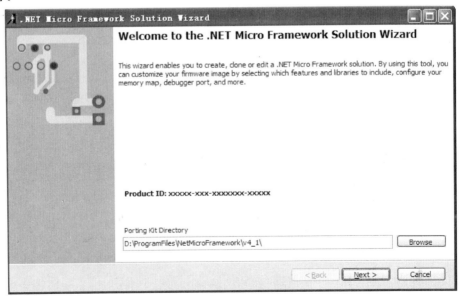

图 3.1.1 确认安装路径

接下来选择 Clone an Existing Solution，如图 3.1.2 所示。

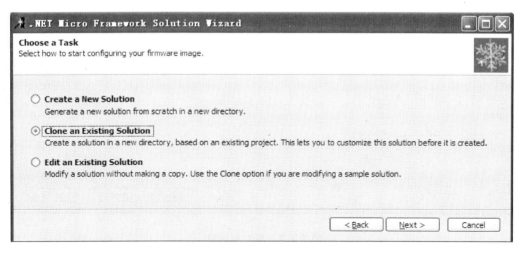

图 3.1.2　选择克隆一个现有工程

因为所要移植的开发板的板载 CPU 是 STM32F103ZE，而它是 Cortex – M3 架构，所以在接下来的解决方案中选择如图 3.1.3 所示的 CORTEXM3_SAMPLE。

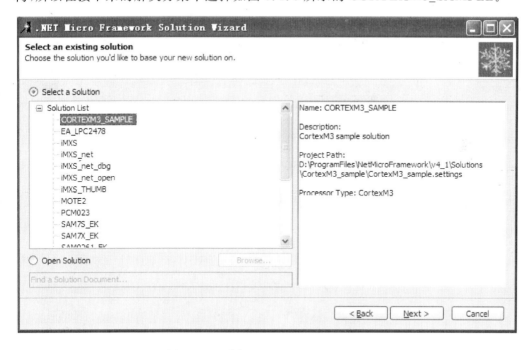

图 3.1.3　选择 CORTEXM3_SAMPLE

接下来便是填写方案的属性了。因为笔者用的是红牛开发板，所以如图 3.1.4 所示，在 Name 文本框中填写了 STM32F103ZE_RedCow，在 Author 文本框中自然就填写 norains 了。当然，我想各位朋友大人肯定不喜欢作者是别人，没事，这名字

第3章 移植初步

可以随便改，不会对后续产生影响。☺

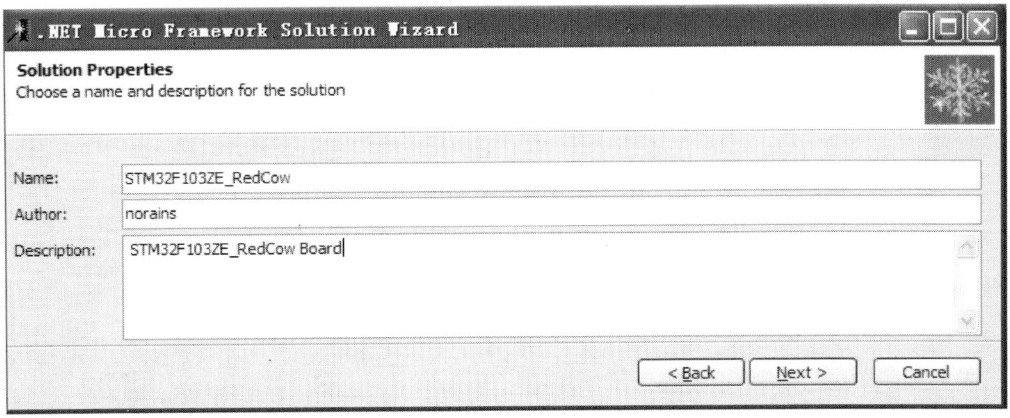

图 3.1.4 新方案信息

接着便是填写处理器的具体信息。这些信息对后续的影响比较大，如果填写的数值与实际不符，则后续工作很可能会出现一些异常情况。图 3.1.5 描绘的是与红牛开发板相适应的数值，而这些数据的具体来源待 3.2 节再详细说明，这里只需了解图中所设数值即可。

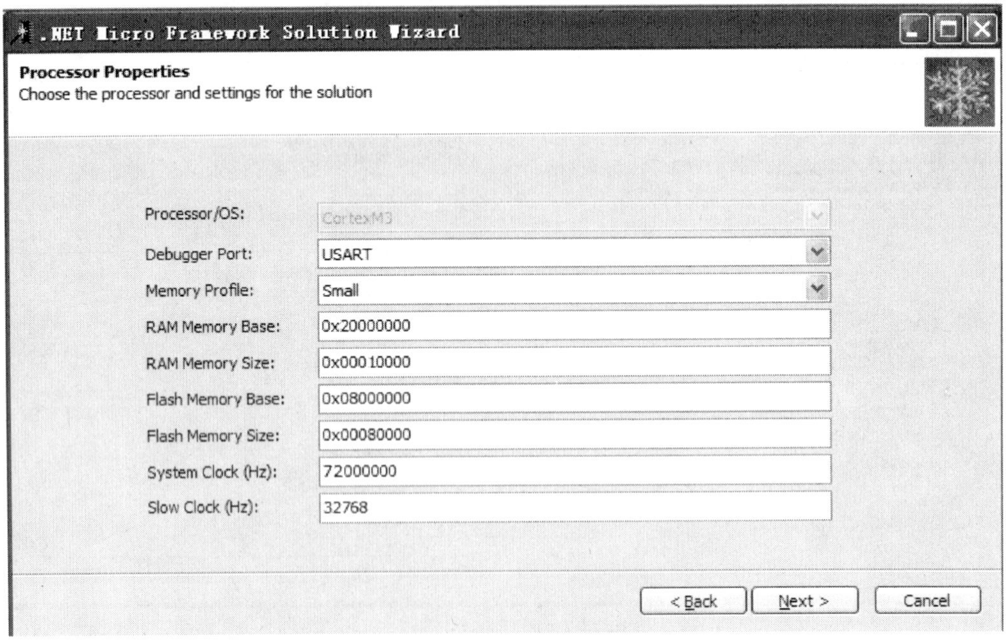

图 3.1.5 数值设定

因为在后续的使用中只是用到了 TinyCLR，NativeSample 和 TinyBooter 这三种工程，所以在接下来的组件中，自然也是按如图 3.1.6 所示进行选择。

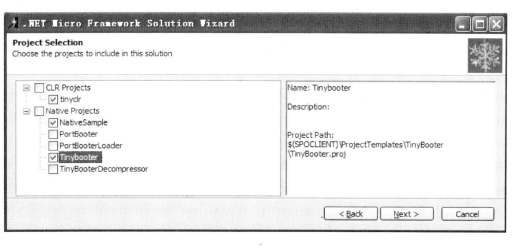

图 3.1.6 工程选择

如果各位读者想迫切了解这三个工程的具体区别,那么可以先至 3.3.1 小节查阅。

因为笔者所用的开发板资源较少,所以在接下来的特性选择中,仅仅选择了如图 3.1.7 所示的 TinyCore 和 SerialPort。不过这没关系,因为有些特性即使在这里没有选择,在后续工作中也可以手动添加。

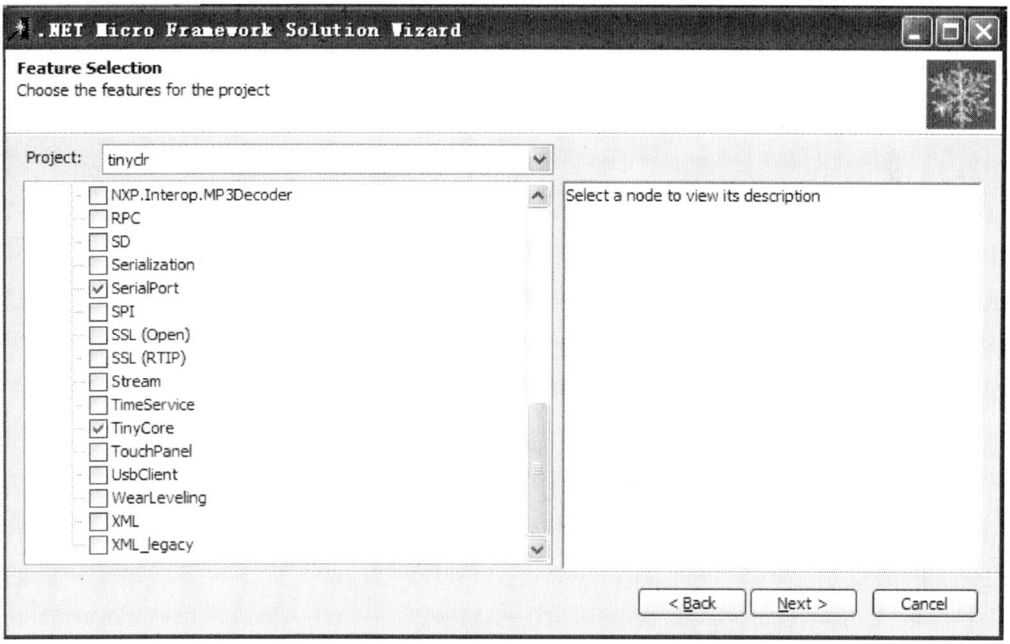

图 3.1.7 选择核心的 **TinyCore** 和 **SerialPort**

接下来就没有什么值得注意的了,一路单击 Next 按钮。如果创建过程中不小心弹出如图3.1.8所示的提示对话框,那么也不用慌张,只要单击"确定"按钮后,在列出的工程中随意选择一个可行的项目即可。

图3.1.8 提示项目尚有欠缺

当一切选择完毕后,最后会出现如图3.1.9所示的工程概要界面,单击Finish按钮,则新方案创建完毕。

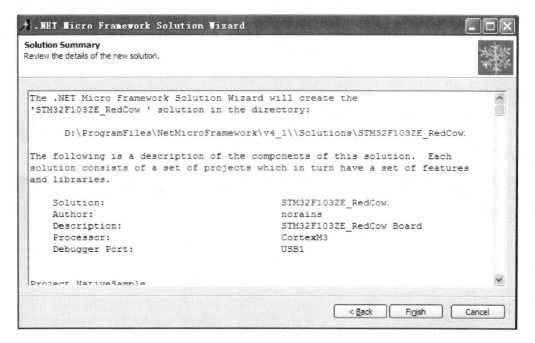

图3.1.9 方案概述

单击Finish按钮后就可以在"D:\ProgramFiles\NetMicroFramework\v4_1\Solutions\"路径下找到新建的STM32F103ZE_RedCow工程文件夹。这里有个比较有意思的小细节,因为使用的CPU是STM32F103ZE,而不仅是红牛开发板,其他开发板也有可能使用该款CPU。为了进行代码复用,一般更习惯于将只与CPU有关的代码放置于"$(SPOCLIENT)\DeviceCode\Targets\Native\STM32F10x"路径下,而将与具体开发板有关的代码放到"$(SPOCLIENT)\Solutions\STM32F103ZE_RedCow"路径下。可能各位朋友对此有点模糊,不过没关系,后续内容还会对此进行讲解。

3.2 探究处理器数值设置

在 3.1 节的建立新方案的过程中，图 3.1.5 涉及了处理器信息的填写，但并没有具体说明数值的来源。而本节就来揭开这些数据来源之谜！

1. Debugger Port(调试端口)——USART

这里选择的是调试 C# 程序的端口。其实这里有两个选择，分别是 USART 和 USB。之所以这里选择的是 USART，是因为 USART 比较简单。实际上这里也可以选择 USB，因为当 USB 驱动完善之后，使用更多的还是 USB。而且相对来说，USB 比 USART 要稳定和快得多。

2. Memory Profile(存储器特性)——Small

关于这个数值，其实笔者觉得有点迷惑，如果按照以往嵌入式开发的经验，Small 意味着所有变量都默认在内部数据存储器中，而 Compact 则表示所有变量都默认在外部存储器的一页，至于 Large 则是所有变量都在外部存储器中。可 .NET Micro Framework 在这个字段有四个数值，分别是 Minimal，Small，Medium 和 Large；而这些数值在移植文档中也没有只言片语，所以具体取值对应于什么样的状况，笔者也不太清楚。既然 solution 的例子很多都是设置为 Small，那么索性就选择它吧！

3. RAM Memory Base(随机存储器内存基地址)——0x2000 0000

在名为 *STM32F101xx*，*STM32F102xx*，*STM32F103xx*，*STM32F105xx and STM32F107xx advanced ARM-based 32-bit MCUs* 的 Datasheet(数据手册)中，关于内置内存(embedded SRAM)有下面一段说明，如图 3.2.1 所示。

Embedded SRAM

The STM32F10xxx features 64 Kbytes of static SRAM. It can be accessed as bytes, half-words (16 bits) or full words (32 bits). The SRAM start address is 0x2000 0000.

图 3.2.1 内置内存

图 3.2.1 的这段英文介绍的是内置内存的特性。STM32F10xx 拥有 64 KB 的静态内存，其起始地址是 0x2000 0000，并且可以用字节(8 位)、半字(16 位)和字(32 位)的方式进行访问。基于这段英文很容易知道，RAM Memory Base 的取值应该为 0x2000 0000。

4. RAM Memory Size(随机存储器内存容量)——0x0001 0000

这项内容需要看 ST 给过来的《STM32 选型指南》文档，其中关于 144 引脚的 STM32F103 的功能简介如表 3.2.1 所列。

表 3.2.1 STM32F103 功能简介

	型号	CPU频率/MHz	程序空间/KB	RAM/KB	FSMC	定时器功能			串行通信接口					模拟端口		I/O端口	封装
						16位普通 (IC/OC/PWM)	16位高级 (IC/OC/PWM)	16位基本	SPI	I²C	USART/UART	USB全速	CAN 2.0	以太网	I²S	SDIO	ADC (通道)	DAC (通道)		
144引脚	STM32F103ZC	72	256	48	有	4(16/16/16)	2(8/8/12)	2	3	2	3+2	1	1		2	1	3(21)	1(2)	112	LQFP144/LFBGA144
	STM32F103ZD	72	384	64	有	4(16/16/16)	2(8/8/12)	2	3	2	3+2	1	1		2	1	3(21)	1(2)	112	LQFP144/LFBGA144
	STM32F103ZE	72	512	64	有	4(16/16/16)	2(8/8/12)	2	3	2	3+2	1	1		2	1	3(21)	1(2)	112	LQFP144/LFBGA144

从表 3.2.1 中可以看出，其 RAM 大小为 64 KB，如果换算成以字节为单位，则是 64 B×1 024＝65 536 B，如果以十六进制表示，则是 0x10000。故 RAM Memory Size 为 0x0001 0000。

5. Flash Memory Base（FLASH 存储器基地址）——0x0800 0000

在名为 STM32F101xx，STM32F102xx，STM32F103xx，STM32F105xx and STM32F107xx advanced ARM-based 32-bit MCUs 的 Datasheet 中指出，无论主 FLASH 的大小是多少，都是以 0x0800 0000 为起始地址的，如表 3.2.2 所列。

表 3.2.2　FLASH 的起始地址

块	名　称	基本地址	容　量
主要存储区域	Page 0	0x0800 0000～0x0800 03FF	1 KB
	Page 1	0x0800 0400～0x0800 07FF	1 KB
	Page 2	0x0800 0800～0x0800 0BFF	1 KB
	Page 3	0x0800 0C00～0x0800 0FFF	1 KB
	Page 4	0x0800 1000～0x0800 13FF	1 KB
	⋮	⋮	⋮
	Page 127	0x0801 FC00～0x0801 FFFF	1 KB
信息块	系统存储区域	0x1FFF F000～0x1FFF F7FF	2 KB
	可选容量	0x1FFF F800～0x1FFF F80F	16 B

如果再继续深入，其实这里的取值也可以为 0x0000 0000。为什么呢？奥秘就在于 STM32F10x 的内存映射。首先来看看 Datasheet 中有关启动配置的英文描述，如图 3.2.2 所示，图中包括 3 种启动模式，分别是主 FLASH 存储器（main Flash memory）、系统存储器（system memory）和内置内存（embedded SRAM）。

Boot configuration

In the STM32F10xxx, 3 different boot modes can be selected through BOOT[1:0] pins as shown in *Table 6*.

Table 6.　Boot modes

Boot mode selection pins		Boot mode	Aliasing
BOOT1	BOOT0		
x	0	Main Flash memory	Main Flash memory is selected as boot space
0	1	System memory	System memory is selected as boot space
1	1	Embedded SRAM	Embedded SRAM is selected as boot space

图 3.2.2　STM32F10x 的启动模式

从图3.2.2可以看出,对于STM32F10xx来说,有3种不同的启动模式,这些启动模式可以通过表格中提到的BOOT1和BOOT0这两个引脚进行配置。相应的配置如下:

- BOOT1=任意,BOOT0=0   系统将从主FLASH存储器中启动;
- BOOT1=0,BOOT0=1   系统将从系统存储器中启动;
- BOOT1=1,BOOT0=1   系统将从内置的静态内存中启动。

对于主FLASH存储器的说明,还有如图3.2.3所示的描述。

Boot from main Flash memory: the main Flash memory is aliased in the boot memory space (0x0000 0000), but still accessible from its original memory space (0x800 0000). In other words, the Flash memory contents can be accessed starting from address 0x0000 0000 or 0x800 0000.

图 3.2.3 主 FLASH 存储器描述

图3.2.3中的英文意思是,如果从主FLASH存储器中启动的话,则主FLASH存储器将会被映射到启动的地址空间(0x0000 0000),但依然可以通过原来的地址(0x0800 0000)进行访问。换句话说,在主FLASH存储器中存储的数据既可以从地址 0x0000 0000,也可以从地址 0x0800 0000 开始进行访问。

6. Flash Memory Size(FLASH 存储器容量)——0x0008 0000

这项内容还要看《STM32 选型指南》的 CPU 功能列表,如表 3.2.3 所列。

从表3.2.3圈起来的数值可以知道,STM32F103ZE的FLASH大小为512 KB,换算为字节则是 512 B×1 024=524 288 B,对应的十六进制值则为 0x80000。

7. System Clock(系统时钟)——72 000 000 Hz

要得知这个系统时钟的数值确实有点麻烦,不过没关系,动漫不是经常有句话嘛:真相只有一个! 在名为 STM32F101xx, STM32F102xx, STM32F103xx, STM32F105xx and STM32F107xx advanced ARM-based 32-bit MCUs 的 Datasheet 中有一段话,如图 3.2.4 所示。

Clocks

Three different clock sources can be used to drive the system clock (SYSCLK):
- HSI oscillator clock
- HSE oscillator clock
- PLL clock

图 3.2.4 时钟源

图3.2.4的意思是,可以有3个不同的时钟源作为系统时钟,分别为高速内部时钟(HSI)、高速外部时钟(HSE)以及锁相环倍频时钟(PLL)。首先来看看 HSI,还是以英文原文举例,如图 3.2.5 所示。

表 3.2.3 CPU 功能特性列表

	型号	CPU频率/MHz	程序空间/KB	RAM/KB	FSMC	定时器功能 16位普通(IC/OC/PWM)	定时器功能 16位高级(IC/OC/PWM)	16位基本	SPI	I²C	USART/UART	USB全速	CAN 2.0	以太网	I²S	SDIO	ADC(通道)	DAC(通道)	I/O端口	封装
144引脚	STM32F103ZC	72	256	48	有	4(16/16/16)	2(8/8/12)	2	3	2	3+2	1	1		2	1	3(21)	1(2)	112	LQFP144/LFBGA144
	STM32F103ZD	72	384	64	有	4(16/16/16)	2(8/8/12)	2	3	2	3+2	1	1		2		3(21)	1(2)	112	LQFP144/LFBGA144
	STM32F103ZE	72	512	64	有	4(16/16/16)	2(8/8/12)	2	3	2	3+2	1	1		2	1	3(21)	1(2)	112	LQFP144/LFBGA144

第3章 移植初步

HSI clock

The HSI clock signal is generated from an internal 8 MHz RC Oscillator and can be used directly as a system clock or divided by 2 to be used as PLL input.

图 3.2.5 HSI 说明

从图 3.2.5 可知,高速内部时钟(HSI)信号是由内部的 8 MHz 振荡器产生的,它可以直接用来作为系统时钟,或者经过 2 分频之后用来作为锁相环(PLL)输入。那么系统时钟是不是可以直接使用 8 000 000 Hz 呢?先别急,不是还有 HSE 和 PLL 吗?那么,这 3 个时钟源又该如何选择呢?

首先要明确目的,我们的目标就是榨干 CPU 的性能,让它处于最快的运行速度。对于 STM32F103ZE 来说,其时钟频率为 72 MHz,所以这里就选择 PLL 作为时钟源,故数值为 72 000 000。只不过这个数值的选取,必须要与实际的初始化代码相一致。

虽然本章的最后才会介绍 ST 函数库的由来和使用,但并不妨碍在这里先来了解一下系统时钟。如果打开 ST 函数库的 .\CMSIS\Core\CM3\system_stm32f10x.c 文件,则会发现该文件中有如下宏定义:

```
/*!< Uncomment the line corresponding to the desired System clock (SYSCLK)
     frequency (after reset the HSI is used as SYSCLK source)

     IMPORTANT NOTE:
     ==============
  1. After each device reset the HSI is used as System clock source.

  2. Please make sure that the selected System clock doesn't exceed your device's
     maximum frequency.

  3. If none of the define below is enabled, the HSI is used as System clock source.

  4. The System clock configuration functions provided within this file assume that:
        - For Low, Medium and High density devices an external 8 MHz crystal is
          used to drive the System clock.
        - For Connectivity line devices an external 25 MHz crystal is used to drive
          the System clock.
     If you are using different crystal you have to adapt those functions accordingly.
  */

/* #define SYSCLK_FREQ_HSE    HSE_Value */
/* #define SYSCLK_FREQ_24MHz  24000000 */
/* #define SYSCLK_FREQ_36MHz  36000000 */
/* #define SYSCLK_FREQ_48MHz  48000000 */
/* #define SYSCLK_FREQ_56MHz  56000000 */
#define SYSCLK_FREQ_72MHz     72000000
```

根据代码的注释,可以了解如下相关几点:

① 复位之后,HIS 将作为系统时钟;

② 请确定所选的系统时钟不要超过实际设备的最大频率;

③ 如果形如 SYSCLK_FREQ_xxMHz 的宏都不使用,那么 HIS 就用做系统的时钟。

那么宏定义是如何起作用的呢?不妨来看看 SetSysClock()函数,代码如下:

```
static void SetSysClock(void)
{
#ifdef SYSCLK_FREQ_HSE
  SetSysClockToHSE();
#elif defined SYSCLK_FREQ_24MHz
  SetSysClockTo24();
#elif defined SYSCLK_FREQ_36MHz
  SetSysClockTo36();
#elif defined SYSCLK_FREQ_48MHz
  SetSysClockTo48();
#elif defined SYSCLK_FREQ_56MHz
  SetSysClockTo56();
#elif defined SYSCLK_FREQ_72MHz
  SetSysClockTo72();
#endif

  /* If none of the define above is enabled, the HSI is used as System clock
     source (default after reset) */
}
```

看了以上的代码,一切都清楚了吧?如果 System Clock 的数值为 72 000 000,那么在 system_stm32f10x.c 文件中就要定义 SYSCLK_FREQ_72MHz 宏;如果其他宏被定义,比如 SYSCLK_FREQ_36MHz,那么此时 System Clock 的数值应该为 36 000 000。因此不难看出,System Clock 的数值并不是一成不变的,而是根据代码的设置而改变的。所以对于 System Clock 的数值设置,只须与代码中定义的宏保持一致即可。

8. Slow Clock(低功耗时钟)——32 768 Hz

这个数值是 CPU 为了节电而低速运行的频率,该值在名为 $STM32F101xx$,$STM32F102xx$,$STM32F103xx$,$STM32F105xx$ and $STM32F107xx$ advanced $ARM\text{-}based$ $32\text{-}bit$ $MCUs$ 的 Datasheet 中也能找到其相应的蛛丝马迹,如图 3.2.6 所示.

图 3.2.6 中英文原文的意思是,对于低功耗的内部振荡器(LSI RC)来说,它有一个优点,就是可以节省频率为 32.768 kHz 的晶振的开销。其实说白了,该内部振

第 3 章 移植初步

Low-power internal RC Oscillator (LSI RC)
This clock source has the advantage of saving the cost of the 32.768 kHz crystal. This internal RC Oscillator is designed to add minimum power consumption.

图 3.2.6 低功耗的内部晶振

荡器设计的目的就是为了降低功耗。

因为这里内部振荡器是用来取代 32.768 kHz 的晶振,所以为了避免后续编码的麻烦,以及实现移植的便利性,这里就稍微偷懒一下,使 Slow Clock 选用该频率。因为设置画面是以 Hz 为单位的,所以 Slow Clock 的取值为"32768"。

如果大家对 System Clock 和 Slow Clock 的取值还有疑虑,可以打开 MDK 的 Target Option,在 Device 中选择 STM32F103ZE,在右侧的介绍中可以看到处理器的最高频率为 72 MHz,内部频率的取值为 32 kHz,正好与我们的取值相符,如图 3.2.7 所示。

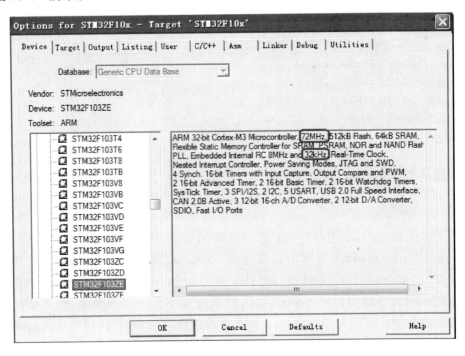

图 3.2.7 MDK 关于 STM32F103ZE 的描述

至此,图 3.1.5 中的所有数值来源已经说明完毕,不知道各位朋友是否已经了然于胸了呢?

3.3 .NET Micro Framework 工程

本节将要看看.NET Micro Framework 的具体工程,了解其作用,以及相应的调试方式。是不是有点迫不及待了？那么，继续往下看吧！

3.3.1 典型工程概述

对于.NET Micro Framework 来说，具体的工程有 TinyCLR，PortBooter，PortBooterLoader，NativeSample，TinyBooter 和 TinyBooterDecompressor。但在本书中仅仅涉及 3 个，分别是 NativeSample，TinyBooter 和 TinyCLR。下面就逐一介绍这 3 个典型的工程。

NativeSample 是最最简单的工程，但它也有自启动代码和硬件驱动的初始化等。只不过它也仅仅局限于此，接下来就直接运行到 NativeSample.cpp 文件中的 ApplicationEntryPoint 函数处。一个最简单的 ApplicationEntryPoint 函数仅仅有如下几行代码：

```
void ApplicationEntryPoint()
{
    //不要删除下面这条语句,否则会编译出错
    UART usartTest (COMTestPort, 9600, USART_PARITY_NONE, 8, USART_STOP_BITS_ONE,
            USART_FLOW_NONE);

    while(true);
}
```

NativeSample 最主要的作用是在 ApplicationEntryPoint()函数中测试一些简单的代码，而这些代码与.NET Micro Framework 的关联度其实非常低，甚至不需要.NET Micro Framework 就能够正常运行起来。比如测试 GPIO 驱动，完全可以在 NativeSample.cpp 手动调用 GPIO 的驱动接口函数时来查看驱动是否有效。只不过这是它的优势，同时也是它的劣势，因为与.NET Micro Framework 的关联度不高，所以一些驱动的测试根本无法运行，比如 USB 驱动等。所以这时候，就必须要请出 TinyBooter 工程了。

TinyBooter 比 NativeSample 要复杂一些，且与.NET Micro Framework 的关联度更高，能够测试大部分的驱动程序，比如 USB 驱动能够通过 MFDeploy 来 Ping 到。TinyBooter 与 TinyCLR 最大的区别在于，TinyBooter 无法运行.NET 程序。对于 TinyBooter 来说，其入口函数也是 ApplicationEntryPoint，但与 NativeSample 的最大的不同是，TinyBooter 的该函数并不是位于 Solution 中，而是位于"$(SPOCLIENT)\application\tinybooter\TinyBooter.cpp"。微软的意思很明显，对于 TinyBooter来说，只要能让它跑起来就好啦，对于它的启动机制什么的，就不要折腾了。虽然微软不想让人折腾，但大伙的好奇心是无穷的，所以就来看看这个函数的全貌吧。

```c
void ApplicationEntryPoint()
{
    //20 秒延时
    INT32 timeout = 20000;
    bool enterBootMode = false;

    // 加密 API 需要用到分配的内存,所以在这里给它初始化一个简单的堆
    UINT8 * BaseAddress;
    UINT32 SizeInBytes;

    HeapLocation(BaseAddress, SizeInBytes);
    SimpleHeap_Initialize(BaseAddress, SizeInBytes);

    g_eng.Initialize(HalSystemConfig.DebuggerPorts[0]);

    // 在内部会复位并且进行检查
    enterBootMode = g_PrimaryConfigManager.IsBootLoaderRequired(timeout);

    // ODM 确定的进入 BootLoader 的模式
    if(!enterBootMode)
    {
        enterBootMode = WaitForTinyBooterUpload(timeout);
    }
    if(!enterBootMode)
    {
        if(!g_eng.EnumerateAndLaunch())
        {
            timeout = -1;
            enterBootMode = true;
        }
    }

    if(enterBootMode)
    {
        LCD_Clear();

        //输出 BootLoader 信息
        hal_fprintf(STREAM_LCD, "TinyBooter v%d.%d.%d.%d\r\n", VERSION_MAJOR,
                    VERSION_MINOR, VERSION_BUILD, VERSION_REVISION);
        hal_fprintf(STREAM_LCD, "%s Build Date:\r\n\t%s %s\r\n", HalName,
                    __DATE__, __TIME__);
```

```cpp
        DebuggerPort_Initialize(HalSystemConfig.DebuggerPorts[0]);

        TinyBooter_OnStateChange(State_EnterBooterMode, NULL);

        DebuggerPort_Flush(HalSystemConfig.DebugTextPort);
        hal_printf("TinyBooter v%d.%d.%d.%d\r\n", VERSION_MAJOR,
                    VERSION_MINOR, VERSION_BUILD, VERSION_REVISION);
        hal_printf("%s Build Date: %s %s\r\n", HalName, __DATE__, __TIME__);
#if defined(__GNUC__)
        hal_printf("GNU Compiler version %d\r\n", __GNUC__);
#elif defined(_ARC)
        hal_printf("ARC Compiler version %d\r\n", _ARCVER);
#elif defined(__ADSPBLACKFIN__)
        hal_printf("Blackfin Compiler version %d\r\n", __VERSIONNUM__);
#elif defined(__RENESAS__)
        hal_printf("Renesas Compiler version %d\r\n", __RENESAS_VERSION__);
#else
        hal_printf("ARM Compiler version %d\r\n", __ARMCC_VERSION);
#endif
        DebuggerPort_Flush(HalSystemConfig.DebugTextPort);

        {
            CLR_DBG_Commands::Monitor_Ping cmd;
            cmd.m_source = CLR_DBG_Commands::Monitor_Ping::c_Ping_Source_TinyBooter;
            g_eng.m_controller.SendProtocolMessage(CLR_DBG_Commands::c_Monitor_Ping, WP_Flags::c_NonCritical, sizeof(cmd), (UINT8 *)&cmd);
        }
        UINT64 ticksStart = HAL_Time_CurrentTicks();

        //检查是否有事件发生
        do
        {
            const UINT32 c_EventsMask = SYSTEM_EVENT_FLAG_COM_IN |
                                        SYSTEM_EVENT_FLAG_USB_IN |
                                        SYSTEM_EVENT_FLAG_BUTTON;

            UINT32 events = ::Events_WaitForEvents(c_EventsMask, timeout);

            if(events != 0)
            {
                Events_Clear(events);
            }
```

第3章 移植初步

```
            if(events & SYSTEM_EVENT_FLAG_BUTTON)
            {
                TinyBooter_OnStateChange(State_ButtonPress, (void *)&timeout);
            }

            if(events & (SYSTEM_EVENT_FLAG_COM_IN | SYSTEM_EVENT_FLAG_USB_IN))
            {
                g_eng.ProcessCommands();
            }

            if(LOADER_ENGINE_ISFLAGSET(&g_eng, Loader_Engine::c_LoaderEngineFlag_ValidConnection))
            {
                LOADER_ENGINE_CLEARFLAG(&g_eng, Loader_Engine::c_LoaderEngineFlag_ValidConnection);

                TinyBooter_OnStateChange(State_ValidCommunication, (void *)&timeout);

                ticksStart = HAL_Time_CurrentTicks();
            }
            else if((timeout != -1) && (HAL_Time_CurrentTicks() - ticksStart) > CPU_MillisecondsToTicks((UINT32)timeout))
            {
                TinyBooter_OnStateChange(State_Timeout, NULL);
                g_eng.EnumerateAndLaunch();
            }
        } while(true);
    }

    ::CPU_Reset();
}
```

从代码中不难看出，TinyBooter 的核心就在于函数最后的循环。在该循环里，不停地检测是否有相应的事件发生，然后再做相应的处理。虽然这里并没有涉及 MFDeploy 的 Ping 检测，但既然代码出现了，就顺带说一下。假如调试的端口为 USB，那么当 MFDeploy 单击 Ping 时，USB 驱动收到该信息就会发出 SYSTEM_EVENT_FLAG_USB_IN 事件；当代码捕获到该事件时，就会调用 ProcessCommands 函数进行处理。TinyBooter 相比于 NativeSample 而言，之所以能够调试大部分的驱动，原因就在于此。

最后来看一下 TinyCLR 工程，这才是整个.NET Micro Framework 的重点，之前所有的一切，都是为了使它能够正常工作。相比于 TinyBooter 来说，TinyCLR 的最大优势就是在其上可以运行托管代码。也正因为如此，所以它的代码大小相比于之前说到的 NativeSample 和 TinyBooter，简直就是航空母舰和小木船的区别了。而这容量的提升对于程序员来说，最明显的改变就是下载的时间大大延长了，甚至一些质量不好的 J-LINK 还可能无法正常下载。也正因为如此，所以在调试与 .NET Micro Framework 有关的驱动时，就更倾向于在 TinyBooter 中进行。当在 TinyBooter 中运行正常后，再移植到 TinyCLR 中。

TinyCLR 的入口函数也是 ApplicationEntryPoint()，但与 TinyBooter 的不同，该函数是位于用户建立的 Solution 之中，这也就意味着微软默许大家做相应的修改。相对于 TinyBooter 来说，TinyCLR 的 ApplicationEntryPoint() 函数更简洁些，如：

```
void ApplicationEntryPoint()
{
    CLR_SETTINGS clrSettings;

    memset(&clrSettings, 0, sizeof(CLR_SETTINGS));

    clrSettings.MaxContextSwitches = 50;
    clrSettings.WaitForDebugger = false;
    clrSettings.EnterDebuggerLoopAfterExit = true;

    ClrStartup(clrSettings);

#if !defined(BUILD_RTM)
    debug_printf("Exiting.\r\n");
#else
    ::CPU_Reset();
#endif
}
```

对于函数流程基本上没有什么可说的，主要就是设置 clrSettings 的数值，然后将它传递给 ClrStartup() 即可。正常情况下，是不会从 ClrStartup() 函数中返回的，因为里面也会有一个循环，用于处理 TinyCLR 运行时所需的一切事宜。

3.3.2 断点调试 NativeSample

平时大家是怎么调试程序的？如何查出程序的 bug？估计很多人都会说，在代码中设置断点，然后一步一步地调试。那么对于 .NET Micro Framework 又该如何调试呢？因为编译是在命令行进行的，而断点调试又必须借助于 MDK。如果工程是 MDK 生成的，那么一切很简单，直接在代码中设置断点即可。难道要将所有的 .NET Micro Framework 文件全部放到 MDK 的工程里吗？如果读者您真的打算这么做，那么还是劝您打消这个念头，因为其结果会让你痛不欲生。☺

第3章 移植初步

那么还是一步一步跟着我来做吧！如果要调试.NET Micro Framework，那么首先第一步就是从 NativeSample 开刀。不过调试这个工程与平时调试驱动的方法不一样。调试驱动时，甚至可以不用 JTAG 工具，而只用串口消息也能达到目的。但对于 NativeSample 就不一样了，特别是自己新建的 solution，一切都只是一个空壳，不要说串口信息了，就连能正常工作的寄存器都还不一定设置好了。如果贸然地将编译通过的文件下载到 CPU 中，那么能不能跑起来？跑起来后会怎么样？估计不借助 JTAG 工具绝对是瞎子摸象。

那么，应该如何调试 NativeSample 呢？首先要编译一个 DEBUG 版本。在"开始"→"运行"对话框中输入"CMD"，进入命令行，然后输入如下指令：

```
Msbuild .\Solutions\$PlatformDir$\NativeSample /t:build /p:flavor=debug;memory=flash
```

如果使用的是 ARM 架构，并且又编译成功的话，那么在 "BuildOutput\THUMB2\MDK3.80a\le\RAM\debug\$PlatformName$\bin" 目录中能够找到相应的 axf 文件。

然后，打开 MDK，建立一个工程，如图 3.3.1 所示。

图 3.3.1　建立新的工程

接着选择相应的 CPU 类型。因为笔者所用的开发板上搭载的是 STM32F103ZE，所以这里选择该型号，如图 3.3.2 所示。

当单击 OK 按钮后，会提示是否添加启动代码，这里选择"否"，如图 3.3.3 所示。

接下来选择 Project→Options For Target 菜单项，在弹出的对话框中选择 Output 标签，更改调试的 AXF 文件名为 NativeSample.axf，如图 3.3.4 所示。

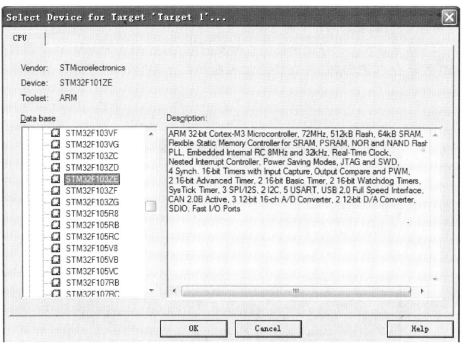

图 3.3.2 选择 CPU 类型

图 3.3.3 不添加启动代码

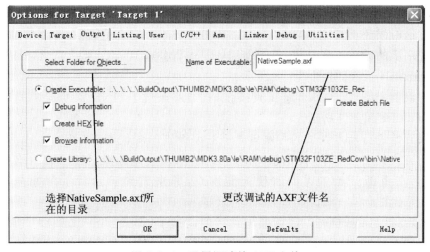

图 3.3.4 设置调试的 AXF 文件

第3章 移植初步

文件名更改完毕，单击 Select Folder For Objects 按钮选择 AXF 文件存放的目录。这里有个问题，就是路径不能直接复制然后单击 OK 按钮，而要通过对话框中的按钮一步一步来选择。也许这个是笔者所使用的 MDK 版本的 bug，如果各位朋友用的 MDK 不存在该问题，则直接复制相应的目录即可。进行选择的对话框如图3.3.5 所示。

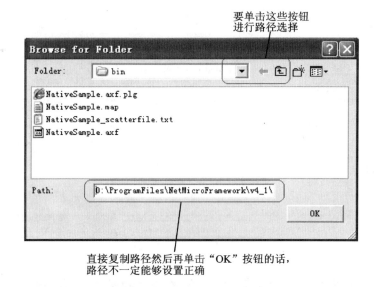

图 3.3.5　选择相应的 AXF 文件所在的文件夹

因为这里使用的是 J-LINK，所以需要在 Debug 标签中选择相应的调试工具。除此以外，如果想在开始调试的时候通过脚本文件对寄存器进行一些设置，则也可以在 Debug 标签中进行选择，如图 3.3.6 所示。

接着便是对下载的 FLASH 进行设置，因为笔者使用的是 J-LINK，所以这里也选择 J-LINK，如图 3.3.7 所示。

不过这时候还不算完事，因为 FLASH 可能还不一定合适，所以需要单击 Setting 按钮做进一步的设置。比如说，笔者使用的是 STM32F103ZE，那么这里还需要选择相应的 FLASH 大小，如图 3.3.8 所示。

一切设置完毕，单击 Debug 工具按钮，就能够通过 J-LINK 来断点调试 NativeSample 了，如图 3.3.9 所示。

如果开始进行断点调试的时候只显示汇编级别的源代码，如图 3.3.10 所示，那么解决的方式其实很简单，就是想调试什么文件，就直接选择 File→Open 菜单项打开它，然后在重新开始调试的时候就能发现，原来汇编下面的空白处会出现如图 3.3.9 所示的 C/C++ 源文件。

NativeSample 已经可以进行源代码级的调试了，那么 TinyCLR 和 TinyBooter 又该如何呢？其实方法大同小异，只要更改不同的 AXF 文件和路径即可。

第 3 章 移植初步

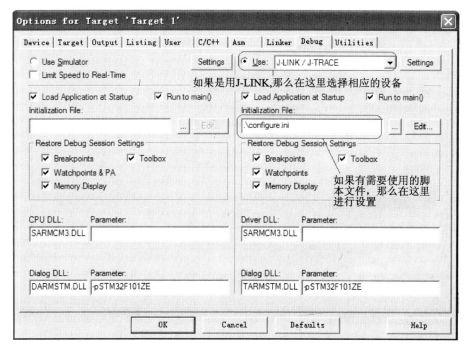

图 3.3.6 设置调试的工具

图 3.3.7 选择烧录的设备

第 3 章 移植初步

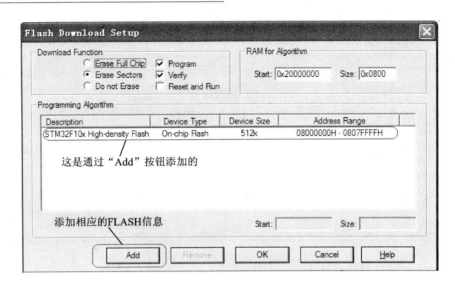

图 3.3.8　增添相应的 FLASH 信息

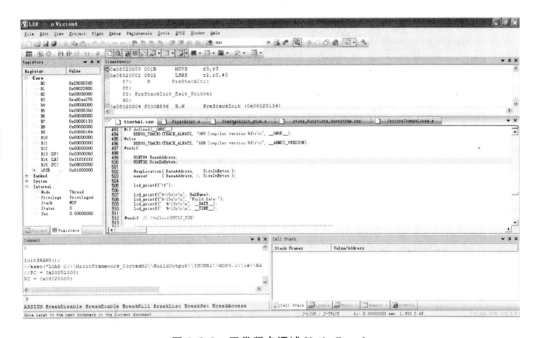

图 3.3.9　正常断点调试 NativeSample

第 3 章 移植初步

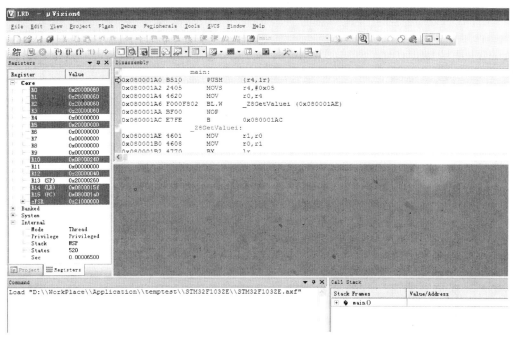

图 3.3.10 只出现汇编级源代码

3.4 ST 函数库

  熟悉 STM3210x 开发的朋友可能都知道,ST 为了方便开发者,特意发布了一套名为 stm32f10x_stdperiph_lib 的函数库。其实该库的内容很简单,只是将常用的寄存器操作封装为函数。但这些看似简单的函数,却大大简化了开发者的工作量。比如说,在没有函数库的时候,若想拉高一个 GPIO 的 PIN,一般的步骤是什么呢？首先是查看 CPU 的 Datasheet,找出相应的寄存器,然后再数数该 GPIO 的位置,接着再根据文档来进行操作。但如果借助于 ST 库,则只须传入相应的宏到函数中即可,这样既加快了开发进度,又能够最大限度地避免错误,何乐而不为呢？现在要将 .NET Micro Framework 移植到 STM32F103ZE 上的时候,为什么不让它成为我们的助力呢？

  在 .NET Micro Framework 上使用这个函数库其实并不复杂,但对于并不熟悉 .NET Micro Framework 的初学者来说,可能还是有那么一点小小的困难。但是没关系,我们一步一步来。

  步骤 1：

  在 $(SPOCLIENT)\DeviceCode\Targets\Native\STM32F10x\DeviceCode\ 路径下建立一个 Libraries 文件夹,接着在该文件夹中新建一个 Libraries.proj 文件,并输入如下内容：

```xml
<Project ToolsVersion = "4.0" DefaultTargets = "Build" xmlns = "http://schemas.microsoft.com/developer/msbuild/2003">
    <PropertyGroup>
        <AssemblyName>STM32F10x_StdPeriph_Driver</AssemblyName>
        <ProjectGuid>{BFB710BE-EA70-40a3-AED1-2BF6BA70DB0B}</ProjectGuid>
        <Size>
        </Size>
        <Description>STM32F10x StdPeriph Driver</Description>
        <Level>HAL</Level>
        <LibraryFile>STM32F10x_StdPeriph_Driver.$(LIB_EXT)</LibraryFile>
        <ProjectPath>$(SPOCLIENT)\DeviceCode\Targets\Native\STM32F10x\DeviceCode\Libraries\Libraries.proj</ProjectPath>
        <ManifestFile>STM32F10x_StdPeriph_Driver.$(LIB_EXT).manifest</ManifestFile>
        <Groups>STM32F10x</Groups>
        <Documentation>
        </Documentation>
        <PlatformIndependent>False</PlatformIndependent>
        <CustomFilter>
        </CustomFilter>
        <Required>False</Required>
        <IgnoreDefaultLibPath>False</IgnoreDefaultLibPath>
        <IsStub>False</IsStub>
        <Directory>DeviceCode\Targets\Native\STM32F10x\DeviceCode\Libraries</Directory>
        <PlatformIndependentBuild>false</PlatformIndependentBuild>
        <Version>4.0.0.0</Version>
    </PropertyGroup>
    <Import Project = "$(SPOCLIENT)\tools\targets\Microsoft.SPOT.System.Settings" />
    <PropertyGroup>
        <OutputType>Library</OutputType>
    </PropertyGroup>
    <PropertyGroup>
        <ARMBUILD_ONLY>true</ARMBUILD_ONLY>
    </PropertyGroup>
    <ItemGroup>
        <IncludePaths Include = "DeviceCode\Targets\Native\STM32F10x\DeviceCode\Libraries\Configure" />
        <IncludePaths Include = "DeviceCode\Targets\Native\STM32F10x\DeviceCode\Libraries\STM32F10x_StdPeriph_Driver\inc" />
        <IncludePaths Include = "DeviceCode\Targets\Native\STM32F10x\DeviceCode\Libraries\CMSIS\Core\CM3\" />
        <IncludePaths Include = "DeviceCode\Targets\Native\STM32F10x\DeviceCode\Libraries\STM32_USB-FS-Device_Driver\inc\" />
    </ItemGroup>
```

```xml
<ItemGroup>
    <Compile Include="$(SPOCLIENT)\DeviceCode\Targets\Native\STM32F10x\DeviceCode\Libraries\CMSIS\Core\CM3\core_cm3.c" />
    <Compile Include="$(SPOCLIENT)\DeviceCode\Targets\Native\STM32F10x\DeviceCode\Libraries\CMSIS\Core\CM3\system_stm32f10x.c" />
    <Compile Include="$(SPOCLIENT)\DeviceCode\Targets\Native\STM32F10x\DeviceCode\Libraries\STM32F10x_StdPeriph_Driver\src\misc.c" />
    <Compile Include="$(SPOCLIENT)\DeviceCode\Targets\Native\STM32F10x\DeviceCode\Libraries\STM32F10x_StdPeriph_Driver\src\stm32f10x_adc.c" />
    <Compile Include="$(SPOCLIENT)\DeviceCode\Targets\Native\STM32F10x\DeviceCode\Libraries\STM32F10x_StdPeriph_Driver\src\stm32f10x_bkp.c" />
    <Compile Include="$(SPOCLIENT)\DeviceCode\Targets\Native\STM32F10x\DeviceCode\Libraries\STM32F10x_StdPeriph_Driver\src\stm32f10x_can.c" />
    <Compile Include="$(SPOCLIENT)\DeviceCode\Targets\Native\STM32F10x\DeviceCode\Libraries\STM32F10x_StdPeriph_Driver\src\stm32f10x_crc.c" />
    <Compile Include="$(SPOCLIENT)\DeviceCode\Targets\Native\STM32F10x\DeviceCode\Libraries\STM32F10x_StdPeriph_Driver\src\stm32f10x_dac.c" />
    <Compile Include="$(SPOCLIENT)\DeviceCode\Targets\Native\STM32F10x\DeviceCode\Libraries\STM32F10x_StdPeriph_Driver\src\stm32f10x_dbgmcu.c" />
    <Compile Include="$(SPOCLIENT)\DeviceCode\Targets\Native\STM32F10x\DeviceCode\Libraries\STM32F10x_StdPeriph_Driver\src\stm32f10x_dma.c" />
    <Compile Include="$(SPOCLIENT)\DeviceCode\Targets\Native\STM32F10x\DeviceCode\Libraries\STM32F10x_StdPeriph_Driver\src\stm32f10x_exti.c" />
    <Compile Include="$(SPOCLIENT)\DeviceCode\Targets\Native\STM32F10x\DeviceCode\Libraries\STM32F10x_StdPeriph_Driver\src\stm32f10x_flash.c" />
    <Compile Include="$(SPOCLIENT)\DeviceCode\Targets\Native\STM32F10x\DeviceCode\Libraries\STM32F10x_StdPeriph_Driver\src\stm32f10x_fsmc.c" />
    <Compile Include="$(SPOCLIENT)\DeviceCode\Targets\Native\STM32F10x\DeviceCode\Libraries\STM32F10x_StdPeriph_Driver\src\stm32f10x_gpio.c" />
    <Compile Include="$(SPOCLIENT)\DeviceCode\Targets\Native\STM32F10x\DeviceCode\Libraries\STM32F10x_StdPeriph_Driver\src\stm32f10x_i2c.c" />
    <Compile Include="$(SPOCLIENT)\DeviceCode\Targets\Native\STM32F10x\DeviceCode\Libraries\STM32F10x_StdPeriph_Driver\src\stm32f10x_iwdg.c" />
    <Compile Include="$(SPOCLIENT)\DeviceCode\Targets\Native\STM32F10x\DeviceCode\Libraries\STM32F10x_StdPeriph_Driver\src\stm32f10x_pwr.c" />
    <Compile Include="$(SPOCLIENT)\DeviceCode\Targets\Native\STM32F10x\DeviceCode\Libraries\STM32F10x_StdPeriph_Driver\src\stm32f10x_rcc.c" />
    <Compile Include="$(SPOCLIENT)\DeviceCode\Targets\Native\STM32F10x\DeviceCode\Libraries\STM32F10x_StdPeriph_Driver\src\stm32f10x_rtc.c" />
    <Compile Include="$(SPOCLIENT)\DeviceCode\Targets\Native\STM32F10x\DeviceCode\Libraries\STM32F10x_StdPeriph_Driver\src\stm32f10x_sdio.c" />
    <Compile Include="$(SPOCLIENT)\DeviceCode\Targets\Native\STM32F10x\DeviceCode\Libraries\STM32F10x_StdPeriph_Driver\src\stm32f10x_spi.c" />
```

```
      <Compile Include = "$(SPOCLIENT)\DeviceCode\Targets\Native\STM32F10x\
DeviceCode\Libraries\STM32F10x_StdPeriph_Driver\src\stm32f10x_tim.c" />
      <Compile Include = "$(SPOCLIENT)\DeviceCode\Targets\Native\STM32F10x\
DeviceCode\Libraries\STM32F10x_StdPeriph_Driver\src\stm32f10x_usart.c" />
      <Compile Include = "$(SPOCLIENT)\DeviceCode\Targets\Native\STM32F10x\
DeviceCode\Libraries\STM32F10x_StdPeriph_Driver\src\stm32f10x_wwdg.c" />
  </ItemGroup>
  <ItemGroup/>
  <Import Project = "$(SPOCLIENT)\tools\targets\Microsoft.SPOT.System.Targets" />
</Project>
```

该 PROJ 文件主要是建立一个 STM32F10x_StdPeriph_Driver 的 library 库,并且将所有源代码都包含进来以便进行编译。

步骤 2:

打开官方网站:http://www.st.com/internet/mcu/product/164495.jsp,下载名为 STM32F10x standard peripheral library 的代码包。因为网页的时效性不同,所以可能如上的网页无法打开,这时只需在首页输入 STM32F103ZE 进行搜索即可。将下载下来的文件解压,并把 Libraries 文件夹下的 CMSIS 和 STM32F10x_StdPeriph_Driver 文件夹复制到新建的 Libraries 文件夹中,也就是:"$(SPOCLIENT)\DeviceCode\Targets\Native\STM32F10x\DeviceCode\Libraries"。

步骤 3:

要想使用这个新建的库,还需定义一个 USE_STDPERIPH_DRIVER 宏。按理说,在 Libraries.proj 文件中应该能够通过如下语句建立相应的 C/C++宏:

```
<ItemGroup>
    <CC_CPP_MARCO_FLAGS Include = "USE_STDPERIPH_DRIVER" />
    <CC_CPP_MARCO_FLAGS Include = "STM32F10X_HD" />
</ItemGroup>
```

但很可惜的是,经过测试发现,这样的定义无法生效。不知道是不是因为有语法问题? 如果有谁知道正确的方法,麻烦告诉一声,norains 在此先谢过了。

既然无法在 Libraries.proj 中动手,那么就只能在.h 文件中手动折腾了。打开"$(SPOCLIENT)\DeviceCode\Targets\Native\STM32F10x\DeviceCode\Libraries\CMSIS\Core\CM3\stm32f10x.h"文件,并将注释掉的 USE_STDPERIPH_DRIVER 宏复原,如:

```
#if !defined USE_STDPERIPH_DRIVER
  #define USE_STDPERIPH_DRIVER      //定义使用函数库
#endif
```

当 USE_STDPERIPH_DRIVER 宏被启用后,如果没有定义相应的 STM32F10X 的类型,那么默认就会使用 STM32F10X_CL;然而 STM32F103ZE 并不具备互联网功

能,所以需要更改相应的宏定义如下:

```
#if !defined (STM32F10X_LD) && !defined (STM32F10X_MD) && !defined (STM32F10X_HD) &&
!defined (STM32F10X_CL)
    /* #define STM32F10X_LD */   /*!<STM32F10X_LD: STM32 Low density devices */
    /* #define STM32F10X_MD */   /*!<STM32F10X_MD: STM32 Medium density devices */
    #define STM32F10X_HD         /*!<STM32F10X_HD: STM32 High density devices */
    /* #define STM32F10X_CL */   /*!<STM32F10X_CL: STM32 Connectivity line devices */
#endif
```

那么这些宏分别代表什么意思呢？其实这些宏与相应的 CPU 是对应的,这在 *Reference manual* 文档中可以找到答案,如图 3.4.1 所示。

Interrupts and events

Low-density devices are STM32F101xx, STM32F102xx and STM32F103xx microcontrollers where the Flash memory density ranges between 16 and 32 Kbytes.

Medium-density devices are STM32F101xx, STM32F102xx and STM32F103xx microcontrollers where the Flash memory density ranges between 64 and 128 Kbytes.

High-density devices are STM32F101xx and STM32F103xx microcontrollers where the Flash memory density ranges between 256 and 512 Kbytes.

Connectivity line devices are STM32F105xx and STM32F107xx microcontrollers.

This Section applies to the whole STM32F10xxx family, unless otherwise specified.

图 3.4.1 CPU 类型的说明

从图 3.4.1 中的英文原文可以获取如下信息:

- 低密度设备的型号有 STM32F101xx,STM32F102xx 和 STM32F103xx,它们的 FLASH 的容量范围为 16～32 KB;
- 中密度设备的型号有 STM32F101xx,STM32F102xx 和 STM32F103xx,它们的 FLASH 的容量范围为 64～128 KB;
- 高密度设备的型号有 STM32F101xx 和 STM32F103xx,它们的 FLASH 的容量范围为 256～512 KB;
- 具有链接属性的设备的型号有 STM32F105xx 和 STM32F107xx,它们的 FLASH 的容量取决于其所属的家族,除非有特定的指出。

上面这段话的意思很明显,如果是 STM32F105xx 和 STM32F107xx,且是具有链接属性的设备(connectivity line devices),则宏定义选择的是 STM32F10X_CL;如果是其他型号的设备,则根据 FLASH 的容量来选择相对应的宏定义。可能用文字描述意思有些不太清楚,还是以表 3.4.1 来说明吧。

第 3 章 移植初步

表 3.4.1 宏定义对应的 CPU

宏	MCU 型号	FLASH 大小
STM32F10X_LD	STM32F101xx STM32F102xx STM32F103xx	16～32 KB
STM32F10X_MD	STM32F101xx STM32F102xx STM32F103xx	64～128 KB
STM32F10X_HD	STM32F101xx STM32F103xx	256～512 KB
STM32F10X_CL	STM32F105xx STM32F107xx	忽略

表格的参数其实与 MDK 的设备是一致的，如图 3.4.2 所示。

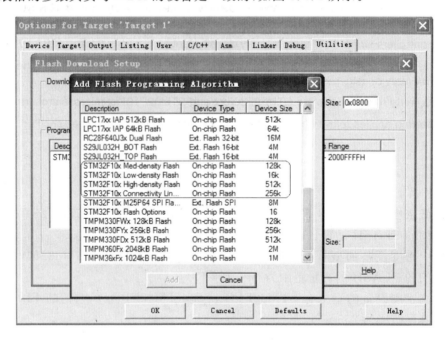

图 3.4.2 MDK 的设备类型

步骤 4：

当定义了 USE_STDPERIPH_DRIVER 宏之后，还需要包含一个 stm32f10x_conf.h 头文件。因为这个头文件是与平台有关的，所以独立给它分配了一个 Configure 文件夹，也就是该头文件位于"＄(SPOCLIENT)\DeviceCode\Targets\Native\STM32F10x\DeviceCode\Libraries\Configure"目录。其实这个头文件在下

载的 stm32f10x_stdperiph_lib 函数包中有模板，但如果各位读者觉得找起来麻烦的话，完全可以手动建立并输入如下内容：

```c
//文件名:stm32f10x_conf.h
// 定义该宏以避免重复包含
#ifndef __STM32F10x_CONF_H
#define __STM32F10x_CONF_H

//包含的头文件
#include "stm32f10x_adc.h"
#include "stm32f10x_bkp.h"
#include "stm32f10x_can.h"
#include "stm32f10x_crc.h"
#include "stm32f10x_dac.h"
#include "stm32f10x_dbgmcu.h"
#include "stm32f10x_dma.h"
#include "stm32f10x_exti.h"
#include "stm32f10x_flash.h"
#include "stm32f10x_fsmc.h"
#include "stm32f10x_gpio.h"
#include "stm32f10x_i2c.h"
#include "stm32f10x_iwdg.h"
#include "stm32f10x_pwr.h"
#include "stm32f10x_rcc.h"
#include "stm32f10x_rtc.h"
#include "stm32f10x_sdio.h"
#include "stm32f10x_spi.h"
#include "stm32f10x_tim.h"
#include "stm32f10x_usart.h"
#include "stm32f10x_wwdg.h"
#include "misc.h"


//导出的宏定义
#ifdef USE_FULL_ASSERT
   #define assert_param(expr) ((expr) ? (void)0 : assert_failed((uint8_t *)__FILE__, __LINE__))

//导出的函数
   void assert_failed(uint8_t* file, uint32_t line);
#else
   #define assert_param(expr) ((void)0)
```

```
# endif

# endif
```

其实这个头文件的主要作用是选择所包含的头文件。这里为了方便，将所有的头文件都包含进去了。

步骤 5：

如果要在 NativeSample 工程中用上函数库，则还需对 NativeSample.proj 文件进行一些修改。打开 NativeSample.proj 文件，增加如下语句：

```xml
<ItemGroup>
<DriverLibs Include = "STM32F10x_StdPeriph_Driver.$(LIB_EXT)" />
<RequiredProjects Include = "$(SPOCLIENT)\DeviceCode\Targets\Native\STM32F10x\DeviceCode\Libraries\Libraries.proj" />
</ItemGroup>
<ItemGroup>
<IncludePaths Include = "DeviceCode\Targets\Native\STM32F10x\DeviceCode\Libraries\Configure" />
<IncludePaths Include = "DeviceCode\Targets\Native\STM32F10x\DeviceCode\Libraries\STM32_USB-FS-Device_Driver\inc" />
<IncludePaths Include = "DeviceCode\Targets\Native\STM32F10x\DeviceCode\Libraries\STM32F10x_StdPeriph_Driver\inc" />
<IncludePaths Include = "DeviceCode\Targets\Native\STM32F10x\DeviceCode\Libraries\CMSIS\Core\CM3\" />
</ItemGroup>
```

这些语句的动作主要是增加所包含的头文件的路径以及链接时用到的库，使编译器能够顺利通过编译。

步骤 6：

当顺利完成如上步骤之后，就可以来实际试试这个 ST 函数库了。直接在 NativeSample 代码中调用在 ST 函数库中定义好的函数，来循环点亮开发板上的 LED，其完整的代码如下所示：

```c
# include <tinyhal.h>
# include <Tests.h>
# include "nativesample.h"
# include "stm32f10x_gpio.h"


HAL_DECLARE_NULL_HEAP();

void ApplicationEntryPoint()
{
    //不要删除下面这条语句，否则会编译出错
```

```
    UART usartTest (COMTestPort, 9600, USART_PARITY_NONE, 8, USART_STOP_BITS_ONE, US-
ART_FLOW_NONE);


    //声明一个 GPIO_InitTypeDef
    GPIO_InitTypeDef GPIO_InitStructure;

    //指定初始化的引脚位
    GPIO_InitStructure.GPIO_Pin = GPIO_Pin_6 | GPIO_Pin_7;

    //指定初始化 GPIO 的速度
    GPIO_InitStructure.GPIO_Speed = GPIO_Speed_50MHz;

    //设置 GPIO 的模式
    GPIO_InitStructure.GPIO_Mode = GPIO_Mode_Out_PP;

    //利用 GPIO_InitStructure 来初始化 GPIO
    GPIO_Init(GPIOF, &GPIO_InitStructure);

    BOOL bLight = TRUE;
    while(TRUE)
    {
        for(long i = 0;i<1000000;i++);

        if(bLight == FALSE)
        {
            GPIO_SetBits(GPIOF, GPIO_Pin_6 | GPIO_Pin_7);
        }
        else
        {
            GPIO_ResetBits(GPIOF, GPIO_Pin_6 | GPIO_Pin_7);
        }

        bLight =!bLight;
    }
}
```

相对于满屏幕的对寄存器的手工操作而言,采用 ST 函数库之后是不是显得简单很多呢？

第 4 章

向量表和启动

本章主要介绍向量表的基础知识,以及程序代码如何启动,并对硬件进行初始化。

4.1 向量表

在说明向量表(vector table)之前,首先来看一个问题。当 Cortex-M3 的 CPU 上电或复位时,PC 指针指向哪里?答案是地址 0x0000 0000。那么这个地址究竟有什么奥妙之处呢?答案是向量表。换句话来说,向量表的地址就应该位于地址 0x0000 0000 处。

那么向量表究竟是什么呢?向量表其实是一个 32 位整数类型(即 WORD 类型)的数组,每个序号对应一种中断,该序号元素的值则是中断服务例程(ISR)的函数入口地址。向量表在地址空间中的位置是可以设置的,可以通过 NVIC(嵌套矢量中断控制器)中的一个重定位寄存器来指定向量表的地址。但由于在 CPU 复位时,该重定位寄存器的值为 0,所以在地址 0 处必须包含一张向量表,用于初始时的中断分配。

ARM 规定的 Cortex-M3 的向量表如表 4.1.1 所列。

表 4.1.1 Cortex-M3 的向量表

序 号	表项地址偏移	描 述
0	0x00	MSP 初始值
1	0x04	复位
2	0x08	NMI
3	0x0C	Hard Fault(硬错误)
4	0x10	MemManage Fault(存储器管理错误)
5	0x14	Bus Fault(总线错误)
6	0x18	Usage Fault(用法错误)
7~10	0x1C~0x28	保留
11	0x2C	SVC
12	0x30	调试监视
13	0x34	保留
14	0x38	PendSV

续表 4.1.1

序 号	表项地址偏移	描 述
15	0x3C	SysTick
16	0x40	IRQ#0
17	0x44	IRQ#1
18~255	0x48~0x3FF	IRQ#2~#239

举例来说,如果发生了中断 3,那么 NVIC 会计算出地址为 0x0000 0000+3×4=0x0000 000C,然后从该地址获取中断函数的地址并进行调用。但这里有一个例外,序号 0 并不是什么中断,而是 MSP 的初始值。当 CPU 复位时,PC 指向向量表的 0x00 偏移地址,将其对应的 32 位整型数值赋予 MSP;接着再取出 0x04 偏移地址的数值,也就是复位中断函数的地址,直接跳到该复位函数中运行。

另外,因为 ARM 只规定了向量表的某些中断而已,比如表 4.1.1 而更详细的中断则由各厂商决定,所以如果大家对 STM32F10x 的中断感兴趣,则可以查看相关的 Datasheet。

4.2 启动代码

当使用 MDK 来创建一个 STM32F10x 的工程时,软件会很友好地提示是否需要添加启动代码。如果选择了"确定",则接下来直接在 main 函数中书写 C/C++代码即可。那么,在 main 函数之前,究竟 MDK 做了什么?

首先来看看 MDK 创建的一段启动代码,其中与主题无关的部分以"……"替代:

```
;MSP 的初值
__intial_msp        EQU     0x20000400

;向量表,必须映射到地址 0
                    AREA    RESET, DATA, READONLY
                    EXPORT  __Vectors
__Vectors           DCD     __initial_msp       ;MSP 初值
                    DCD     Reset_Handler       ;复位函数
                    DCD     NMI_Handler         ;NMI Handler
……

Reset_Handler       PROC
                    IMPORT  __main
                    LDR R0, = __main
                    BX R0
                    ENDP
```

第 4 章　向量表和启动

这段代码的意思很简单，__intial_msp 存储的是 MSP 的初值，Reset_Handler 是用汇编编写的函数，其功能是跳转到 __main 函数去执行。可能不少朋友看到这里就觉得奇怪了，直接将 C/C++ 的 main 函数的地址放到向量表的复位项不更省事吗？但实际上这是不行的，因为根源在于 __main 和 main 根本就不是同一个函数！如果这还不足以让你诧异，那么再告诉你另外一个事实：你无法找到 __main 代码，因为它是编译器自动创建的！

如果你对此仍半信半疑，那么查看 MDK 的文档会发现有这么一句说明：

> It is automatically created by the linker when it sees a definition of main().

简单点来说，就是当编译器发现定义了 main 函数，那么就会自动创建 __main。

__main 函数的出身现在基本搞清楚了，那么现在的问题是，它与 main 函数又有什么关系呢？其实 __main 主要做两件事：初始化 C/C++ 所需的资源，调用 main 函数。初始化先暂时不说，但"调用 main 函数"这个功能就能够帮我们解决为什么之前的启动代码调用的是 __main，而最后却能转到 main 函数的疑惑了。

初始化 C/C++ 所需的资源，如果脱离了具体情况，实在很难解释清楚，还是先看看如图 4.2.1 所示的编译出来的汇编代码片段吧。

图 4.2.1 中凡是以 __rt 开头的语句，都是用来初始化 C/C++ 运行库的；而以 __scatterload 开头的语句，则是根据分散加载文件的定义，将代码中的变量映射到相应的内存位置。至于回答刚刚提出的问题，关键就在于 __scatterload_copy 函数！

以 STM32F10x 平台为例。这里需要重复一个要点，该平台的 FLASH 地址以 0x0800 0000 为起始，主要是存储代码；而 SRAM 是以 0x2000 0000 为起始，也就是所谓的内存。假如 C/C++ 有下面一行代码：

```
static int g_iVal = 12;
```

则当程序开始运行起来时，通过 IDE 会发现，g_iVal 被映射到内存地址 0x2000 0000 上，其数值为一个随机数 0xFFFF BE00，而不是代码中设置的 12，如图 4.2.2 所示。

让程序继续往下执行，当 __scatterload_copy 执行完毕之后，会发现此时 g_iVal 中的值已经变成代码中设置的初始值了，如图 4.2.3 所示。

接下来便是 C/C++ 库的初始化，最后就是进入到 main 函数，而此时已经是万事俱备。也就是说，在 main 函数之前，编译器增加的代码已经帮我们将静态变量初始化为代码所需的数值了！

这里插个题外话，如果大家只局限于桌面应用的开发，那么因为编译出来的程序都带有很多操作系统的特性，所以会给大家理解程序的运行带来很大迷惑。因此，只有步入嵌入式领域，在没有操作系统的支持下赤裸裸地奔跑在 CPU 上，才能更好地理解软件是如何运行起来的，也只有在这时候才能更清楚地知道，原来 main 函数并不是起点。

```
                        __main:
⇨ 0x080000EC F000F802    BL.W      __scatterload_rt2_thumb_only (0x080000F4)
  0x080000F0 F000F83C    BL.W      __rt_entry_sh (0x0800016C)
                        __scatterload_rt2_thumb_only:
  0x080000F4 A00A        ADR       r0,{pc}+4      ; @0x08000120
  0x080000F6 E8900C00    LDM       r0,{r10-r11}
  0x080000FA 4482        ADD       r10,r10,r0
  0x080000FC 4483        ADD       r11,r11,r0
  0x080000FE F1AA0701    SUB       r7,r10,#0x01
                        __scatterload_null:
  0x08000102 45DA        CMP       r10,r11
  0x08000104 D101        BNE       0x0800010A
  0x08000106 F000F831    BL.W      __rt_entry_sh (0x0800016C)
  0x0800010A F2AF0E09    ADR.W     lr,{pc}-0x07   ; @0x08000103
  0x0800010E E8BA000F    LDM       r10!,{r0-r3}
  0x08000112 F0130F01    TST       r3,#0x01
  0x08000116 BF18        IT        NE
  0x08000118 1AFB        SUBNE     r3,r7,r3
  0x0800011A F0430301    ORR       r3,r3,#0x01
  0x0800011E 4718        BX        r3
  0x08000120 10E4        ASRS      r4,r4,#3
  0x08000122 0000        MOVS      r0,r0
  0x08000124 1104        ASRS      r4,r0,#4
  0x08000126 0000        MOVS      r0,r0
                        __scatterload_copy:
  0x08000128 3A10        SUBS      r2,r2,#0x10
  0x0800012A BF24        ITT       CS

  ……
                        __rt_lib_init:
  0x08000160 B51F        PUSH      {r0-r4,lr}
  0x08000162 F3AF8000    NOP.W
                        __rt_lib_init_user_alloc_1:
  0x08000166 BD1F        POP       {r0-r4,pc}
                        __rt_lib_shutdown:
  0x08000168 B510        PUSH      {r4,lr}
                        __rt_lib_shutdown_user_alloc_1:
  0x0800016A BD10        POP       {r4,pc}
                        __rt_entry_sh:
  0x0800016C F001F804    BL.W      __user_setup_stackheap (0x08001178)
  0x08000170 4611        MOV       r1,r2
                        __rt_entry_postsh_1:
  0x08000172 F7FFFFF5    BL.W      __rt_lib_init (0x08000160)
                        __rt_entry_postli_1:
  0x08000176 F000F894    BL.W      main (0x080002A2)
  0x0800017A F001F822    BL.W      exit (0x080011C2)
                        __rt_exit_prels_1:
  0x0800017E F7FFFFF3    BL.W      __rt_lib_shutdown (0x08000168)
                        __rt_exit_exit:
  0x08000182 F001F829    BL.W      _sys_exit (0x080011D8)
  0x08000186 0000        MOVS      r0,r0
```

图 4.2.1　编译出来的汇编代码

第 4 章 向量表和启动

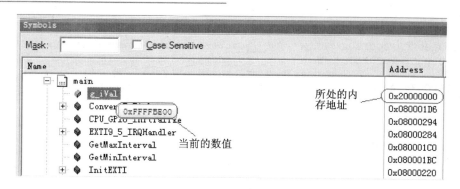

图 4.2.2　g_iVal 的最初原始数值

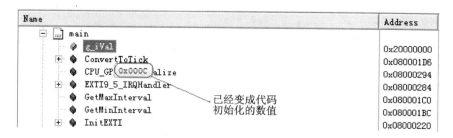

图 4.2.3　g_iVal 变成代码初始化的数值

4.3 .NET Micro Framework 的启动流程

在 4.1 节和 4.2 节中介绍了 Cortex-M3 的启动流程,如果以图片的形式来描述,其大致形式如图 4.3.1 所示。

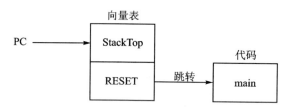

图 4.3.1　Cortex-M3 的启动流程

但是.NET Micro Framework 的启动流程却与 Cortex-M3 的大相径庭。FirstEntry.s 是执行的第一个文件,而该文件却并不包含向量表。那么向量表放在哪里了呢?放在 VectorsTrampolines.s 文件中了。而偏偏在编译时这两个文件却又没有放在一起,这在相应的分散加载文件中就能看出来,如图 4.3.2 所示。

换句话说,以微软的这个分散加载文件编译出来的系统,一旦复位,PC 指针指向的并不是向量表的位置,而是用 FirstEntry.s 编译出来的二进制文件的首地址,也就是 EntryPoint 函数的地址。更有意思的是,在分散加载文件中指出 VectorsTram-

图 4.3.2 向量表并不位于初始位置

polines 映射到 0x2000 0000 位置,但实际上编译器并不会帮你做这些事。换句话说,如果采用微软的分散加载文件,那么必须自己写代码来构造向量表。当然这是另外一个知识点,在后续内容中会提到。若将 .NET Micro Framework 的启动过程以流程图形式来表示,则如图 4.3.3 所示。

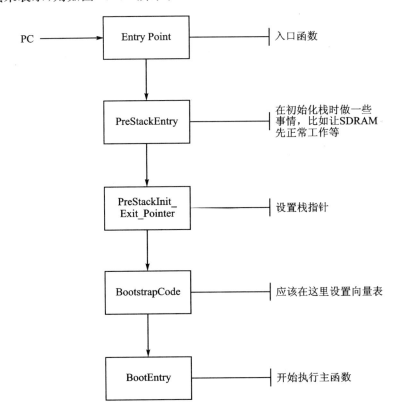

图 4.3.3 .NET Micro Framework 的启动流程

第 4 章 向量表和启动

若以微软的方式,那么在 BootstrapCode 之前的代码必须慎之又慎,因为此时向量表还没有正常工作,所以就不能在此之前开中断。不仅如此,如果代码有误,则由于向量表并没有构造完成,故引发的错误很可能会造成莫名其妙的结果。

4.4 修改.NET Micro Framework 的启动流程

.NET Micro Framework 的启动流程与 Cortex-M3 的不符合是很正常的,因为.NET Micro Framework 需要适应大部分的 CPU,而这些 CPU 的启动流程并不一定都与 Cortex-M3 的一致。这样一来,如果采用微软原来的启动流程,那么在 STM32F10x 中肯定无法正常运行。所以接下来需要做的是,修改.NET Micro Framework 的启动流程,令其符合 Cortex-M3 的标准!

根据 4.3 节的内容可以知道,.NET Micro Framework 的启动流程的最大问题是,当 CPU 复位时 PC 指针指向的并不是向量表的地址,而是 EntryPoint 函数的地址。所以修改.NET Micro Framework 的启动流程首先要做的事情是,复位时,让 PC 指向向量表! 而要想达成这个目的,就必须从分散加载文件入手!

以 NativeSample 工程的 scatterfile_tools_mdk.xml 文件为例,微软的写法如图 4.4.1 所示。

```
<LoadRegion Name="LR_%TARGETLOCATION%" Base="%Code_BaseAddress%" Options="ABSOLUTE" Size="%Code_Size%">

    <!-- we have arbitrarily assigned 0x00080000 offset in FLASH for the CLR code, and size of 0x00080000 -->

    <ExecRegion Name="ER_%TARGETLOCATION%" Base="%Code_BaseAddress%" Options="FIXED" Size="">

        <FileMapping Name="FirstEntry.obj"      Options="(+RO, +FIRST)" /> <!-- the entry pointer section goes into this region
        <FileMapping Name="ramtest.obj"         Options="(+RO)" />         <!-- this must live somewhere other than RAM, for a
        <FileMapping Name="*"  Options="(SectionForBootstrapOperations)" />
        <FileMapping Name="*"  Options="(+RO-CODE)" />
        <FileMapping Name="*"  Options="(+RO-DATA)" />

    </ExecRegion>

    <!-- skip vector area -->

    <ExecRegion Name="ER_RAM_RO" Base="0x00000000" Options="ABSOLUTE" Size="">

        <!-- all code and constants are in RAM, 0-WS, 32-bit wide -->

        <FileMapping Name="VectorsTrampolines.obj" Options="(+RO, +FIRST)" /> <!-- for vector handlers to be far from the v
        <FileMapping Name="*"                       Options="(SectionForFlashOperations)" />

    </ExecRegion>
```

(PC 指针指向的第一个代码文件 ← FirstEntry.obj)
(ARM_Vectors 向量表所在的 OBJ 文件 ← VectorsTrampolines.obj)

图 4.4.1 scatterfile_tools_mdk.xml 文件内容

微软定义的向量表的名称为 ARM_Vectors,其位于 VectorsTrampolines.s 文件中。为了使复位时 PC 指针能够指向 ARM_Vectors,只须将 VectorsTrampolines.obj 放置于编译文件的最开始位置即可。也就是说,按图 4.4.2 所示的内容进行修改。

更改之后,假如是以 FLASH 的形式对 NativeSample 进行编译,那么内存映射的情形如图 4.4.3 所示。

VectorsTrampolines.obj 是属于代码段的,也就是图 4.4.3 中的 Code 段。因为在 4.4 节一开始就修改了 scatterfile_tools_mdk.xml 文件,所以将 VectorsTrampo-

```
<LoadRegion Name="LR_%TARGETLOCATION%" Base="%Code_BaseAddress%" Options="ABSOLUTE" Size="%Code_Size%">
    <ExecRegion Name="ER_%TARGETLOCATION%" Base="%Code_BaseAddress%" Options="FIXED" Size="">
        <FileMapping Name="VectorsTrampolines.obj" Options="(+RO,(+FIRST)" />  <!-- for vector handlers to be f
        <FileMapping Name="FirstEntry.obj"          Options="(+RO,ALIGN=2)" /> <!-- the entry pointer section goes in
        <FileMapping Name="ramtest.obj"             Options="(+RO)"        /> <!-- this must live somewhere other th
        <FileMapping Name="*"  Options="(SectionForBootstrapOperations)" />
        <FileMapping Name="*"  Options="(+RO-CODE)" />
        <FileMapping Name="*"  Options="(+RO-DATA)" />
    </ExecRegion>

    <ExecRegion Name="ER_RAM_RO" Base="%ER_RAM_BaseAddress%" Options="ABSOLUTE" Size="">
        <FileMapping Name="*"                       Options="(SectionForFlashOperations)" />
    </ExecRegion>
```

ARM_Vectors向量表位于代码的起始位置

图 4.4.2 使向量表位于最开始地址的修正

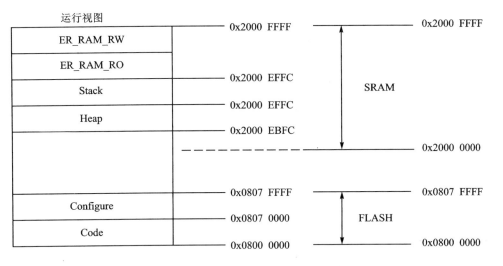

图 4.4.3 以 FLASH 形式编译的内存映射

lines.obj 强制放到最起始位置，这也就意味着向量表 ARM_Vectors 也将位于 Code 段的 0x00 偏移的位置，也就是图中的地址 0x0800 0000。回忆一下 3.2 节的内容，当 STM32F10x 以主 FLASH 作为启动模式时，FLASH 的地址将被映射为 0x0000 0000，也就是说，以 0x0000 0000 和 0x0800 0000 为起始的内容都是相同的，而复位时 PC 指向的地址刚好是 0x0000 0000！于是只需修改分散加载文件即可，然后就能修改.NET Micro Framework 的启动流程了！

当然，仅仅修改分散加载文件还不足以使向量表正常工作，还需要做一些修改，而这些修改则是 4.5 节的内容。

4.5 使向量表正常工作

如果直接使用.NET Micro Framework 原版的 VectorsTrampolines.s 文件，则直接结果定然无法正常工作。先来看看原版 VectorsTrampolines.s 文件的 ARM_

第 4 章 向量表和启动

Vectors 代码的前半段:

```
ARM_Vectors

; RESET
RESET_VECTOR
b UNDEF_VECTOR

; UNDEF INSTR
UNDEF_VECTOR
ldr pc, UNDEF_SubHandler_Trampoline

; SWI
SWI_VECTOR
DCD 0xbaadf00d
```

结合 4.1 节的知识点可知,该向量表根本就是与 Cortex-M3 的实际情况不符。比如 Cortex-M3 要求复位中断是在序号 1,而这里却是序号 0。既然如此,那么下面需要做的工作是:删掉微软的代码,直接书写符合 STM32F103ZE 的向量表!这听起来似乎是一件浩大的工程,其实非也,实际上修改后的代码甚至比微软的原版代码还简单得多。不信?一起来看下面完整的向量表 ARM_Vectors。

```
ARM_Vectors
    DCD     StackTop                ; Top of Stack
    DCD     EntryPoint              ; Reset Handler
    DCD     NMI_Handler             ; NMI Handler
    DCD     HardFault_Handler       ; Hard Fault Handler
    DCD     MemManage_Handler       ; MPU Fault Handler
    DCD     BusFault_Handler        ; Bus Fault Handler
    DCD     UsageFault_Handler      ; Usage Fault Handler
    DCD     0                       ; Reserved
    DCD     0                       ; Reserved
    DCD     0                       ; Reserved
    DCD     0                       ; Reserved
    DCD     SVC_Handler             ; SVCall Handler
    DCD     DebugMon_Handler        ; Debug Monitor Handler
    DCD     0                       ; Reserved
    DCD     PendSV_Handler          ; PendSV Handler
    DCD     SysTick_Handler         ; SysTick Handler

    ; External Interrupts
    DCD     WWDG_IRQHandler         ; Window Watchdog
    DCD     PVD_IRQHandler          ; PVD through EXTI Line detect
    DCD     TAMPER_IRQHandler       ; Tamper
```

```
DCD     RTC_IRQHandler                  ; RTC
DCD     FLASH_IRQHandler                ; FLASH
DCD     RCC_IRQHandler                  ; RCC
DCD     EXTI0_IRQHandler                ; EXTI Line 0
DCD     EXTI1_IRQHandler                ; EXTI Line 1
DCD     EXTI2_IRQHandler                ; EXTI Line 2
DCD     EXTI3_IRQHandler                ; EXTI Line 3
DCD     EXTI4_IRQHandler                ; EXTI Line 4
DCD     DMAChannel1_IRQHandler          ; DMA Channel 1
DCD     DMAChannel2_IRQHandler          ; DMA Channel 2
DCD     DMAChannel3_IRQHandler          ; DMA Channel 3
DCD     DMAChannel4_IRQHandler          ; DMA Channel 4
DCD     DMAChannel5_IRQHandler          ; DMA Channel 5
DCD     DMAChannel6_IRQHandler          ; DMA Channel 6
DCD     DMAChannel7_IRQHandler          ; DMA Channel 7
DCD     ADC_IRQHandler                  ; ADC
DCD     USB_HP_CAN_TX_IRQHandler        ; USB High Priority or CAN TX
DCD     USB_LP_CAN_RX0_IRQHandler       ; USB Low Priority or CAN RX0
DCD     CAN_RX1_IRQHandler              ; CAN RX1
DCD     CAN_SCE_IRQHandler              ; CAN SCE
DCD     EXTI9_5_IRQHandler              ; EXTI Line 9..5
DCD     TIM1_BRK_IRQHandler             ; TIM1 Break
DCD     TIM1_UP_IRQHandler              ; TIM1 Update
DCD     TIM1_TRG_COM_IRQHandler         ; TIM1 Trigger and Commutation
DCD     TIM1_CC_IRQHandler              ; TIM1 Capture Compare
DCD     TIM2_IRQHandler                 ; TIM2
DCD     TIM3_IRQHandler                 ; TIM3
DCD     TIM4_IRQHandler                 ; TIM4
DCD     I2C1_EV_IRQHandler              ; I2C1 Event
DCD     I2C1_ER_IRQHandler              ; I2C1 Error
DCD     I2C2_EV_IRQHandler              ; I2C2 Event
DCD     I2C2_ER_IRQHandler              ; I2C2 Error
DCD     SPI1_IRQHandler                 ; SPI1
DCD     SPI2_IRQHandler                 ; SPI2
DCD     USART1_IRQHandler               ; USART1
DCD     USART2_IRQHandler               ; USART2
DCD     USART3_IRQHandler               ; USART3
DCD     EXTI15_10_IRQHandler            ; EXTI Line 15..10
DCD     RTCAlarm_IRQHandler             ; RTC Alarm through EXTI Line
DCD     USBWakeUp_IRQHandler            ; USB Wakeup from suspend
ARM_Vectors_End
```

这里留意一下复位的中断函数,向量表中给出的是 EntryPoint 函数的地址。记忆好的朋友可能想起了什么。没错，EntryPoint 就是 .NET Micro Framework 默认启动时的第一个函数！所以只经过这么简单的修改，.NET Micro Framework 的启动流程就变为如图 4.5.1 所示的形式了。

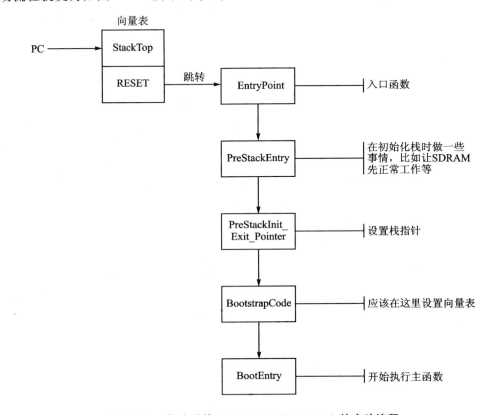

图 4.5.1　修改后的 .NET Micro Framework 的启动流程

修改后的好处是显而易见的，它既符合了 Cortex-M3 的启动流程，又没有破坏 .NET Micro Framework 原有的结构。

现在来思考另外一个话题。如果需要修改 ARM_Vectors 向量表，那么应该在哪里进行修改呢？直接在"$(SPOCLIENT)\DeviceCode\cores\arm\AssemblyCode\thumb2\RVD_S\VectorsTrampolines.s"上进行？假设就是这么做了，那么直接结果就是之前存在于 .NET Micro Framework 的可用的 BSP，此时不再正常了，因为已经将符合它们要求的 ARM_Vectors 给毁掉了。可能各位朋友想到一个最简单的方式，就是先将原版的文件复制保存起来，等到需要使用的时候，再将之复制到原来的位置。这个方法不错，也的确可行，但这不是显得很烦琐吗？万一类似的情况有多处，那么又怎能保证每次都能正确复制呢？所以，必须要想点法子了。

现在换个角度来考虑问题，可以将文件 VectorsTrampolines.s 和其工程文件 dotNetMF.proj 复制出来，然后修改 dotNetMF.proj 中 VectorsTrampolines.s 文件的指向，接着修改 VectorsTrampolines.s 文件的内容，最后将 NativeSample.proj 或

TinyCLR.proj 都指向新更改的 dotNetMF.proj，这样不就两全其美了吗？为了便于各位朋友阅读，下面将这些修改以表 4.5.1 的形式罗列出来。

表 4.5.1 dotNetMF.proj 工程修改列表

模板	工程
路 径	
$(SPOCLIENT)\DeviceCode\cores\arm	$(SPOCLIENT)\DeviceCode\Targets\Native\STM32F10x\DeviceCode\cores\arm
替 换	
\<ProjectGuid\>{8b626ac4-c8ce-48d9-a7db-0d59f0874983}\</ProjectGuid\>	\<ProjectGuid\>{FD7AA7B6-61DA-4c66-BC83-BEAE0D2F68CD}\</ProjectGuid\>
\<ProjectPath\>$(SPOCLIENT)\DeviceCode\cores\arm\dotNetMF.proj\</ProjectPath\>	\<ProjectPath\>$(SPOCLIENT)\DeviceCode\Targets\Native\STM32F10x\DeviceCode\cores\arm\dotNetMF.proj\</ProjectPath\>
\<Directory\>DeviceCode\Cores\arm\</Directory\>	\<Directory\>DeviceCode\Targets\Native\STM32F10x\DeviceCode\cores\arm\</Directory\>
\<ItemGroup Condition="'$(INSTRUCTION_SET)'=='thumb2'"\> \<Compile Include="AssemblyCode\thumb2\$(AS_SUBDIR)\FirstEntry.s" /\> \<Compile Include="AssemblyCode\thumb2\$(AS_SUBDIR)\VectorsHandlers.s" /\> \<Compile Include="AssemblyCode\thumb2\$(AS_SUBDIR)\VectorsTrampolines.s" /\> \</ItemGroup\>	\<ItemGroup Condition="'$(INSTRUCTION_SET)'=='thumb2'"\> \<Compile Include="$(SPOCLIENT)\DeviceCode\cores\arm\AssemblyCode\thumb2\$(AS_SUBDIR)\FirstEntry.s" /\> \<Compile Include="$(SPOCLIENT)\DeviceCode\Targets\Native\STM32F10x\DeviceCode\cores\arm\AssemblyCode\thumb2\$(AS_SUBDIR)\VectorsHandlers.s" /\> \<Compile Include="$(SPOCLIENT)\DeviceCode\Targets\Native\STM32F10x\DeviceCode\cores\arm\AssemblyCode\thumb2\$(AS_SUBDIR)\VectorsTrampolines.s" /\> \</ItemGroup\>

下面对表 4.5.1 稍微做一些说明。"模板"列指的是微软原版文件的信息，"工程"列则是需要修改的文件内容。"路径"列表明 dotNetMF.proj 工程所在的路径。从表 4.5.1 可以知道，原版的文件路径为"$(SPOCLIENT)\DeviceCode\cores\arm"，但将之复制出来进行修改之后，其路径则为"$(SPOCLIENT)\DeviceCode\Targets\Native\STM32F10x\DeviceCode\cores\arm"。而"替换"列则表明在原版文件基础上所要进行修正的项目。留意一下表 4.5.1 可知，在原版文件中 VectorsTrampolines.s 的路径为"AssemblyCode\thumb2\$(AS_SUBDIR)"，其修

改后的路径为"$(SPOCLIENT)\DeviceCode\Targets\Native\STM32F10x\DeviceCode\cores\arm\AssemblyCode\thumb2\$(AS_SUBDIR)",而这恰好就是修改文件所在之处。至于其他没有必要修改的文件,则保持原路径即可。

表4.5.1所列的模式需要各位朋友牢记,因为在后续驱动移植过程中,为了便于大家对文件的更改一目了然,也是采用此模式。

4.6 将向量表移至内存

虽然现在向量表已经能够正常工作,但似乎还有点不那么完美的地方。大家应该都知道,FLASH的读取速度比内存的要慢许多,而现在的向量表是放置在CPU的内置FLASH中,可偏偏向量表中存放的又是对时间有严格要求的中断程序。这样一来,不就意味着中断程序的响应会慢一个等级吗?事实也的确如此。但是可以变通一下,将向量表放到内存中去!

4.1节曾提到,向量表的地址可通过向量表重定位寄存器来设置。因为上电复位时,该寄存器的数值为0x0000 0000,所以才要求初始的向量表地址为0x0000 0000。一旦程序运行起来,则完全可以将位于FLASH中的向量表复制到内存中,然后更改重定位寄存器的值,令其指向位于内存的向量表,这样,中断的响应速度就大为加快了。

这一切的基础都在于重定位寄存器。为了使大家对该寄存器有更清晰的认识,下面就在MDK中对其进行一番研究吧。STM32F103ZE的重定位寄存器在MDK中被命名为NVIC_VT0,其存储的就是向量表的起始地址,如图4.6.1所示。

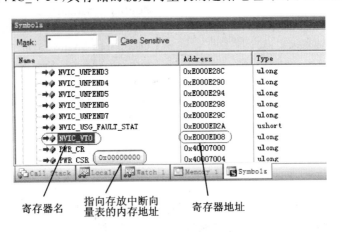

图 4.6.1 NVIC_VT0 寄存器

那么应该如何更改这个向量表的数值呢?从MDK可以看出,重定位寄存器的地址为0xE000 ED08,如果需要对此进行更改,那么通过汇编代码就能够非常简单地实现。比如,将NVIC_VT0的数值重定位到0x2000 0000,则代码如下:

```
LDR R0, = 0x20000000
LDR R1, = 0xE000ED08
STR R0,[R1]
```

该汇编代码执行完毕之后，NVIC_VT0 就指向内存地址 0x2000 0000 了，如图 4.6.2 所示。

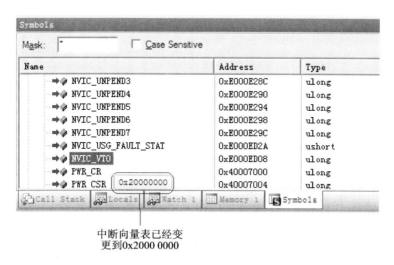

图 4.6.2　更改后的 NVIC_VT0 寄存器

现在来讨论另外一个问题，是不是所有数值都可以赋予重定位寄存器 NVIC_VT0 呢？换句话说，是不是向量表可以位于内存的任意位置呢？答案是否定的，因为向量表的地址必须遵从一定的规范。

举个例子，假如有一个向量表，它有 48 个子项，那么向量表的地址该如何确定呢？因为现在的向量数是 48，它与 2 的整次幂不符合，所以要向上圆整到 64。而每一个向量都是 32 位，也就是 4 字节，所以整个向量表的大小就是 64×4 字节＝256 字节。因为对于内存地址来说，地址数值每增加 1，其实就是增加 1 字节。所以，对于向量表的起始地址来说，除非是 0x0000 0000，否则一定要能够被 256 整除。因此，合法的起始地址可以是 0x0000 0000,0x0000 0100 或 0x0000 0200 等。

可能这样说明有点复杂，其实只要抓住一个原则，就是向量表的起始地址一定要能被向量数圆整后的大小整除。

NVIC_VT0 的数值既然能够通过汇编语言进行更改，那么 C/C++ 自然也能做到相同的事情。如果需要将 ARM_Vectors 的地址赋予 NVIC_VT0，则代码只有如下简单的两行：

```
volatile UINT32 * pNVIC = &SCB->VTOR;
* pNVIC = reinterpret_cast<UINT32>(&ARM_Vectors);
```

仔细研读一下代码。SCB 是 ST 函数库中定义的一个宏，形式如下：

```
#define SCB    ((SCB_Type *) SCB_BASE)
```

SCB 宏涉及的 SCB_BASE 是地址，自然也有相关的定义：

```
#define SCS_BASE         (0xE000E000)
#define SCB_BASE         (SCS_BASE + 0x0D00)
```

为什么 SCB 宏能够启动更改 NVIC_VT0 重定位寄存器的功效呢？别着急，先来看看 SCB_Type 的定义：

```
typedef struct
{
    __I  uint32_t CPUID;         //CPU ID Base Register
    __IO uint32_t ICSR;          //Interrupt Control State Register
    __IO uint32_t VTOR;          //Vector Table Offset Register
    __IO uint32_t AIRCR;         //Application Interrupt Reset Control Register
    __IO uint32_t SCR;           //System Control Register
    __IO uint32_t CCR;           //Configuration Control Register
    __IO uint8_t  SHP[12];       //System Handlers Priority Registers (4~7, 8~11, 12~15)
    __IO uint32_t SHCSR;         //System Handler Control and State Register
    __IO uint32_t CFSR;          //Configurable Fault Status Register
    __IO uint32_t HFSR;          //Hard Fault Status Register
    __IO uint32_t DFSR;          //Debug Fault Status Register
    __IO uint32_t MMFAR;         //Mem Manage Address Register
    __IO uint32_t BFAR;          //Bus Fault Address Register
    __IO uint32_t AFSR;          //Auxiliary Fault Status Register
    __I  uint32_t PFR[2];        //Processor Feature Register
    __I  uint32_t DFR;           //Debug Feature Register
    __I  uint32_t ADR;           //Auxiliary Feature Register
    __I  uint32_t MMFR[4];       //Memory Model Feature Register
    __I  uint32_t ISAR[5];       //ISA Feature Register
} SCB_Type;
```

代码中用到的是 VTOR 成员变量，其相对于结构体来说，偏移了 $2 \times 4 = 8$ 个地址。也就是说，如果以 SCB_BASE 为起始地址，那么 VTOR 地址则是：

$$0xE000E000 + 0x0D00 + 2 \times 4 = 0xE000ED08$$

该地址刚好与在 MDK 中看到的 NVIC_VT0 地址一致。

所以示例中的 C/C++ 代码意思很简单，获取 NVIC_VT0 重定位寄存器的地址，然后将 ARM_Vectors 向量表的地址赋予此寄存器。如果将代码中的 ARM_Vectors 更改为内存的地址，那么就实现了向量表放置于内存的需求。

再来看一个比较现实的问题。如果确定要更改重定位寄存器的数值，那么代码应该放置何处呢？回头看看图 4.5.1 的流程图，一切就都一目了然了：代码应该在 BootstrapCode 函数里调用。

虽然本节开头一再提到向量表放置于 FLASH 内会比放在内存中响应速度慢，但在实际使用中却待商榷。因为如果向量表放置于内存，则它必须占据两个空间，一是FLASH,作为启动之用;二是内存,作为系统启动后的响应之用。一般FLASH较大,所以空间问题可以不用考虑。但对于内存来说就不一样了,因为很可能设备的空间拥有量就只有512 KB,虽然向量表实际所占的容量不大,但相对于小内存来说,向量表所占据的空间就不能够忽视了。所以有时候往往采用牺牲效率的方式,依然将向量表放置于FLASH中。比如说红牛开发板,如果调试的是工程TinyBooter,那么将向量表放置于内存将会使你捉襟见肘。(读者:norains,你说了那么多,最后红牛开发板还不是不建议把向量表放到内存嘛,你这一节内容的目的就是要要我们是不是? norains:冤枉~我们要考虑到其他大容量的开发板嘛~☺)

4.7 不可或缺的 PrepareImageRegions

在4.2节中提到,__main函数会初始化相应的静态变量,然后才去执行main函数。现在更深入一点,为什么要在__main函数中进行静态变量的初始化呢?换句话说,在我们的脑海里,初始化是默认就有的,不必再做什么操作才对啊?这个问题就要从代码的运行机制去考虑了。因为代码是放在装载域(比如说FLASH)中,所以静态变量的初始化数值自然也处在该域;当程序跑起来之后,静态变量的地址已经被映射到内存(也就是执行域),但其数值却还没有被复制到相应的内存位置!而MDK自动生成的__main函数,就是用来将初始化数值复制到静态变量映射的内存中!

现在若将环境转为.NET Micro Framework,那么应该如何做到这步呢?莫非要自己声明一个main函数,然后再手动调用__main吗?答案自然是不行,因为.NET Micro Framework的工程设置会使MDK不会自动生成__main函数!那么应该怎么做呢?其实很简单,只要调用PrepareImageRegions函数即可。

PrepareImageRegions函数是在TinyHAL.cpp中实现的,其完整的代码如下:

```
void __section(SectionForBootstrapOperations) PrepareImageRegions()
{
    //复制只读数据到合适的位置
    {
        UINT32 * src = (UINT32 *)&LOAD_RAM_RO_BASE;
        UINT32 * dst = (UINT32 *)&IMAGE_RAM_RO_BASE;
        UINT32   len = (UINT32)&IMAGE_RAM_RO_LENGTH;

        Prepare_Copy(src, dst, len);
    }

    //复制可读写数据到合适的位置
    {
```

```
        UINT32 * src = (UINT32 *)&Load$$ER_RAM_RW$$Base;
        UINT32 * dst = (UINT32 *)&Image$$ER_RAM_RW$$Base;
        UINT32   len = (UINT32)&Image$$ER_RAM_RW$$Length;

        Prepare_Copy(src, dst, len);
    }

    // Initialize RAM ZI regions.
    //初始化零区域(即初始化值为0的区域)
    {
        UINT32 * dst = (UINT32 *)&Image$$ER_RAM_RW$$ZI$$Base;
        UINT32   len = (UINT32)&Image$$ER_RAM_RW$$ZI$$Length;

        Prepare_Zero(dst, len);
    }
}
```

以上代码条理非常简单,无非就是获取装载域和执行域的地址,然后通过 Prepare_Copy 函数进行复制而已。而这个 Prepare_Copy 函数的实现也仅仅是个循环,然后赋值,代码如下:

```
static void Prepare_Copy(UINT32 * src, UINT32 * dst, UINT32 len)
{
    if(dst != src)
    {
        while(len)
        {
            *dst++ = *src++;
            len -= 4;
        }
    }
}
```

唯一会让各位迷惑的地方可能是类似 &Image$$ER_RAM_RW$$Base 这样的变量是从哪里来的,其实源头就在分散加载文件,即 scatterfile_tools_XXX.xml 文件。比如,&Image$$ER_RAM_RW$$Base 变量对应的就是 scatterfile_tools_XXX.xml 中所定义的 ER_RAM_RW。

4.8 修正 PrepareImageRegions

虽然在 4.7 节中说到 PrepareImageRegions 函数不可或缺,但如果直接使用的话,还是存在导致 Hard_Fault 错误的可能性。根源在于其所调用的 Prepare_Copy 和 Prepare_Zero 这两个函数。首先来看 Prepare_Copy 函数的源代码:

```c
static void __section(SectionForBootstrapOperations) Prepare_Copy(UINT32 * src,
UINT32 * dst, UINT32 len)
{
    if(dst != src)
    {
        while(len)
        {
            *dst++ = *src++;

            len -= 4;
        }
    }
}
```

举个例子,查看 4.7 节的 PrepareImageRegions 函数源代码可知,当将只读数据复制到合适地址的时候,传入 Prepare_Copy 函数的长度是 IMAGE_RAM_RO_LENGTH。根据以往的经验,此处的长度应该是 4 字节对齐的,也就是说,Prepare_Copy 函数中的"len -= 4"语句应该不存在任何问题。

但偏偏问题就出在此处。如果采用断点调试的话,就会发现 IMAGE_RAM_RO_LENGTH 的长度其实并不一定等于 4 的倍数!举个例子,长度很可能等于 10,而在这种情形下,len 减去 4 的结果永远不可能等于 0,也就是说,while(len)循环永远没有退出的可能!而 dst 地址不停地累加,肯定会有引发 Hard_Fault 异常的时候!

修正的方法也很简单,只要将 4 更改为 2 即可。故 Prepare_Copy 函数和 Prepare_Zero 函数最后更改为

```c
static void __section(SectionForBootstrapOperations) Prepare_Copy(UINT16 * src,
UINT16 * dst, UINT32 len)
{
    if(dst != src)
    {
        while(len)
        {
            *dst++ = *src++;
            len -= 2;
        }
    }
}

static void __section(SectionForBootstrapOperations) Prepare_Zero(UINT16 * dst,
UINT32 len)
{
    while(len)
```

```
            * dst ++ = 0;
            len -= 2;
        }
}
```

可能有的朋友看到这里会有疑惑,为什么是2呢?直接用1不是更万无一失吗?很遗憾地说,在实际测试中发现,如果用1也会发生Hard_Fault异常!具体原因可能与Cortex-M3的机制有关,这里不打算深究,而只要知道将这两个函数中的4更改为2即可。

4.9 INTC 驱动

经过前面一系列的介绍之后,估计大家对向量表和启动已经有了一定的了解,接下来就要实现INTC驱动。可能大家会觉得奇怪,为什么INTC驱动的内容不独立成章呢?其实这是因为该驱动与之前所说内容有极大的关联,故只能让它屈就了。☺

4.9.1 驱动概述

什么是INTC驱动?说白了,就是.NET Micro Framework用来管理中断的一组接口。因为它并没有对应具体的外围器件,所以这里以"驱动"两字命名。这似乎并不是非常贴切,但为了整本书的规格统一,姑且如此吧。(读者:norains,你是才尽词穷了吧? norains:……)

对于该驱动,微软规定了如下接口需要完善,如表4.9.1所列。

表 4.9.1 INTC 驱动接口

函数原型	说明
void CPU_INTC_Initialize()	初始化
BOOL CPU_INTC_ActivateInterrupt(UINT32 Irq_Index, HAL_CALLBACK_FPN ISR, void * ISR_Param)	将中断号与回调函数相链接
BOOL CPU_INTC_DeactivateInterrupt(UINT32 Irq_Index)	将链接的中断函数断开
BOOL CPU_INTC_InterruptEnable(UINT32 Irq_Index)	使能中断
BOOL CPU_INTC_InterruptDisable(UINT32 Irq_Index)	令中断无效
BOOL CPU_INTC_InterruptEnableState(UINT32 Irq_Index)	将中断的状态置为有效
BOOL CPU_INTC_InterruptState(UINT32 Irq_Index)	获取当前中断的状态

4.9.2 搭建工程

千里之行,始于足下。当开始完善该驱动时,所要做的第一件事就是搭建工程

dotNetMF.proj。该工程的搭建其实很简单,因为.NET Micro Framework 有相应的模板,所以直接复制过来并根据表 4.9.2 进行修改即可。

表 4.9.2 INTC 驱动工程 dotNetMF.proj 修改列表

模　板	工　程
路　径	
$(SPOCLIENT)\DeviceCode\Drivers\Stubs\Processor\stubs_INTC	$(SPOCLIENT)\DeviceCode\Targets\Native\STM32F10x\DeviceCode\INTC
替　换	
⟨AssemblyName⟩cpu_intc_stubs⟨/AssemblyName⟩ ⟨ProjectGuid⟩{e9b7181a-070d-4902-bc4c-9b7a81ef9a02}⟨/ProjectGuid⟩	⟨AssemblyName⟩CPU_STM32F10x⟨/AssemblyName⟩ ⟨ProjectGuid⟩{A0EE7551-011F-40a7-8851-8C371F5FBDC0}⟨/ProjectGuid⟩
⟨LibraryFile⟩cpu_intc_stubs.$(LIB_EXT)⟨/LibraryFile⟩ ⟨ProjectPath⟩$(SPOCLIENT)\DeviceCode\drivers\stubs\processor\stubs_INTC\dotNetMF.proj⟨/ProjectPath⟩ ⟨ManifestFile⟩cpu_intc_stubs.$(LIB_EXT).manifest⟨/ManifestFile⟩	⟨LibraryFile⟩CPU_STM32F10x.$(LIB_EXT)⟨/LibraryFile⟩ ⟨ProjectPath⟩$(SPOCLIENT)\DeviceCode\Targets\Native\STM32F10x\DeviceCode\INTC\dotNetMF.proj⟨/ProjectPath⟩ ⟨ManifestFile⟩CPU_STM32F10x.$(LIB_EXT).manifest⟨/ManifestFile⟩
⟨IsStub⟩True⟨/IsStub⟩ ⟨Directory⟩DeviceCode\Drivers\Stubs\Processor\stubs_intc⟨/Directory⟩	⟨IsStub⟩False⟨/IsStub⟩ ⟨Directory⟩DeviceCode\Targets\Native\STM32F10x\DeviceCode\INTC⟨/Directory⟩
追　加	
	⟨ItemGroup⟩ 　　⟨IncludePaths Include="DeviceCode\Targets\Native\STM32F10x\DeviceCode\Libraries\Configure"/⟩ 　　⟨IncludePaths Include="DeviceCode\Targets\Native\STM32F10x\DeviceCode\Libraries\STM32F10x_StdPeriph_Driver\inc"/⟩ 　　⟨IncludePaths Include="DeviceCode\Targets\Native\STM32F10x\DeviceCode\Libraries\CMSIS\Core\CM3\"/⟩ ⟨/ItemGroup⟩

4.9.3 动态设置中断函数

对于 INTC 驱动的接口来说,除了 CPU_INTC_ActivateInterrupt 和 CPU_INTC_DeactivateInterrupt 这两个函数以外,其他函数基本上都能够对应 ST 函数库。那么为什么这两个函数会成为拦路虎呢?之前各节都讲到向量表的中断函数,

第 4 章 向量表和启动

但都没说到其原型。对于 Cortex-M3 来说，其中断函数的原型如下：

```
void InterruptHandler();
```

这是一个很简单的函数，没有返回值，没有传入形参。而对于 CPU_INTC_ActivateInterrupt 函数来说，其原型却如下：

```
BOOL CPU_INTC_ActivateInterrupt(UINT32 Irq_Index, HAL_CALLBACK_FPN ISR, void * ISR_Param)
```

Irq_Index 是需要链接的中断号，ISR 是中断函数的地址，而 ISR_Param 则是传给中断函数的形参！由此可以清楚地知道，.NET Micro Framework 的中断函数的原型其实是带形参的，如：

```
void NMFInterruptHandler(void * pParam);
```

所以，矛盾很明显了，Cortex-M3 的中断函数与 .NET Micro Framework 的有冲突！那么现在该怎么办呢？Cortex-M3 的中断函数是绝对不可能更改的，既然如此，莫非将 .NET Micro Framework 的原型迁就于 Cortex-M3？这当然也是一个办法，并且效率还会最高。但微软既然留下了这么一个接口，并看着它与我们的接口有冲突，如果就此放弃，是不是有点落荒而逃的感觉呢？所以还是另想办法吧！

换个思路，先以无形参的函数来导入向量表，当中断发生后，再在该函数中调用有形参的函数不就可以了吗？若果真如此，那么可以以向量表的大小为基准，再申请两块内存，一块存储函数地址，另一块则存储形参，问题不就迎刃而解了吗？

根据这个思路，下面就一步一步，看看如何把问题化解吧。

虽然所使用的向量表大小并没有超过 512 B，但这里为了简单起见，直接将向量表的大小定义为 512 B。其实具体的向量表大小完全可以通过语句"ARM_Vectors_End-ARM_Vectors"来获得，这也是为什么 4.5 节的向量表中最后会有 ARM_Vectors_End 标志的原因；但这样的向量表会涉及动态分配的问题，并可能引发一些潜在异常，从而加大开发的复杂度，所以这里还是以固定大小作为例子：

```
Vectors_Size EQU 512

    AREA |.text|, CODE, READONLY

Vectors_Handler_Function
    SPACE Vectors_Size

Vectors_Handler_Parameter
    SPACE Vectors_Size
```

以 Vectors_Handler_Function 命名的内存块存储的是函数地址，而以 Vectors_Handler_Parameter 命令的内存块则用来存储形参。如果需要在 C/C++ 中使用这两个内存块，那么方法也非常简单，如下所列：

```
extern UINT32 Vectors_Handler_Function;
extern UINT32 Vectors_Handler_Parameter;

g_pHandlerFun = reinterpret_cast<UINT32 *>(&Vectors_Handler_Function);
g_pHandlerParam = reinterpret_cast<UINT32 *>(&Vectors_Handler_Parameter);
```

需要注意的是，这里转换的是 Vectors_Handler_Function 的地址，而不是其中的数值，所以前面带有 & 符号。

为了使代码简便，在这两个内存块中存储的相应函数和形参的序号与该中断在向量表中的位置一致。比如说，定时器中断在向量表中的位置是 15，那么在这两个内存块中，定时器中断函数及其形参的序号就是 15。以代码作为解释，则简单如下：

```
#define IRQ_SysTick 15

g_pHandlerFun[IRQ_SysTick];
g_pHandlerParam[IRQ_SysTick];
```

不过，这样的代码仅仅是获得函数的地址和形参的数值，要想将地址转换为函数并调用还需要做一些工作，如：

```
//将地址转换为函数
HAL_CALLBACK_FPN pFunc = reinterpret_cast<HAL_CALLBACK_FPN>(g_pHandlerFun[dwIrq]);
//调用函数
(*pFunc)(reinterpret_cast<void *>(g_pHandlerParam[dwIrq]));
```

原理就是这么简单，且很方便地将中断与带形参的函数联接起来。最后，就以定时器中断为例，来综合看看该种转换方式的全貌吧。

首先是在 VectorsTrampolines.s 文件中定义了 SysTicker_Handler 定时器中断函数，即：

```
; VectorsTrampolines.s
;向量表
ARM_Vectors
;…
SysTicker_Handler
```

接着是 C/C++文件，在 SysTicker_Handler 中断函数中调用真正的中断处理函数，即：

```
// STM32F10x_INTC.cpp
#define IRQ_SysTick 15
external "C" SysTicker_Handler()
{
```

```
    //将地址转换为函数
    HAL_CALLBACK_FPN pFunc = reinterpret_cast<HAL_CALLBACK_FPN>(g_pHandlerFun[IRQ_SysTick]);
    //调用函数
    (*pFunc)(reinterpret_cast<void *>(g_pHandlerParam[IRQ_SysTick]));
}
```

再接着便是 CPU_INTC_ActivateInterrupt 函数的实现,即:

```
BOOL CPU_INTC_ActivateInterrupt(UINT32 Irq_Index, HAL_CALLBACK_FPN ISR, void * ISR_Param)
{
    if(g_pHandlerFun == NULL || g_pHandlerParam == NULL)
    {
        return FALSE;
    }

    g_pHandlerFun[Irq_Index] = reinterpret_cast<UINT32>(ISR);
    g_pHandlerParam[Irq_Index] = reinterpret_cast<UINT32>(ISR_Param);

    __DSB();

    return TRUE;
}
```

最后就是中断号与带形参的中断函数的链接,即:

```
CPU_INTC_ActivateInterrupt(IRQ_SysTick,SysTickInterruptHandler,NULL);
```

可能以上纯粹的文字说明很难让人理解,那么最后还是看看如图 4.9.1 所示的过程吧。

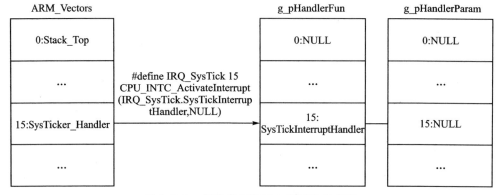

图 4.9.1 向量表与真正中断函数的关联

第 5 章 SysTick 驱动

本章介绍 STM32F10x 定时器的设置、驱动的实现以及在使用中断函数时需要注意的一些问题。

5.1 驱动概述

SysTick 是什么？是一个非常基本的倒计时定时器，用于每隔一定的时间产生一个中断，即使系统处在睡眠模式下，定时器也能工作。与之前 ARM 架构各厂商的各自为政不同，在 Cortex－M3 中定时器是统一的，且都是在 NVIC 内部实现，因此使得在各 Cortex－M3 器件之间的移植不必修改定时器的代码，从而大大方便了移植工作。

SysTick 驱动在.NET Micro Framework 中属于一个怎样的地位呢？如果将.NET Micro Framework 比做人的话，那么 SysTick 就相当于人的心脏。如果没有心脏，那么人将无法生存。SysTick 的每一次中断，就类似于心脏的每一次跳动。而这每一次的跳动，就是.NET Micro Framework 任务调度的基础。

多任务运行从微观上来看，其实在同一时间只有一个任务占据了 CPU 的运行时间，那么之所以使用者感觉是多个任务在同时运行，是因为任务的调度非常迅速，而任务的调度就发生于 SysTick 的中断。每逢中断，TinyCLR 就调用相应的调度算法，从而也就完成了多任务的切换。举个最简单的例子，假设在 TinyCLR 中有两个就绪的任务，则 SysTick 的切换如图 5.1.1 所示。

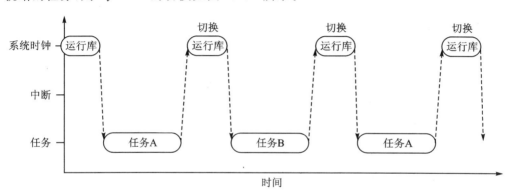

图 5.1.1 简单的 TinyCLR 任务调度模型

第 5 章 SysTick 驱动

对于 Cortex-M3 的 SysTick 来说,ARM 规定了四个寄存器,但我们只用到了其中的三个,分别是:控制及状态寄存器(control and status register)、重载数值寄存器(reload value register)和当前数值寄存器(current value register)。在真正开始驱动移植之前,先花点时间来了解一下这三个寄存器。

首先是控制及状态寄存器,其地址为 0xE000 E010,访问方式为读/写,复位值为 0x0000 0000。其结构如图 5.1.2 所示。

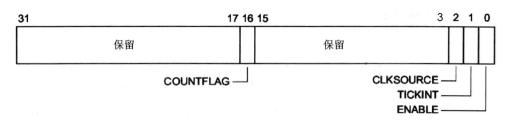

图 5.1.2 控制及状态寄存器

为了便于查看,下面以列表的形式罗列出该寄存器每一位的意义,如表 5.1.1 所列。

表 5.1.1 控制及状态寄存器的位域功能

位	名 称	描 述
17~31	—	保留
16	COUNTFLAG	如果在上次读取本寄存器之后 SysTick 已经计数到 0,则该位为 1;如果读取该位,则该位将自动置 0
3~15	—	保留
2	CLKSOURCE	0=外部时钟源(STCLK); 1=内核时钟(FCLK)
1	TICKINT	1=SysTick 倒数计数到 0 时产生 SysTick 异常请求; 0=计数到 0 时无动作
0	ENABLE	SysTick 定时器的使能位: 1=使能; 0=无效

接着是重载数值寄存器,其地址为 0xE000 E014,访问方式为读/写,复位值不确定。其结构如图 5.1.3 所示。

重载数值寄存器只有一个单一的 RELOAD 功能,其所在的位 0~23 区域用来

图 5.1.3 重载数值寄存器

存储下一次开始时的计数。

最后是当前数值寄存器,其地址为 0xE000 E018,访问方式为可读/可写,复位状态不确定。其结构也非常简单,如图 5.1.4 所示。

图 5.1.4 当前数值寄存器

与重载数值寄存器一样,当前数值寄存器也只有一个功能,就是记载已经逝去的数值。如果对其进行读取,则返回当前计数的数值;如果对它进行写入,则将会清零,并且同时清除 SysTick 的控制及状态寄存器中的 COUNTFLAG 标志。

现在回到 SysTick 驱动,为了能够使 TinyCLR 正常运作,微软要求必须实现如表 5.1.2 所列的函数接口。

表 5.1.2 SysTick 驱动接口

函数原型	说明
BOOL HAL_Time_Initialize()	初始化
BOOL HAL_Time_Uninitialize()	卸载
UINT64 HAL_Time_CurrentTicks()	获取当前的节拍数
INT64 HAL_Time_TicksToTime(UINT64 Ticks)	节拍数转换为时间
INT64 HAL_Time_CurrentTime()	当前时间
void HAL_Time_SetCompare(UINT64 CompareValue)	设置下一次中断的间隔
void HAL_Time_Sleep_MicroSeconds(UINT32 uSec)	休息 uSec 微秒

续表 5.1.2

函数原型	说明
void HAL_Time_Sleep_MicroSeconds_InterruptEnabled(UINT32 uSec)	将硬件设置为中断休眠模式
void HAL_Time_GetDriftParameters(INT32 * a, INT32 * b, INT64 * c)	获取时钟偏移的参数
UINT32 CPU_SystemClock()	获取系统时钟
UINT32 CPU_TicksPerSecond()	获取每秒的节拍数
UINT64 CPU_MillisecondsToTicks(UINT64 Ticks)	将毫秒转换为节拍数
UINT64 CPU_MillisecondsToTicks(UINT32 Ticks32)	将毫秒转换为节拍数
UINT64 CPU_MicrosecondsToTicks(UINT64 uSec)	将微秒转换为节拍数
UINT32 CPU_MicrosecondsToTicks(UINT32 uSec)	将微秒转换为节拍数
UINT32 CPU_MicrosecondsToSystemClocks(UINT32 uSec)	将微秒转换为系统时钟
UINT64 CPU_TicksToTime(UINT64 Ticks)	将节拍数转换为时间
UINT64 CPU_TicksToTime(UINT32 Ticks32)	将节拍数转换为时间

乍一看上去函数似乎很多,但其实有些函数的功能是重复的,如果不考虑效率问题,则可以相互调用。可能有些读者觉得奇怪,之前不是一直在说中断吗?为什么在这些函数接口里没有看到中断的函数接口呢?其实对于.NET Micro Framework 来说,是不会去使用什么中断接口函数的,而必须让开发者自己检测中断,然后再在中断函数中调用相应的任务调度函数。

箭在弦上,不得不发,现在就跟着一起来一步步地完善 SysTick 驱动吧!

5.2 建立工程

现在还是一如既往地白手起家,先从.NET Micro Framework 复制相应的模板文件到所使用的工程目录中,然后再根据表 5.2.1 的建议进行修改。

表 5.2.1 SysTick 工程文件 dotNetMF.proj 修改列表

模板	工程
路径	
$(SPOCLIENT)\DeviceCode\Drivers\Stubs\Processor\stubs_time	$(SPOCLIENT)\DeviceCode\Targets\Native\STM32F10x\DeviceCode\Time
替换	
〈AssemblyName〉cpu_time_stubs〈/AssemblyName〉	〈AssemblyName〉CPU_Time_STM32F10x〈/AssemblyName〉
〈ProjectGuid〉{79a07a99-b612-4c8c-bb92-45a7ed9302ed}〈/ProjectGuid〉	〈ProjectGuid〉{462EC703-CA8A-4c67-88A8-24B8D4EA0299}〈/ProjectGuid〉

续表 5.2.1

模板	工程
〈LibraryFile〉cpu_time_stubs.$(LIB_EXT)〈/LibraryFile〉 〈ProjectPath〉$(SPOCLIENT)\DeviceCode\drivers\stubs\processor\stubs_time\dotNetMF.proj〈/ProjectPath〉 〈ManifestFile〉cpu_time_stubs.$(LIB_EXT).manifest〈/ManifestFile〉	〈LibraryFile〉CPU_Time_STM32F10x.$(LIB_EXT)〈/LibraryFile〉 〈ProjectPath〉$(SPOCLIENT)\DeviceCode\Targets\Native\STM32F10x\DeviceCode\Time\dotNetMF.proj〈/ProjectPath〉 〈ManifestFile〉CPU_Time_STM32F10x.$(LIB_EXT).manifest〈/ManifestFile〉
〈IsStub〉True〈/IsStub〉 〈Directory〉DeviceCode\Drivers\Stubs\Processor\stubs_time〈/Directory〉	〈IsStub〉False〈/IsStub〉 〈Directory〉DeviceCode\Targets\Native\STM32F10x\DeviceCode\Time〈/Directory〉
追 加	
	〈ItemGroup〉 　　〈IncludePaths Include="DeviceCode\Targets\Native\STM32F10x\DeviceCode\Libraries\Configure" /〉 　　〈IncludePaths Include="DeviceCode\Targets\Native\STM32F10x\DeviceCode\Libraries\STM32F10x_StdPeriph_Driver\inc" /〉 　　〈IncludePaths Include="DeviceCode\Targets\Native\STM32F10x\DeviceCode\Libraries\CMSIS\Core\CM3\" /〉 　　〈IncludePaths Include="DeviceCode\Targets\Native\STM32F10x\DeviceCode\INTC" /〉 〈/ItemGroup〉

5.3 使用 ST 函数库的定时器

在使用 ST 函数库之前,先要了解其中有关定时器的基本原理。

比如说,如何设置定时器才能确定中断发生的最大时间间隔? 这个问题其实与 CPU 的频率有关,其计算公式代码如下:

```
SYSTICK_MAXCOUNT / (SystemFrequency / 1000);
```

SYSTICK_MAXCOUNT 为定时器的最大计数,在 CMSIS\Core\CM3\core_cm3.h 文件中可以找到,其定义为

```
#define SYSTICK_MAXCOUNT    ((1<<24) - 1)
```

SystemFrequency 为芯片的频率,该频率根据不同的芯片有不同的数值,其定义

第 5 章 SysTick 驱动

在 CMSIS\Core\CM3\system_stm32f10x.c 文件中能够找到。如果 CPU 的频率为 72 MHz,那么 SystemFrequency 就定义为

```
const uint32_t SystemFrequency = SYSCLK_FREQ_72MHz;
```

如果 CPU 的频率是 56 MHz,那么其定义则变更为

```
const uint32_t SystemFrequency = SYSCLK_FREQ_56MHz;
```

对于其他的频率,也是以此类推。

现在回头看看公式的由来。因为由 SystemFrequency/1 000 得到的结果刚好为 1 ms,而 SYSTICK_MAXCOUNT 是定时器重新加载的最大节拍数,故两者相除即可得到最大的时间间隔。

另一个要点就是如何设置定时器的时间。虽然让定时器正常工作很简单,只要直接调用 SysTick_Config 函数即可。不过,这个函数接受的形参并不是时间,而是节拍数,所以这里需要进行转换。但根据前面的知识可以很容易地推断出与时间间隔对应的节拍数,其转换公式为

```
SystemFrequency / 1000 * uiInterval;
```

根据此公式,可以得出 SysTick_Config 函数以时间为单位的调用方式为

```
SysTick_Config(SystemFrequency / 1000 * uiInterval );
```

其中 uiInterval 为时间间隔,单位为 ms。成功设置并调用该函数之后,定时器就开始正常工作了。

5.4 驱动实现

虽然前面建立的工程是白手起家,但这并不意味着驱动的实现也是瞎子摸象,因为后面的工作完全可以参考.NET Micro Framework 已经实现的 BSP 的 SysTick 驱动。甚至有些函数还可以完全复制,而不影响相应的功能,比如 CPU_MicrosecondsToSystemClocks 函数在 AT91_time_functions.cpp 中的实现如下:

```
UINT32 CPU_MicrosecondsToSystemClocks(UINT32 uSec)
{
    uSec *= (SYSTEM_CLOCK_HZ/CLOCK_COMMON_FACTOR);
    uSec /= (ONE_MHZ/CLOCK_COMMON_FACTOR);

    return uSec;
}
```

这样,完全可以将该函数体的流程代码复制到自己的驱动中,但所不同的是,相同的宏定义所代表的数值不同。

那么对于此处设置的 SysTick 来说,真正需要实现的是如下三个函数:

```
void SetCompare(UINT32 CompareValue);
void SetCompareValue(UINT64 CompareValue);
UINT64 CounterValue();
```

为什么要实现这三个函数呢？或者换个角度问，这三个函数的名称有什么特别的意义呢？其实这三个函数叫什么名都无所谓，因为它们根本就不在微软所规定的接口函数的列表之中，之所以以这些名称出现，完全是为了配合.NET Micro Framework 的其他 BSP 包。因为在另外的已经实现的 BSP 中，这三个函数已经被冠以了如此的名字，为了在移植时参考方便，所以就依葫芦画瓢吧！

首先来看看最简单的 CounterValue 函数。该函数所要实现的功能是返回从上电到现在的节拍数。根据 5.1 节的内容可以知道，计算逝去的节拍数可以用重载数值寄存器的数值减去当前数值寄存器的数值来获得。然后再精确一点，还需要判断控制及状态寄存器的 COUNTFLAG 标志，如果其被设置为 1，那么节拍数还要再加上一个重载数值寄存器的数值。代码如下：

```
UINT64 CounterValue()
{
    UINT32 value = (SysTick->LOAD - SysTick->VAL);
    if(SysTick->CTRL & SysTick_CTRL_COUNTFLAG)
    {
        g_Ticks += SysTick->LOAD;
    }
    return g_Ticks + value;
}
```

可能有的朋友对代码中的 SysTick 有点疑惑，不知该变量究竟是何方神圣？其实这是一个宏定义，是在 ST 函数库中定义的。如果还没有使用 ST 函数库，那么这段代码在编译时将会给出一个无情的错误。

SysTick 在 ST 函数库的 core_cm3.h 中定义，其形式如下：

```
#define SysTick ((SysTick_Type *)SysTick_BASE)
```

SysTick_BASE 是寄存器的起始地址，自然也有相应的定义，其形式为

```
#define SCS_BASE (0xE000E000)
#define SysTick_BASE (SCS_BASE + 0x0010)
```

根据该定义可以计算出 SysTick_BASE 的地址为 0xE000 E010，恰好与 5.1 节提到的控制及状态寄存器的地址吻合。

SysTick 还用到了 SysTick_Type 结构，其定义也在 core_cm3.h 中，形式如下：

```
typedef struct
{
    __IO uint32_t CTRL;        //控制及状态寄存器
    __IO uint32_t LOAD;        //重载数值寄存器
```

第 5 章　SysTick 驱动

```
    __IO uint32_t VAL;        //当前数值寄存器
    __I  uint32_t CALIB;      //校准寄存器
} SysTick_Type;
```

CounterValue 函数最后用到的 g_Ticks 定义为 UINT64 类型的全局变量,其存储的是从上电开始到现在的节拍数。该变量不仅在 CounterValue 函数中用到,在其余的两个函数中也有现身。那么接下来就看看 SetCompare 函数。

SetCompare 函数的目的在于更新 g_Ticks 的计数以及设置下一次中断的时间间隔,所以代码非常简单,内容如下:

```
void SetCompare(UINT32 CompareValue)
{
    //获取逝去的节拍数
    UINT32 value = (SysTick->LOAD - SysTick->VAL);

    //更新 g_Tick 的数值
    if(SysTick->CTRL & SysTick_CTRL_COUNTFLAG)
    {
        g_Ticks += SysTick->LOAD;
    }
    g_Ticks += value;
    g_TicksLastRead = g_Ticks;

    //设置下一次中断的间隔
    SysTick->LOAD = CompareValue;
    SysTick->VAL = 0x00;
}
```

最后来看一下 SetCompareValue 函数。该函数起到的作用是,根据传入的节拍数来设置相应的中断间隔;如果传入的节拍数比当前存储的节拍数小,那么就必须调用中断函数。其完整的实现代码如下:

```
void SetCompareValue(UINT64 CompareValue)
{
    //存储下一次比较的数值
    g_TicksCompare = CompareValue;

    //该标志用来表明是否需要发生中断
    bool bForceInterrupt = false;

    //获取到目前为止的节拍数
    UINT64 CntrValue = CounterValue();

    if(CompareValue <= CntrValue)
```

```
    {
        //因为传入的数值小于当前的节拍数,所以需要强制执行中断
        bForceInterrupt = true;
    }
    else
    {
        UINT32 diff;
        if((CompareValue - CntrValue) > SYSTICK_MAXCOUNT)
        {
            //设置为最大的中断节拍数
            diff = SYSTICK_MAXCOUNT;
        }
        else
        {
            //剩余的节拍数
            diff = (UINT32)(CompareValue - CntrValue);
        }

        //更新寄存器数值
        SetCompare(diff);

        if(CounterValue() > CompareValue)
        {
            bForceInterrupt = true;
        }
    }

    if(bForceInterrupt)
    {
        //直接调用中断函数
        SysTickInterruptHandler(NULL);
    }
}
```

各位朋友看注释应该也会明白函数的流程了,可能唯一觉得疑惑的是 SysTickInterruptHandler 函数的调用。其实按理说,ST 函数库中有个名为 NVIC_SetPendingIRQ 的函数,如果代码写成如下的形式应该能够自动引发时钟中断:

```
NVIC_SetPendingIRQ(SysTick_IRQn);
```

但遗憾的是,该行代码会引发 Hard_Fault 异常,所以迫不得已只能直接调用中断函数。也许不同的平台有不同的规定,如果各位朋友追求完美,不妨试试 NVIC_SetPendingIRQ 在自己的移植平台是否也会引发类似的问题。

5.5 中断函数

在 5.4 节中提到，SysTick 驱动的很多函数都可以直接复制现成的，所以对于中断函数 SysTickInterruptHandler 来说，很可能很多朋友都喜欢原版照抄其如下代码：

```
void SysTickInterruptHandler(void * pParam)
{
    g_TicksLastRead = CounterValue();

    if(g_TicksLastRead >= g_TicksCompare)
    {
        HAL_COMPLETION::DequeueAndExec();
    }
    else
    {
        SetCompareValue(g_TicksCompare);
    }
}
```

但这段中断函数的代码对于 STM32F10x 来说并不是很严谨，很可能会出一些莫名其妙的问题，比如 USB 无法通过 MFDeploy 的 Ping 操作进行通信。虽然 USB 驱动及其调试是后续章节所讨论的内容，但引发 USB 驱动无法正常工作的根源却在于 SysTick 的中断函数，所以在此先提出来讨论。可能其间会涉及一些暂时未介绍的 USB 知识，不过没关系，这里只需将重点放在 SysTick 的中断函数上，其余的内容可以在了解了 USB 部分后再回头品味。

举例来说，下面是一个 C# 程序的完整代码：

```
namespace HelloWorld
{
    public class Program
    {
        public static void Main()
        {
            Debug.Print("Hello, World!\n");
            Debug.Print("It's the first C# application in .NET Micro Framework!\n");
        }
    }
}
```

这段代码看起来没什么问题，使用 VS2010 也能正常下载，并且也能看到从串口输出的字符串。但奇怪的事情就此发生了：自从成功下载该程序，并且正常运行之后，板子插到电脑上虽然可以枚举，但通过 MFDeploy 的 Ping 指令却经常无法正常通信。如果用 Bus Hound 软件来查看，发现 PC 端发送一个 OUT 包之后就卡死了，如图 5.5.1 所示。

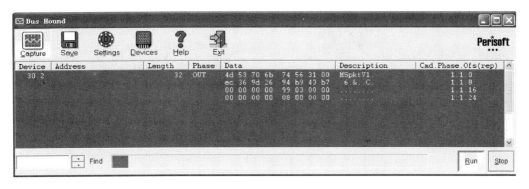

图 5.5.1　Bus Bound 软件只收到一个 OUT 数据包

如果将 NAND 上的 C♯ 程序擦除掉，那么一切又恢复了正常。这究竟是怎么一回事呢？

通过 MDK 的断点调试，会发现代码一直在执行 SysTick 的中断函数，而查看 SysTick 的寄存器会发现，RELOAD 的数值非常小，如图 5.5.2 所示。

那么造成频繁执行 SysTick 的中断函数的原因是否源于此呢？通过 MDK 强制更改 NVIC_ST_RELOAD 寄存器的数值为 0x00FF FFFF 来试试，结果不出所料，Bus Bound 软件监控到 USB 数据又开始交互，MFDeploy 也不再假死，从而检测到板子为 TinyCLR 了！

转回来想想，为什么 SysTick 的 RELOAD 的数值太小会导致 MFDeploy 假死呢？原因很简单，RELOAD 是每次 SysTick 中断的间隔，而如果这个时间间隔太小，那么很可能在刚执行完 SysTick

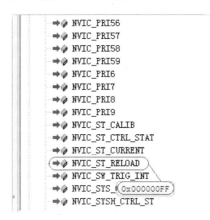

图 5.5.2　SysTick 的 RELOAD 数值非常小

的中断函数时，下一次中断又发生了，从而导致主线程的代码没有获得 CPU 的时间去执行！

原因找到了，那么该如何解决这个问题呢？首先回头来看看本节最初的 SysTick 的中断函数 SysTickInterruptHandler。该中断函数逻辑很简单，如果当前的间隔值大于要比较的间隔值，就执行 HAL_COMPLETION::DequeueAndExec() 函数。现在先进到该函数中看看会发生什么事情。因为该函数较长，且有些东西与主题并无多大关系，所以下面罗列的代码是缩减后的主要部分，如下所示：

第 5 章　SysTick 驱动

```
void HAL_COMPLETION::DequeueAndExec()
{
    ...

    HAL_COMPLETION * ptr = (HAL_COMPLETION *)g_HAL_Completion_List.FirstNode();
    HAL_COMPLETION * ptrNext = (HAL_COMPLETION *)ptr->Next();

    if(ptrNext)
    {
        ...

        HAL_Time_SetCompare( ptrNext->Next() ? ptrNext->EventTimeTicks : HAL_Completion_IdleValue );

        ...
    }
}
```

从以上代码中可以看到,该函数其实会调用 HAL_Time_SetCompare 来设置下一次的中断时间。但是如果使用 MDK 进行单步调试却会惊讶地发现,该函数一直没有被调用,因为 ptrNext 一直为 NULL！如果再仔细点会发现,在还没有执行 C♯ 程序之前,ptrNext 其实不是 NULL！

根据经验推测,问题就出在 C♯ 程序上。具体点,问题在于 C♯ 的 Main 函数返回了！因为 C♯ 的 Main 函数返回,导致 Node 的结点被释放,于是 ptrNext 就为 NULL。如果此时刚好 SysTick 的间隔又很小,代码又因为 ptrNext 为 NULL 而不执行 HAL_Time_SetCompare 函数,那么最终结果就是:不停地发生 SysTick 中断,而无暇执行主线程代码！

原因找到之后,可能大家想到的最简单的解决方式就是在 C♯ 的 Main 函数中执行一个死循环,如下所示:

```
namespace HelloWorld
{
    public class Program
    {
        public static void Main()
        {
            Debug.Print("Hello, World!\n");
            Debug.Print("It's the first C# application in .NET Micro Framework!\n");
            while(true);
        }
    }
}
```

结果固然没错,这样更改之后,的确一切都正常了。似乎一切都很美好,不是吗?但是,这样的代码,其健壮性是不够的,因为无法确保做应用的程序员能够遵守这个约定。而一旦忘记的话,结果将是灾难性的:因为 USB 已经无法 Ping 通,就更谈不上下载程序了,所以做应用的程序员无法凭一己之力来挽回自己的错误。除了你——.NET Micro Framework 的移植者——能够通过 MDK 来设置 SysTick 的重载数值寄存器,使 CPU 跑在正常的轨道上以外,再无他法。

为了避免这种情况发生,可以将中断函数修正一下,即自己来检测 ptrNext,如果其值为 NULL,那么手动调用 HAL_Time_SetCompare 函数即可。修正代码如下所示:

```
void ISR(void * pParam)
{
    g_TicksLastRead = CounterValue();

    if(g_TicksLastRead >= g_TicksCompare)
    {
        HAL_COMPLETION::DequeueAndExec();

        HAL_COMPLETION * ptr = (HAL_COMPLETION *)g_HAL_Completion_List.FirstNode();
        HAL_COMPLETION * ptrNext = (HAL_COMPLETION *)ptr->Next();
        if(ptrNext == NULL)
        {
            HAL_Time_SetCompare(0x0000FFFFFFFFFFFFull);
        }
    }
    else
    {
        SetCompareValue( g_TicksCompare );
    }
}
```

经过这么一改,引发 MFDeploy 无法响应的问题就不再存在了,今后也不用再担心写应用的程序员忘记最后写死循环啦!

第6章

串口驱动

随着嵌入式 CPU 技术的发展,基本上串口已成为最基础的功能。本章主要介绍在.NET Micro Framework 中串口驱动的实现以及相关要点。

6.1 驱动概述

虽然现在的笔记本电脑很多都已经不具备串口功能了,感觉串口似乎离我们已经越来越远,但在嵌入式领域,串口还是大行其道的。一般来说,在开始调试一款新的 CPU 时,基本上都会先实现串口的功能。特别是在调试外围驱动的时候,串口的调试功能更不可替代。比如在调试 USB 驱动时,虽然可以通过设置断点来查看代码的流程,但由于 USB 需要与主机沟通,而且两者的通信对延时的要求又很严格,一旦程序停在断点处,往往已经超过了延时时限,从而导致异常的发生。于是,这种时候便是串口大力发挥其效能的时机。实际上,当串口功能实现之后,很多人都直接抛弃了断点调试,而改用串口的输出信息来对程序进行调试。

在.NET Micro Framework 中,串口的作用主要分为两个:一是输出打印信息,二是作为调试口对 C♯程序进行调试。关于串口驱动,微软规定了如表 6.1.1 所列的接口。

表 6.1.1 串口驱动接口

函数原型	说 明
void CPU_USART_GetBaudrateBoundary(int ComPortNum, UINT32 &maxBaudrateHz, UINT32 &minBaudrateHz)	获取波特率
void CPU_USART_GetPins(int ComPortNum, GPIO_PIN &rxPin, GPIO_PIN &txPin, GPIO_PIN &ctsPin, GPIO_PIN &rtsPin)	获取引脚
BOOL CPU_USART_Initialize(int ComPortNum, int BaudRate, int Parity, int DataBits, int StopBits, int FlowValue)	初始化
BOOL CPU_USART_IsBaudrateSupported(int ComPortNum, UINT32 &BaudrateHz)	检查是否支持输入的波特率
UINT32 CPU_USART_PortsCount()	获取串口总数
void CPU_USART_ProtectPins(int ComPortNum, BOOL On)	使能某个引脚

续表 6.1.1

函数原型	说明
void CPU_USART_RxBufferFullInterruptEnable(int ComPortNum, BOOL Enable)	当接收缓存满时,检查是否使能接收中断
BOOL CPU_USART_RxBufferFullInterruptState(int ComPortNum)	获取接收中断的当前状态
BOOL CPU_USART_SupportNonStandardBaudRate (int ComPortNum)	检查是否支持非标准波特率
BOOL CPU_USART_TxBufferEmpty(int ComPortNum)	检查当前的发送缓存是否为空
void CPU_USART_TxBufferEmptyInterruptEnable (int ComPortNum, BOOL Enable)	当发送缓存为空时,检查是否使能中断
BOOL CPU_USART_TxBufferEmptyInterruptState(int ComPortNum)	获取发送缓存中断的状态
BOOL CPU_USART_TxHandshakeEnabledState(int comPort)	确认握手协议是否在当前的传输中使用
BOOL CPU_USART_TxShiftRegisterEmpty(int ComPortNum)	确认当前移位寄存器是否为空
BOOL CPU_USART_Uninitialize(int ComPortNum)	卸载
void CPU_USART_WriteCharToTxBuffer(int ComPortNum, UINT8 c)	将发送的数据放入发送缓存

6.2 建立工程

如果建立新的解决方案后自动生成了相应的 USART 工程,那么可以跳过本节内容对 USART 的工程不做修改;如果没有自动生成,那么也没关系,可以按照表 6.2.1 的提示对 USART 的 dotNetMF.proj 工程文件进行修改。

表 6.2.1 USART 工程文件 dotNetMF.proj 修改列表

模 板	工 程
路 径	
$(SPOCLIENT)\DeviceCode\Drivers\Stubs\Processor\stubs_USART	$(SPOCLIENT)\DeviceCode\Targets\Native\STM32F10x\DeviceCode\USART
替 换	
⟨AssemblyName⟩cpu_usart_stubs⟨/AssemblyName⟩	⟨AssemblyName⟩USART_STM32F10x⟨/AssemblyName⟩
⟨ProjectGuid⟩{13f86aa5-ac1a-4700-9475-cf55e1f667ff}⟨/ProjectGuid⟩	⟨ProjectGuid⟩{31486420-E9EF-42B2-B036-A717D0071D34}⟨/ProjectGuid⟩

续表 6.2.1

模板	工程
⟨LibraryFile⟩cpu_usart_stubs.$(LIB_EXT)⟨/LibraryFile⟩ ⟨ProjectPath⟩$(SPOCLIENT)\DeviceCode\Drivers\Stubs\processor\stubs_USART\dotNetMF.proj⟨/ProjectPath⟩ ⟨ManifestFile⟩cpu_usart_stubs.$(LIB_EXT).manifest⟨/ManifestFile⟩	⟨LibraryFile⟩USART_STM32F10x.$(LIB_EXT)⟨/LibraryFile⟩ ⟨ProjectPath⟩$(SPOCLIENT)\DeviceCode\Targets\Native\STM32F10x\DeviceCode\USART\dotNetMF.proj⟨/ProjectPath⟩ ⟨ManifestFile⟩USART_STM32F10x.$(LIB_EXT).manifest⟨/ManifestFile⟩
⟨IsStub⟩True⟨/IsStub⟩ ⟨Directory⟩DeviceCode\Drivers\Stubs\Processor\stubs_usart⟨/Directory⟩	⟨IsStub⟩false⟨/IsStub⟩ ⟨Directory⟩DeviceCode\Targets\Native\STM32F10x\DeviceCode\USART⟨/Directory⟩
追加	

	⟨ItemGroup⟩
	    ⟨IncludePaths Include="DeviceCode\Targets\Native\STM32F10x\DeviceCode\Libraries\Configure"/⟩
	    ⟨IncludePaths Include="DeviceCode\Targets\Native\STM32F10x\DeviceCode\Libraries\STM32F10x_StdPeriph_Driver\inc"/⟩
	    ⟨IncludePaths Include="DeviceCode\Targets\Native\STM32F10x\DeviceCode\Libraries\CMSIS\Core\CM3\"/⟩
	    ⟨IncludePaths Include="DeviceCode\Targets\Native\STM32F10x\DeviceCode\INTC"/⟩
	⟨/ItemGroup⟩

6.3 寄存器概述

在开始使用 ST 函数库之前，不妨先静下心来，看看串口的寄存器。虽然说 ST 函数库已经将寄存器封装好了，即使不去了解寄存器也不必担心不会使用串口；但是了解多一点，说不定就能在调试中带来更多便利呢！

STM32F103ZE 的串口资源相当强悍，一共提供了五组串口，而且还有分数波特率发生器，支持 LIN 和调制解调器操作等。当然因为这些功能在移植中没有用到，所以对这些概念不熟悉也不影响全局。

对于串口的基本设置，各位朋友都应该比较熟悉了，无非就是设置波特率、数据位长度和奇偶校验位等。不过串口作为 STM32F10x 的一个外设，在进行这些基础设置时，还必须使能外设时钟寄存器，否则串口将无法工作。使用串口时倒没有很多疑惑，只是有一点需要注意，就是只有串口 1 是由 RCC_APB2ENR 寄存器控制的，而其他的串口则都是由 RCC_APB1ENR 寄存器控制。是不是感觉有点怪异？没关系，记住就好。

为了加深印象，先看看外围时钟使能寄存器 RCC_APB1ENR 的布局，如图 6.3.1 所示。该寄存器的地址为 0x1C，复位值为 0x0000 0000，访问方式为字、半字和字节方式。

APB1 peripheral clock enable register (RCC_APB1ENR)

Address: 0x1C

Reset value: 0x0000 0000

Access: word, half-word and byte access

31	30	29	28	27	26	25	24	23	22	21	20	19	18	17	16
保留		DAC EN	PWR EN	BKP EN	保留	CAN EN	保留	USB EN	I2C2 EN	I2C1 EN	UART5 EN	UART4 EN	USART3 EN	USART2 EN	保留
		r/w	r/w	r/w		r/w		r/w	r/w	r/w	r/w	r/w	r/w	r/w	

15	14	13	12	11	10	9	8	7	6	5	4	3	2	1	0
SPI3 EN	SPI2 EN	保留		WWD GEN	保留				TIM7 EN	TIM6 EN	TIM5 EN	TIM4 EN	TIM3 EN	TIM2 EN	
r/w	r/w			r/w					r/w	r/w	r/w	r/w	r/w	r/w	

图 6.3.1　RCC_APB1ENR 寄存器

由图 6.3.1 可以看出，寄存器 RCC_APB1ENR 可真是包罗万象，它既可以控制数/模转换（DAC），又可以控制时钟使能（TIMx），还可以控制看门狗（WWD），等等；不过这并不是这里所要关注的内容，因为现在关心的是串口，所以只须查看那些注明为 USART 或 UART 的位即可[*]。矫正了我们的注意力之后可以得知，串口 2～5 分别对应寄存器 RCC_APB1ENR 的 17～20 位。如果需要使能相应的串口，则只须将相应的位置 1 即可。

下面再来看看控制串口 1 的外围时钟使能寄存器 RCC_APB2ENR 吧，如图 6.3.2 所示。该寄存器的地址是 0x18，复位值为 0x0000 0000，访问方式是字、半字和字节方式。

相对于 RCC_APB1ENR 来说，寄存器 RCC_APB2ENR 可控制的功能就比较少了，只有一些模/数转换（ADCx）和输入/输出口（IOPx）等；不过这里关心的还只是带有 USART 字样的位，也就是第 14 位。换句话说，如果只是使能串口 1 的时钟，那么只须设置第 14 位即可。

其实在通过寄存器来设置串口的基本数值之前，为了避免后续结果出现异常，应

---

*　USART 为通用同步/异步串行接收/发送器（Universal Synchronous/Asynchronous Receiver/Transmitter）。UART 为通用异步串行接收/发送器（Universal Asynchronous Receiver/Transmitter）。两者的区别在于，UART 的时钟只支持正常的异步模式和倍速的异步模式，而 USART 在此基础上还支持主机同步模式和从机同步模式。不过由于在.NET Micro Framework 中只支持异步模式，所以，即使 STM32F103ZE 同时支持两种模式，也只能使用异步模式。

第 6 章 串口驱动

APB2 peripheral clock enable register (RCC_APB2ENR)

Address: 0x18

Reset value: 0x0000 0000

Access: word, half-word and byte access

31	30	29	28	27	26	25	24	23	22	21	20	19	18	17	16
保留															
15	14	13	12	11	10	9	8	7	6	5	4	3	2	1	0
保留	USART1 EN	保留	SPI1 EN	TIM1 EN	ADC2 EN	ADC1 EN	保留	IOPE EN	IOPD EN	IOPC EN	IOPB EN	IOPA EN	保留	AFIO EN	
	r/w		r/w	r/w	r/w	r/w		r/w	r/w	r/w	r/w	r/w		r/w	

图 6.3.2 RCC_APB2ENR 寄存器

该先对串口复位。听起来复位是一件很困难的事，但实际上 STM32F10x 也有与复位相对应的寄存器操作。与外围时钟使能寄存器一样，外围复位寄存器也有分别对应串口 1 和其他串口的两个寄存器，分别是 RCC_APB1RSTR 和 RCC_APB2RSTR，如图 6.3.3 所示。RCC_APB1RSTR 寄存器的地址偏移量为 0x10，复位值为 0x0000 0000，访问方式为无等待状态、字、半字和字节方式。RCC_APB2RSTR 寄存器的地址偏移量为 0x0C，复位值为 0x0000 0000，访问方式为无等待状态、字、半字和字节方式。

APB1 peripheral reset register (RCC_APB1RSTR)

Address offset: 0x10

Reset value: 0x0000 0000

Access: no wait state, word, half-word and byte access

31	30	29	28	27	26	25	24	23	22	21	20	19	18	17	16
保留			DAC RST	PWR RST	BKP RST	保留	CAN RST	保留	USB RST	I2C2 RST	I2C1 RST	UART5 RST	UART4 RST	USART3 RST	USART2 RST
			r/w	r/w	r/w		r/w		r/w	r/w	r/w	r/w	r/w	r/w	r/w
15	14	13	12	11	10	9	8	7	6	5	4	3	2	1	0
SPI3 EN	SPI2 EN	保留		WWD GRST	保留					TIM7 EN	TIM6 EN	TIM5 EN	TIM4 EN	TIM3 EN	TIM2 EN
r/w	r/w			r/w						r/w	r/w	r/w	r/w	r/w	r/w

APB2 peripheral reset register (RCC_APB2RSTR)

Address offset: 0x0C

Reset value: 0x00000 0000

Access: no wait state, word, half-word and byte access

31	30	29	28	27	26	25	24	23	22	21	20	19	18	17	16
保留															
15	14	13	12	11	10	9	8	7	6	5	4	3	2	1	0
保留	USART1 RST	保留	SPI1 RST	TIM1 RST	ADC2 RST	ADC1 RST	保留	IOPE RST	IOPD RST	IOPC RST	IOPB RST	IOPA RST	保留	AFIO RST	
	r/w		r/w	r/w	r/w	r/w		r/w	r/w	r/w	r/w	r/w		r/w	

图 6.3.3 RCC_APB1RSTR 和 RCC_APB2RSTR 寄存器

从图 6.3.3 可以看出,复位寄存器与使能寄存器的布局基本一致,在此不再多说。还是与之前的使能寄存器的用法一样,想复位哪个串口,就在图中找到"USART"或"UART"字样,然后将相应寄存器的相应位置 1 即可。

之前不是提到过波特率的设置吗?其实该设置也有专门的寄存器进行操作,就是波特率寄存器 USART_BRR,如图 6.3.4 所示。其地址偏移量为 0x08,复位值为 0x0000。

Baud rate register (USART_BRR)

Address offset: 0x08

Reset value: 0x0000

31	30	29	28	27	26	25	24	23	22	21	20	19	18	17	16
保留															
15	14	13	12	11	10	9	8	7	6	5	4	3	2	1	0
DIV_Mantissa[11:0]												DIV_Fraction[3:0]			
r/w	r/w	r/w	r/w	r/w	r/w	r/w	r/w	r/w	r/w	r/w	r/w	r/w	r/w	r/w	r/w

图 6.3.4 USART_BRR 寄存器

当然如果要设置波特率的话,不是想要什么波特率就往里面写什么数值,而是有一个计算公式。不过这里就不展开细说了,因为借助于 6.4 节所讲的函数库,就可以自动转换相应的数值,而免去计算之苦恼。

串口能够实现很多功能,这些功能的使用与否都是通过控制寄存器 USART_CR1~USART_CR3 来设置的。而在移植过程中,USART_CR1 所设置的功能都已经满足了要求。所以,这里就只看看 USART_CR1 的布局,如图 6.3.5 所示。其地址偏移量为 0x0C,复位值为 0x0000。

Control register 1 (USART_CR1)

Address offset: 0x0C

Reset value: 0x0000

31	30	29	28	27	26	25	24	23	22	21	20	19	18	17	16
保留															
15	14	13	12	11	10	9	8	7	6	5	4	3	2	1	0
保留		UE	M	WAKE	PCE	PS	PEIE	TXEIE	TCIE	RXNEIE	IDLEIE	TE	RE	RWU	SBK
		r/w	r/w	r/w	r/w	r/w	r/w	r/w	r/w	r/w	r/w	r/w	r/w	r/w	r/w

图 6.3.5 USART_CR1 寄存器

因为 USART_CR1 寄存器与后面的移植有较大关系,因此这里对其中的一些位功能简要介绍如下:

- 位 13　UE,串口使能位。只有当该位置 1 时,相应的串口才能正常使用。
- 位 12　M,字长选择位,默认为 0。当该位为 0 时,设置串口为 8 个字长,并外加 n 个停止位,而停止位的个数则通过控制寄存器 USART_CR2 的位 12~13 进行设置。

- 位10　PCE,是否使能校验。0为禁止校验,1为使能校验。
- 位9　PS,校验位选择。0为偶校验,1为奇校验。
- 位6　TCIE,发送缓存为空时是否发生中断。如果该位置1,那么当USART_SR(状态寄存器,见后续内容)中的TC位为1时,会发生中断。
- 位5　RXNEIE,接收缓存不为空时是否发生中断。如果该位置1,那么当USART_SR中的ORE或者RXNE位为1时,将产生串口中断。
- 位3　TE,使能发送。如果该位置1,则串口开始发送数据。
- 位2　RE,使能接收。如果该位置1,则串口开始接收数据。

控制寄存器USART_CR1的其他位在实际使用中很少用到,故这里就不多说了。

下面再来看看数据的发送和接收。数据的发送和接收都是通过数据寄存器USART_DR实现的,它是一个双向寄存器:当向该寄存器写数据时,串口就会自动发送;当接收到数据时,它就会自动存储。USART_DR寄存器的描述如图6.3.6所示。其地址偏移量为0x04,复位值未定义。

Data register (USART_DR)

Address offset: 0x04
Reset value: Undefined

31	30	29	28	27	26	25	24	23	22	21	20	19	18	17	16
保留															

15	14	13	12	11	10	9	8	7	6	5	4	3	2	1	0
保留								DR[8:0]							
							r/w	r/w	r/w	r/w	r/w	r/w	r/w	r/w	r/w

图6.3.6　USART_DR寄存器

USART_DR寄存器的位DR[8:0]为串口数据,发送和接收的数据都存储于此。正如之前所说,该寄存器其实是由两个寄存器构成,故兼具了读和写的功能。实际应用时对具体的原理可以不去深究,只要懂得如何使用即可。

最后来看看串口的状态寄存器USART_SR,如图6.3.7所示。其地址偏移量为0x00,复位值为0x00C0。

Status register (USART_SR)

Address offset: 0x00
Reset value: 0x00C0

31	30	29	28	27	26	25	24	23	22	21	20	19	18	17	16
保留															

15	14	13	12	11	10	9	8	7	6	5	4	3	2	1	0
保留						CTS	LBD	TXE	TC	RXNE	IDLE	ORE	NE	FE	PE
						rc_w0	rc_w0	r	rc_w0	rc_w0	r	r	r	r	r

图6.3.7　USART_SR寄存器

图 6.3.7 中的符号 rc_wo 有 3 个含义：①可读；②写 0 时可清除该位；③写 1 无效。(此符号的含义在全书中相同)

这里只需关注两位,分别是第 5 位的 RXNE 和第 6 位的 TC:
- RXNE　表示读数据寄存器非空。当该位被置 1 时,表示已经接收到数据,此时就要尽快读取 USART_DR 里的数据。这里需要注意的是,在读取了 USART_DR 中的数据之后,该位会被自动清零。当然,也可以通过手动写 0 进行清除。
- TC　表示发送完成。当该位被置 1 时,表示 USART_DR 内的数据已经发送完成。如果 USART_CR1 的 TCIE 位被设置为 1,那么此时还会产生中断。该位的清零方式有三种,分别是：读 USART_SR、写 USART_DR 和直接向该位写 0。

6.4　ST 函数库的使用

如何让串口正常工作呢？这免不了对 CPU 的寄存器进行一番操作。当然,还是老规矩,能简便简,所以还是直接使用 ST 函数库吧!

首先需要对串口的寄存器初始化。以串口 USART1 为例,先初始化其外围时钟,代码只有如下一行：

```
RCC_APB2PeriphClockCmd(RCC_APB2Periph_USART1 | RCC_APB2Periph_GPIOA, ENABLE);
```

接下来则是配置中断寄存器,代码如下：

```
// 配置中断寄存器的优先级
NVIC_PriorityGroupConfig(NVIC_PriorityGroup_0);

//初始化数据
NVIC_InitTypeDef NVIC_InitInfo;
NVIC_InitInfo.NVIC_IRQChannel = USART1_IRQn;
NVIC_InitInfo.NVIC_IRQChannelSubPriority = 0;
NVIC_InitInfo.NVIC_IRQChannelCmd = ENABLE;

//写中断寄存器
NVIC_Init(&NVIC_InitInfo);
```

寄存器配置完毕之后,该轮到引脚了。其实数据的发送,本质上就是引脚不停地被拉高或拉低的过程,所以对于如下引脚设置的代码就不难理解了：

```
//初始化数据
GPIO_InitTypeDef GPIO_InitInfo;
GPIO_InitInfo.GPIO_Pin = GPIO_Pin_9;
GPIO_InitInfo.GPIO_Speed = GPIO_Speed_50MHz;
GPIO_InitInfo.GPIO_Mode = GPIO_Mode_AF_PP;
```

```
//写寄存器
GPIO_Init(GPIOA,&GPIO_InitInfo);
```

配置完毕之后,还必须使能 USART1,代码如下:

```
USART_Cmd(USART1,ENABLE);
```

当然,默认的波特率不一定符合实际需求,当遇到这种情况时,自然需要进行相应的更改。更改的代码很简单,如下所示:

```
USART_InitTypeDef USART_InitInfo;

//波特率
USART_InitInfo.USART_BaudRate = 9600;

//数据位
USART_InitInfo.USART_WordLength = USART_WordLength_8b;

//无奇偶校验
USART_InitInfo.USART_Parity = USART_Parity_No;

//一个停止位
USART_InitInfo.USART_StopBits = USART_StopBits_1;

//无流控制
USART_InitInfo.USART_HardwareFlowControl = USART_HardwareFlowControl_None;

//接收发送标志
USART_InitInfo.USART_Mode = USART_Mode_Rx | USART_Mode_Tx;

//更新到寄存器
USART_Init(USART1,&USART_InitInfo);
USART_ITConfig(USART1,USART_IT_RXNE,ENABLE);
```

最后,则是发送数据。这里为了说明简便,采用函数的形式,代码如下:

```
void SendData(u8 data)
{
    while (!(USART1->SR & USART_FLAG_TXE));
    USART1->DR = (data & (uint16_t)0x01FF);
}
```

代码中的循环的意义很简单,它一直在持续检查发送使能标志,只有当其不为 0 时,才将数据发送到 USART1_DR 寄存器,使数据通过引脚发送出去。

6.5 中断函数

.NET Micro Framework 所规定的函数接口,实际上基本都能与 ST 函数库的相应函数对应,因此在串口驱动的实现上并没有非常大的难点。唯一能够成为障碍的只有中断函数。其实串口驱动主要功能的实现就在于其中断函数,因为它负责了数据的接收和发送。不过在看具体的代码之前,先来看看如表 6.5.1 所列的向量表。

表 6.5.1 STM32F10x 设备的 USART 的向量表

位 置	优先级	优先级类型	缩 写	描 述	地 址
⋮					
37	44	可设置	USART1	USART1 全局中断	0x0000 00D4
38	45	可设置	USART2	USART2 全局中断	0x0000 00DB
39	46	可设置	USART3	USART3 全局中断	0x0000 00DC
⋮					
52	59	可设置	UART4	UART4 全局中断	0x0000 0110
53	60	可设置	UART5	UART5 全局中断	0x0000 0114

由表 6.5.1 可知,STM32F10x 一共有 5 组串口,并且每组串口都对应一个中断号。但如果具体到代码,则为了代码的简洁性,基本上不会是一个中断号对应一个中断函数。更通用的做法是,5 个中断号都对应同一个中断函数。

因为 5 个中断号都对应于同一个中断函数,所以就必须有所区别,否则分不清是哪个串口发生的中断,岂不滑稽? 为此,定义了一个 USART_Info 结构体,代码是

```
struct USART_Info
{
    //指向 ST 函数库的串口类型
    USART_TypeDef * pUSART;

    //串口的序号
    int ComPortNum;

    //是否使能发送缓存中断标志
    BOOL bTxBufferEmptyInterrupt;

    //是否使能接收缓存中断标志
    BOOL bRxBufferFullInterrupt;
};
```

接着声明一个全局变量,自然也是 USART_Info 类型,代码是

```
USART_Info g_USART_Info[USART_COUNT] = {0};
```

其中，USART_COUNT 是一个宏定义。虽然实际上 STM32F10x 的可用串口为 5 个，但是为了节约资源和代码的便利，这里只使用了 3 个，分别是 USART1～USART3，故宏定义 USART_COUNT 为

```
#define USART_COUNT 3
```

接着来规划一下中断函数的功能。当中断发生后，首先要获取中断的标志。如果确有数据发送过来，则必须获取输入的缓存，并把数据送到接收缓存中，然后再通知 PAL 层有数据来到，让其做相应的处理。在这个思路之下，中断函数接收部分的代码如下：

```
if(USART_GetITStatus(pInfo->pUSART, USART_IT_RXNE) != RESET)
{
    //读取一个字符放到接收缓存中
    USART_AddCharToRxBuffer(pInfo->ComPortNum, USART_ReceiveData(pInfo->pUSART));

    //发送 SYSTEM_EVENT_FLAG_COM_IN 事件，通知 PAL 已经接收到数据
    Events_Set(SYSTEM_EVENT_FLAG_COM_IN);
}
```

那么对于发送数据，工作过程又是怎样的呢？其实也很简单，只要判断上一个数据是否已经发送完毕，如果结果为"是"，那么直接调用函数进行发送即可，否则停止发送中断。其代码如下：

```
char cSend;
//从发送缓存获取发送的字符
if(USART_RemoveCharFromTxBuffer(pInfo->ComPortNum, cSend))
{
    //开始发送数据
    CPU_USART_WriteCharToTxBuffer(pInfo->ComPortNum, cSend);
}
else
{
    //因为已经没有数据了，所以令发送中断无效
    CPU_USART_TxBufferEmptyInterruptEnable(pInfo->ComPortNum, FALSE);
}

//通知 PAL 数据已经发送完毕
Events_Set(SYSTEM_EVENT_FLAG_COM_OUT);
```

为了让各位朋友对中断函数的整个面貌有所了解，最后还是来看看该函数的如下完整代码：

```cpp
void USARTInterruptHandler(void * pParam)
{
    USART_Info * pInfo = reinterpret_cast<USART_Info *>(pParam);
    if(pInfo == NULL)
    {
        //错误:代码不应该跑到这里
        while(TRUE);
    }

    //接收
    if(USART_GetITStatus(pInfo->pUSART, USART_IT_RXNE) != RESET)
    {
        //读取一个字符放到接收缓存中
        USART_AddCharToRxBuffer(pInfo->ComPortNum, USART_ReceiveData(pInfo->pUSART));

        //发送 SYSTEM_EVENT_FLAG_COM_IN 事件,通知 PAL 已经接收到数据
        Events_Set(SYSTEM_EVENT_FLAG_COM_IN);
    }

    //发送
    if(USART_GetITStatus(pInfo->pUSART, USART_IT_TXE) != RESET)
    {
        char cSend;
        //从发送缓存获取发送的字符
        if(USART_RemoveCharFromTxBuffer(pInfo->ComPortNum, cSend))
        {
            //开始发送数据
            CPU_USART_WriteCharToTxBuffer(pInfo->ComPortNum, cSend);
        }
        else
        {
            //因为已经没有数据了,所以令发送中断无效
            CPU_USART_TxBufferEmptyInterruptEnable(pInfo->ComPortNum, FALSE);
        }

        //通知 PAL 数据已经发送完毕
        Events_Set(SYSTEM_EVENT_FLAG_COM_OUT);
    }
}
```

6.6 PAL 层驱动

从严格意义上来说，6.1 节～6.5 节的驱动都应该归于 HAL 层驱动，而串口还有另外一个 PAL 层驱动。如果说 HAL 层驱动是连接硬件与 PAL 层的纽带，那么 PAL 层则是驱动与 TinyCLR 运行库的桥梁。PAL 层主要是逻辑层面的概念，它根据 HAL 层驱动的相应接口做了流程上的处理。如果 PAL 层驱动为空，那么就意味着 HAL 层也无法发挥其效能。

与 HAL 层驱动不同的是，如果用户没有特殊的要求，那么 PAL 层驱动可以完全不做修改，而直接拿来使用。PAL 层驱动的路径存于 $(SPOCLIENT)\DeviceCode\PAL\COM\USART\dotNetMF.proj 文件中，如果需要使用该驱动，则只需在 PROJ 文件中添加相应的路径即可。比如，需要在 NativeSample 中使用该驱动，那么只需增加如下语句：

```
<ItemGroup>
    <DriverLibs Include = "usart_pal.$(LIB_EXT)" />
    <RequiredProjects Include = " $(SPOCLIENT)\DeviceCode\PAL\COM\USART\dotNetMF.proj" />
</ItemGroup>
```

保存、编译之后，PAL 层驱动即可生效。

6.7 NativeSample 测试

当完善了串口驱动之后，首先要做的事便是检测该驱动代码的正确性。如果选择 TinyBooter 工程或 TinyCLR 工程，则有点杀鸡用了牛刀的感觉。所以这时最方便的选择便是 NativeSample 工程。

首先做一些设置，至少将串口作为打印信息的输出口。打开文件 platform_selector.h，依照如下示例对四个宏进行修改：

```
#define DEBUG_TEXT_PORT COM2
#define STDIO COM1
#define DEBUGGER_PORT COM1
#define MESSAGING_PORT COM1
```

这里稍微说明一下这几个宏。DEBUGGER_PORT 为调试 C# 程序的端口，可以为串口，也可以为 USB 口。不过在目前这个工程中，暂时还没用到。而至于其他三个宏，都是在不同情况下输出的串口信息。

现在开始写串口测试程序。首先，软件的功能是在启动之后，往 PC 终端发送内容为"Hello,.Net Micro Framework!"的一串字符，然后进入等待状态；当 PC 终端通过串口调试助手之类的软件发送数据时，测试程序接收该数据，并返回给 PC

终端。

现在,软件功能明白之后就开始干活吧!这里使用的是串口COM2,所以一开始先对其进行初始化,代码是

```
const int USART_PORT = ConvertCOM_ComPort(COM2);
USART_Initialize(USART_PORT,115200, USART_PARITY_NONE, 8, USART_STOP_BITS_ONE,
USART_FLOW_NONE );
```

ConvertCOM_ComPort 是.NET Micro Framework 内部定义的一个函数,用来将文件 platform_selector.h 中定义的 COM 标识转换为驱动所能识别的序号。

初始化完毕之后,直接输出字符串,代码是

```
char szHello[] = "Hello,.Net Micro Framework!\r\n";
USART_Write(USART_PORT,szHello,GetLength(szHello));
```

其中 GetLength 是自己定义的一个获取字符串长度的函数。因为在实际测试中,如果想节约资源而不使用标准 C 函数库的话,strlen 函数将无法使用,于是就自己定义了一个函数 GetLength 来获取字符串长度。因为串口测试程序只是简单地获取字符串的长度,而其他很多问题可以不用考虑,所以该函数的实现非常简单,代码是

```
int GetLength(char * pszVal)
{
    if(pszVal == NULL)
    {
        return 0;
    }

    int iLen = 0;
    while(pszVal[iLen] != '\0')
    {
        ++ iLen;
    }

    return iLen;
}
```

执行完发送之后,就应该能够在串口调试助手中看到相应的输出字符串了。接下来就是数据接收的事情。因为需要一直等待接收,故接下来的代码必须在一个死循环中进行。不过这个暂时还不用考虑,先想想如何获知有数据发送到开发板上。如果各位朋友的记忆足够好的话,应该会记得,在驱动的中断函数中如果接收到了数据,则会发送一个名为 SYSTEM_EVENT_FLAG_COM_IN 的事件,所以若想获知是否有数据到来,则只需捕获该事件即可,代码是

```c
BOOL bGetChar = FALSE;
while(TRUE)
{
    if(Events_WaitForEvents(SYSTEM_EVENT_FLAG_COM_IN,200))
    {
        //清除事件标志
        Events_Clear(SYSTEM_EVENT_FLAG_COM_IN);

        //设置该标志标明已经收到数据
        bGetChar = TRUE;
        continue;
    }
}
```

知道数据何时到来之后，接下来的事情就简单多了，无非是通过驱动来读取数据，并将其发送出去，代码是

```c
while(TRUE)
{
    ...

    if(bGetChar != FALSE)
    {
        //复位标志
        bGetChar = FALSE;

        //读取 PC 端发送的数据
        char bytData[512] = {0};
        int iSize = USART_BytesInBuffer(USART_PORT,TRUE);
        USART_Read(USART_PORT,&bytData[0],iSize);

        //将读取的数据发送出去
        USART_Write(USART_PORT,bytData,iSize);
    }
}
```

在 NativeSample 工程中，有一行代码是不能删的，如果删除的话，编译时会提示错误。这行代码是

```c
UART usartTest (COMTestPort, 9600, USART_PARITY_NONE, 8, USART_STOP_BITS_ONE, USART_FLOW_NONE);
```

如果将串口接到开发板的 CON1 上，那么便可以看到这行代码的输出信息，如图 6.7.1 所示。

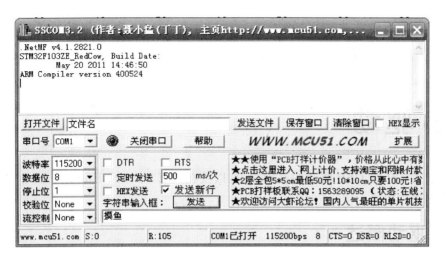

图 6.7.1 输出的版本信息

而这里书写的代码使用的是 COM2,对应的是开发板上的 CON2,将开发板上的 CON2 与 PC 连接起来,并运行程序,便可以看到熟悉的字符串"Hello,. Net Micro Framework!",如图 6.7.2 所示。

图 6.7.2 代码输出的串口信息

第 7 章

USB 驱动

本章主要介绍 USB 驱动的基础知识,以及在 .NET Micro Framework 框架之下所需要实现的功能。

7.1 驱动概述

.NET Micro Framework 的调试途径有两种,其一是之前所说的串口,另外一个就是本章将要讲述的 USB。相对于串口来说,USB 的优势是很明显的。两者最大的区别在于传输速度,USB 的传输速度快,这对于应用程序的调试,其优势不言而喻。

.NET Micro Framework 的 USB 分两层,分别是 USB_HAL 和 USB_PAL。USB_HAL 层与硬件相关,需要用户根据具体的硬件来编写驱动。而对于相应的接口,微软也做了规定,必须实现如表 7.1.1 所列的函数。

表 7.1.1 USB 驱动接口

函数原型	说明
BOOL CPU_USB_GetInterruptState()	获取中断状态
USB_CONTROLLER_STATE * CPU_USB_GetState(int Controller)	获取控制状态
HRESULT CPU_USB_Initialize(int Controller)	USB 初始化
BOOL CPU_USB_ProtectPins(int Controller, BOOL On)	设置是否让硬件检测到 USB 插入
BOOL CPU_USB_RxEnable(USB_CONTROLLER_STATE * State, int endpoint)	使能 USB 的接收
BOOL CPU_USB_StartOutput(USB_CONTROLLER_STATE * State, int endpoint)	USB 数据发送
HRESULT CPU_USB_Uninitialize(int Controller)	USB 卸载

相对而言,USB_PAL 层就简单很多,如果没有特殊需求,直接使用微软提供的逻辑代码即可。唯一还需要用户参与的,就是如何定义结构成员 USB_DYNAMIC_CONFIGURATION。关于这个,微软也做了规定,其形式如下:

```c
ADS_PACKED struct GNU_PACKED USB_DYNAMIC_CONFIGURATION
{
    USB_DEVICE_DESCRIPTOR device;
    USB_CONFIGURATION_DESCRIPTOR config;
      USB_INTERFACE_DESCRIPTOR itfc0;
        USB_ENDPOINT_DESCRIPTOR ep1;
        USB_ENDPOINT_DESCRIPTOR ep2;
    USB_STRING_DESCRIPTOR_HEADER manHeader;
      USB_STRING_CHAR manString[MANUFACTURER_NAME_SIZE];
    USB_STRING_DESCRIPTOR_HEADER prodHeader;
      USB_STRING_CHAR prodString[PRODUCT_NAME_SIZE];
    USB_STRING_DESCRIPTOR_HEADER string4;
      USB_STRING_CHAR displayString[DISPLAY_NAME_SIZE];
    USB_STRING_DESCRIPTOR_HEADER string5;
      USB_STRING_CHAR friendlyString[FRIENDLY_NAME_SIZE];
    USB_OS_STRING_DESCRIPTOR OS_String;
    USB_XCOMPATIBLE_OS_ID OS_XCompatible_ID;
    USB_DESCRIPTOR_HEADER endList;
};
```

那么 USB_PAL 和 USB_HAL 这两层会怎样沟通呢？按照经验，这两层的交流肯定是通过调用表 7.1.1 中的 7 个 CPU_USB_XXX 函数来实现的。那么 USB_HAL 层如何与 USB_PAL 层进行数据交换呢？其实这也有桥梁，分别是 USB_StateCallback，USB_ControlCallback 和 USB_RxEnqueue 函数。前面两个函数主要用于握手阶段，也就是 Endpoint0；而最后一个函数则用于数据交互，也就是 Endpoint1 和 Endpoint2。

那么什么是 Endpoint 呢？Endpoint 的中文名叫端点，但为了与代码统一，全书还是以英文名称为优先。首先从 USB 说起。USB 是一个总线结构，那么当多个设备挂接到总线上时，如何进行区分呢？这就必须要给每个 USB 设备分配一个地址，就像房子的门牌号一样。当进到房子里时，自然还分很多个房间，而房间又有相应的房号，这些房号对于 USB 来说就是 Endpoint。不同的房间有不同的功能，比如厨房，是用来洗菜做饭的；类似的，USB 的 Endpoint0 是用来做控制之用的。而其他的房间，比如多功能室，则可以当书房，还可以当杂物房，至于做什么，全靠主人的心情；同样的也能类比到 USB 中，Endpoint1 既能接收数据，也能发送数据，最终做什么使用全凭程序员的喜好。

本书并不是专注于 USB 的著作，而仅仅是给读者介绍与 .NET Micro Framework 有关的部分知识。如果读者对 USB 感兴趣，可以参考相应的 USB 书籍。在此向各位推荐刘荣编写的《圈圈教你玩 USB》，该书通俗易懂，行文活泼，是每个初学者案头必备书籍。

第 7 章 USB 驱动

7.2 PC 端驱动

相对于 USB 来说,很多程序员可能更喜欢串口,因为只要设备方面完善,串口就可以直接连接到 PC 上;而 USB 则不尽然,最明显的例子就是,每个 USB 设备都需要相应的驱动。对于 .NET Micro Framework 的 USB 来说,自然也是如此。不过并不需要对此烦恼,因为微软已经准备好了 PC 端的驱动,只要下载相应的工具即可进行编译。

编译 USB 驱动的工具既不是 MDK,也不是 Visual Studio 系列,而是 Windows Driver Kits(以下简称 WDK)——一套专门用于编译 Windows 驱动的开发套件。WDK 可以从微软的官方网站下载,安装过程大家应该也是轻车熟路。不过如果安装全部该套件,则所需的硬盘容量很大,而此处只需要相应的编译工具而已,所以安装时可以选择如图 7.2.1 所示的组件。

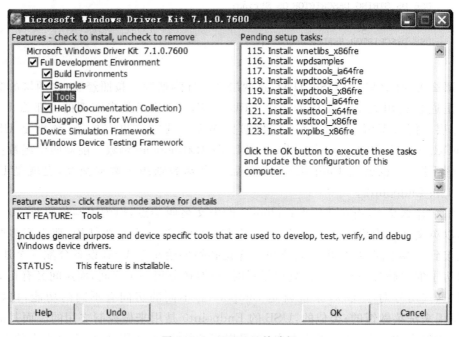

图 7.2.1 WDK 组件选择

如果只想生成单一操作系统所对应的驱动,那么步骤非常简单,因为安装程序会在开始菜单中建立相应的快捷方式,使用驱动时可以根据相应的操作系统进行选择。笔者所用的操作系统是 Windows XP(众人:为啥不用 Windows 7?! norains:冤枉,俺的老爷机跑跑 Windows XP 还勉强,Windows 7? 等拿了稿费再说吧~☺),故选择的快捷方式如图 7.2.2 所示。

PC 上的 USB 驱动基本上不用做太大的更改,只需直接编译即可。选择相应的编译环境,然后从命令行进入到"$(SPOCLIENT)\USB_Drivers\MFUSB_Porting-

图 7.2.2　Windows XP 编译环境选择

KitSample\sys"目录,接着在命令行中输入"build"即可直接编译,如图 7.2.3 所示。

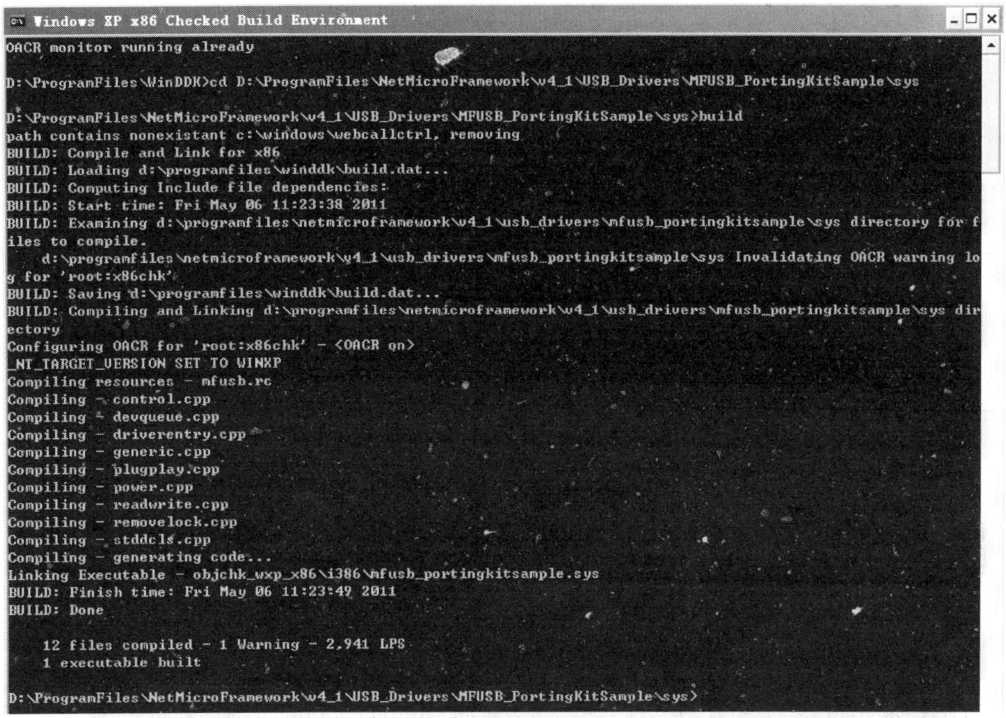

图 7.2.3　在命令行环境下编译 USB 驱动

编译成功之后,就可以在"$(SPOCLIENT)\USB_Drivers\MFUSB_PortingKitSample\sys\objchk_wxp_x86\i386"目录中找到 MFUSB_PortingKitSample.sys 文件了,这个文件就是编译出来的驱动。与驱动相对应,还需要一个.inf 文件,该文件可以在"$(SPOCLIENT)\USB_Drivers\MFUSB_PortingKitSample\inf"目录中找到,其文件名为 MFUSB_PortingKitSample.inf。将此文件复制到与 MFUSB_PortingKitSample.sys 文件相同的目录下,那么驱动所需的基本元素就完全具备了。

不过此时 MFUSB_PortingKitSample.inf 文件还不能直接使用,还需要更改其中的 VID 和 PID 的值。具体来说,就是将文件中 Vid_0000 和 Pid_0000 中的数值 0000 更换为其他数值。在这里,笔者分别更改为 Vid_03E8 和 Pid_6150。可能各位朋友最关心的是,这两个数值是如何来的? 有什么特别的约定? 其实这两个数值与.NET Micro Framework 的 UsbDefaultConfiguration 设置有关。但这个涉及具体的 USB 驱动,故留待后续细说,在此只需知道该数值必须与 UsbDefaultConfiguration 的设

第 7 章　USB 驱动

定一致即可。

那么如果还想生成其他 Windows 版本的驱动怎么办呢？是不是每次都要按照上述步骤再操作一遍呢？其实没必要，微软早已经考虑好了。

其操作步骤也非常简单，首先是进入命令行环境，接着按照之前编译 Native-Sample 等工程的方式，通过命令 setenv_MDK3.80a.cmd 设置好相应的编译环境，然后进入到"%SPOCLIENT%\tools\Scripts"文件夹，如图 7.2.4 所示。

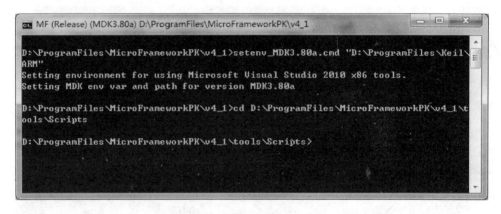

图 7.2.4　进入"%SPOCLIENT%\tools\Scripts"文件夹

此时就可通过调用 build_usb_drivers.cmd 文件来进行编译了。因为笔者的 WDK 安装在"D:\ProgramFiles\WinDDK"目录下，所以这里需要输入的是："build_usb_drivers.cmd D:\ProgramFiles\WinDDK"。

在一段并不是很长的等待之后，编译宣告完成，如图 7.2.5 所示。

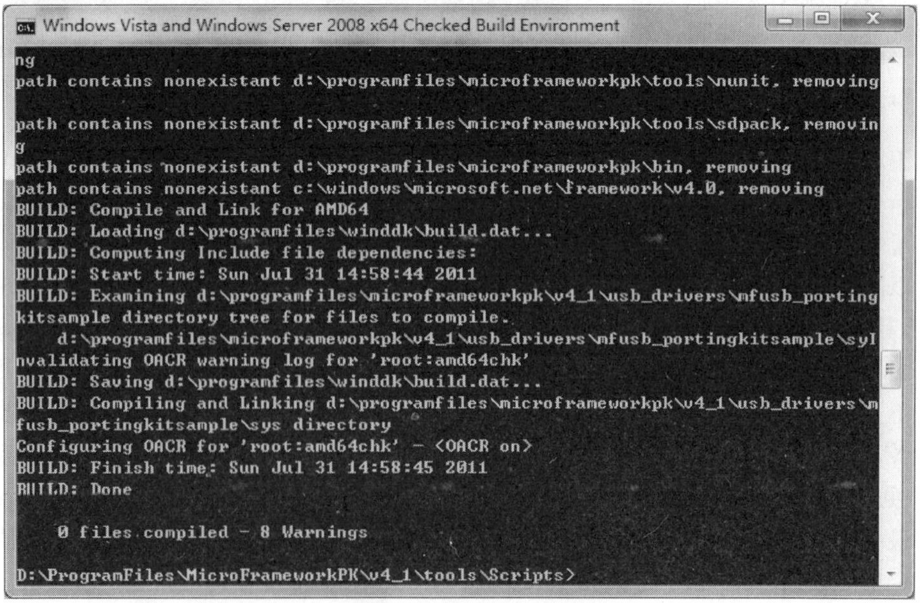

图 7.2.5　完成编译 USB 驱动

如果此时查看"%SPOCLIENT%\USB_Drivers\MFUSB_PortingKitSample\sys"目录，则会发现已经生成了对应于不同 Windows 版本的相应驱动，如图 7.2.6 所示。

图 7.2.6　对应于不同 Windows 版本的相应驱动

那么现在可不可以安装该驱动了呢？答案是还不行。因为.NET Micro Framework 设备的 USB 驱动还没启用，所以 PC 端的驱动还暂无用武之地。既然如此，暂且放下 PC 端的驱动，先来看看如何将.NET Micro Framework 设备的 USB 驱动给完善了吧！

7.3　建立工程

与前面所讲的各种驱动一样，第一步自然也是建立工程。但稍有不同的是，这次需要建立两个工程，分别是 USB 的 HAL 层和 PAL 层的工程。HAL 层的工程放置于"$(SPOCLIENT)\DeviceCode\Targets\Native\STM32F10x\DeviceCode\USB"目录，而 PAL 层的则位于"$(SPOCLIENT)\Solutions\STM32F103ZE_RedCow\DeviceCode\USB_PAL"目录。

将模板 dotNetMF.proj 复制到相应文件夹，并按表 7.3.1 和表 7.3.2 分别进行修改。

第 7 章　USB 驱动

表 7.3.1　HAL 层工程 dotNetMF.proj 修改列表

模　板	工　程
路　径	
$(SPOCLIENT)\DeviceCode\Drivers\Stubs\Processor\stubs_USB	$(SPOCLIENT)\DeviceCode\Targets\Native\STM32F10x\DeviceCode\USB
替　换	
〈AssemblyName〉cpu_usb_stubs〈/AssemblyName〉 〈ProjectGuid〉{467eba3c-9381-4661-a704-0d86f123b072}〈/ProjectGuid〉	〈AssemblyName〉USB_STM32F10x〈/AssemblyName〉 〈ProjectGuid〉{70274244-8E98-492c-8198-71FD83286A21}〈/ProjectGuid〉
〈LibraryFile〉cpu_usb_stubs.$(LIB_EXT)〈/LibraryFile〉 〈ProjectPath〉$(SPOCLIENT)\DeviceCode\Drivers\Stubs\Processor\stubs_usb\dotNetMF.proj〈/ProjectPath〉 〈ManifestFile〉cpu_usb_stubs.$(LIB_EXT).manifest〈/ManifestFile〉	〈LibraryFile〉USB_STM32F10x.$(LIB_EXT)〈/LibraryFile〉 〈ProjectPath〉$(SPOCLIENT)\DeviceCode\Targets\Native\STM32F10x\DeviceCode\USB\dotNetMF.proj〈/ProjectPath〉 〈ManifestFile〉USB_STM32F10x.$(LIB_EXT).manifest〈/ManifestFile〉
〈IsStub〉True〈/IsStub〉 〈Directory〉DeviceCode\Drivers\Stubs\Processor\stubs_usb〈/Directory〉	〈IsStub〉False〈/IsStub〉 〈Directory〉DeviceCode\Targets\Native\STM32F10x\DeviceCode\USB〈/Directory〉
追　加	
	〈ItemGroup〉 　　〈IncludePaths Include="DeviceCode\Targets\Native\STM32F10x\DeviceCode\Libraries\Configure" /〉 　　〈IncludePaths Include="DeviceCode\Targets\Native\STM32F10x\DeviceCode\Libraries\STM32F10x_StdPeriph_Driver\inc" /〉 　　〈IncludePaths Include="DeviceCode\Targets\Native\STM32F10x\DeviceCode\Libraries\CMSIS\Core\CM3\" /〉 　　〈IncludePaths Include="DeviceCode\Targets\Native\STM32F10x\DeviceCode\INTC" /〉 　　〈IncludePaths Include="DeviceCode\pal\COM\usb"/〉 　　〈IncludePaths Include="Solutions\STM32F103ZE_RedCow\DeviceCode\USB_PAL"/〉 〈/ItemGroup〉

表 7.3.2　PAL 层工程 dotNetMF.proj 修改列表

模　板	工　程
路　径	
$(SPOCLIENT)\DeviceCode\pal\COM\usb\stubs	$(SPOCLIENT)\Solutions\STM32F103ZE_RedCow\DeviceCode\USB_PAL
替　换	
〈AssemblyName〉usb_pal_stubs〈/AssemblyName〉	〈AssemblyName〉usb_pal〈/AssemblyName〉
〈ProjectGuid〉{d04b223e-594c-4a2a-9188-1404d76c2733}〈/ProjectGuid〉	〈ProjectGuid〉{74a19efb-8b98-4269-bca2-eedce6bbdc38}〈/ProjectGuid〉
〈IsStub〉True〈/IsStub〉 〈Directory〉DeviceCode\pal\COM\usb\stubs〈/Directory〉	〈IsStub〉False〈/IsStub〉 〈Directory〉Solutions\STM32F103ZE_RedCow\DeviceCode\USB_PAL〈/Directory〉
〈LibraryFile〉usb_pal_stubs.$(LIB_EXT)〈/LibraryFile〉 〈ProjectPath〉$(SPOCLIENT)\DeviceCode\PAL\COM\USB\stubs\dotNetMF.proj〈/ProjectPath〉 〈ManifestFile〉usb_pal_stubs.$(LIB_EXT).manifest〈/ManifestFile〉	〈LibraryFile〉usb_pal_STM32F103ZE_RedCow.$(LIB_EXT)〈/LibraryFile〉 〈ProjectPath〉$(SPOCLIENT)\Solutions\STM32F103ZE_RedCow\DeviceCode\USB_PAL\dotNetMF.proj〈/ProjectPath〉 〈ManifestFile〉usb_pal_STM32F103ZE_RedCow.$(LIB_EXT).manifest〈/ManifestFile〉
〈Compile Include="usb_stubs.cpp"/〉	〈Compile Include="$(SPOCLIENT)\DeviceCode\pal\COM\usb\usb.cpp"/〉
追　加	
	〈Import Project="$(SPOCLIENT)\Framework\Features\USB_HAL.libcatproj"/〉 〈Import Project="$(SPOCLIENT)\Framework\Features\USB_Config_PAL.libcatproj"/〉
	〈ItemGroup〉 　　〈IncludePaths Include="DeviceCode\Targets\Native\STM32F10x\DeviceCode\Libraries\Configure"/〉 　　〈IncludePaths Include="DeviceCode\Targets\Native\STM32F10x\DeviceCode\Libraries\STM32F10x_StdPeriph_Driver\inc"/〉 　　〈IncludePaths Include="DeviceCode\Targets\Native\STM32F10x\DeviceCode\Libraries\STM32_USB-FS-Device_Driver\inc"/〉

第 7 章 USB 驱动

续表 7.3.2

模板	工程
	〈IncludePaths Include="DeviceCode\Targets\Native\STM32F10x\DeviceCode\Libraries\CMSIS\Core\CM3\" /〉
	〈IncludePaths Include="DeviceCode\Targets\Native\STM32F10x\DeviceCode\INTC" /〉
	〈/ItemGroup〉

为了减小代码出错的可能性,除了一直使用着的 ST 函数库以外,这里还额外用到了 ST 的 STM32_USB-FS-Device_Driver。与 ST 其他的函数库一样,STM32_USB-FS-Device_Driver 也是 ST 为了减少开发者的负担而开发出来的一个函数库;所不同的是,在移植中对 STM32_USB-FS-Device_Driver 的代码并不全部采用,因为该库用到的一些变量只有声明而并无定义。如果想顺利编译该函数库,就必须手动定义相应的变量,而这些变量在我们的代码中没有任何必要,只是白白浪费不少空间。因此,只需从该函数库中复制出相应的文件即可。因为要复制的这些文件与该函数库的关联比较紧密,所以为了能使编译顺利通过,必须做一定的修改,如表 7.3.3 所列。

表 7.3.3 STM32_USB-FS-Device_Driver 库文件修改

usb_core.h	
无需修改	
usb_def.h	
无需修改	
usb_mem.h	
无需修改	
usb_mem.c	
#include "usb_lib.h"	替换为: #include "stm32f10x.h" #include "usb_regs.h"
usb_regs.h	
无需修改	
usb_regs.c	
#include "usb_lib.h"	替换为: #include "stm32f10x.h" #include "usb_regs.h"

续表 7.3.3

usb_sil.h	
uint32_t USB_SIL_Init(void);	删除该函数声明
usb_sil.c	
#include "usb_lib.h"	替换为： #include "stm32f10x.h"

uint32_t USB_SIL_Init(void)
{
#ifndef STM32F10X_CL
 	
　/* USB interrupts initialization */
　/* clear pending interrupts */
　_SetISTR(0);
　wInterrupt_Mask = IMR_MSK;
　/* set interrupts mask */
　_SetCNTR(wInterrupt_Mask);
 	
#else
 	
　/* Perform OTG Device initialization procedure
(including EP0 init) */
　OTG_DEV_Init();
 	
#endif /* STM32F10X_CL */
 	
　return 0;
}
	删除该函数

一切基础准备就绪之后，接下来就可以开始编写 USB 驱动了。

7.4 插入检测

USB 驱动的第一步，就是把开发板的 USB 口接到 PC 端，此时 PC 端会提示发现未知设备。这是至关重要的一步，但却是所有步骤中最简单的一步。

下面先从最基础的说起。一般来说，在 USB 设备的 D＋或 D－引脚上会有上拉电阻，当将 USB 设备插入到 PC 端时，PC 端的集线器会检测到该电压，于是便知道有 USB 设备插入了。上拉电阻连接到 D＋或者 D－引脚上有什么区别呢？如果上拉电阻连接到 D＋上，那么意味着这是全速或高速设备；如果连接到 D－上，则意味着这是低速设备。那么对于红牛开发板来说，又是如何连接的呢？现在可以看看

第 7 章 USB 驱动

图 7.4.1 所示的原理图。

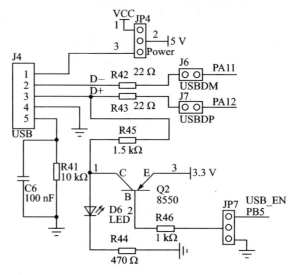

图 7.4.1 红牛开发板 USB 原理图

从图 7.4.1 看出,上拉电阻是接到 D+引脚上的,这意味着 STM32F10x 不会是低速设备。而这个上拉电阻的开与断,是由 USB_EN 引脚控制的。接着看 STM32F10x 一端,可以看到 USB_EN 引脚是连接到 PB5 引脚上的,如图 7.4.2 所示。

信号名		引脚	编号	STM32F103ZET6 功能
WAKEUP_BUTTON		PA0	34	PA0-WKUP/USART2_CTS/ADC123_IN0/TIM5_CH1/TIM2
BLACK_LIGHT		PA1	35	PA1/USART2_RTS/ADC123_IN1/TIM5_CH2/TIM2_CH2
USART2_TX	U2TX	PA2	36	PA2/USART2_TX/TIM5_CH3/ADC123_IN2/TIM2_CH3
USART2_RX	U2RX	PA3	37	PA3/USART2_RX/TIM5_CH4/ADC123_IN3/TIM2_CH4
SPI1_NSS	DAC0	PA4	40	PA4/SPI1_NSS/DAC_OUT1/USART2_CK/ADC12_IN4
SPI1_SCK	DAC1	PA5	41	PA5/SPI1_SCK/DAC_OUT2/ADC12_IN5
SPI1_MISO		PA6	42	PA6/SPI1_MISO/TIM8_BKIN/ADC12_IN6/TIM3_CH1
SPI1_MOSI		PA7	43	PA7/SPI1_MISO/TIM8_BKIN/ADC12_IN7/TIM3_CH2
USER1_BUTTON		PA8	100	PA8/USART1_CK/TIM1_CH1/MCO
USART1_TX	U1TX	PA9	101	PA9/USART1_TX/TIM1_TX/TIM1_CH2
USART1_RX	U1RX	PA10	102	PA10/USART1_RX/TIM1_CH3
USB_DM		PA11	103	PA11/USART1_CTS/CANRX/TIM1_CH4/USBDM
USB_DP		PA12	104	PA12/USART1_RTS/CANTX/TIM1_ETR/USBDP
JTMS/SWDIO		PA13	105	PA13/JTMS-SWDIO
JTCK/SWCLK		PA14	109	PA14/JTCK-SWCLK
JTDI		PA15	110	PA15/JTDI/SPI3_NSS/IS2S3_WS
	PWM0	PB0	46	PB0/ADC12_IN8/TIM3_CH3/TIM8_CH2N
BEEP/BOOT1	PWM1	PB1	47	PB1/ADC12_IN9/TIM3_CH4/TIM8_CH3N
		PB2	48	PB2/BOOT1
JTDO/SWO		PB3	133	PB3/JTDO/TRACESWO/SPI3_SCK/I2S3_CK
JNTRST		PB4	134	PB4/JNTRST/SPI3_MISO
USB_EN		PB5	135	PB5/I2C1_SMBAI/SPI3_MOSI/I2S3_SD
I2C1_SCL		PB6	136	PB6/I2C1_SCL/TIM4_CH1
I2C1_SDA		PB7	137	PB7/I2C1_SDA/FSMC_NADV/TIM4_CH2

图 7.4.2 USB_EN 信号连接的引脚

第 7 章 USB 驱动

根据上面两张原理图可以知道,如果想使开发板能够被 PC 端检测到,就必须使 PB5 的输出为低,令其打开 Q2 三极管,从而拉高 D+ 的电平。

拉高 D+ 电平的功能恰好与微软的 CPU_USB_ProtectPins 接口函数相符合,也就是将 PB5 置低,从而将 D+ 拉高,其代码如下所示:

```
// PB.5 用做拉高 D+ 的电平
GPIO_InitTypeDef GPIO_InitStructure;
GPIO_InitStructure.GPIO_Pin = GPIO_Pin_5;
GPIO_InitStructure.GPIO_Speed = GPIO_Speed_50MHz;
GPIO_InitStructure.GPIO_Mode = GPIO_Mode_Out_OD;
GPIO_Init(GPIOB, &GPIO_InitStructure);

//设置 USBCLK 源
RCC_USBCLKConfig(RCC_USBCLKSource_PLLCLK_1Div5);

//使能 USB 时钟
RCC_APB1PeriphClockCmd(RCC_APB1Periph_USB, ENABLE);
```

可以将此函数放到 NativeSample 工程中进行测试。如果不出意外的话,当执行完该函数后,若将开发板的 USB 口接到 PC 端,那么将会有如图 7.4.3 所示的提示。

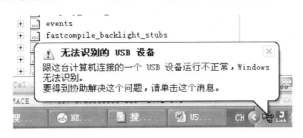

图 7.4.3 检测到设备已插入

在通用串行总线控制器中还看到了 Unknown Device 设备,如图 7.4.4 所示。

图 7.4.4 检测到 Unknown Device

第 7 章 USB 驱动

现在,USB 设备已经被 PC 端检测到了,接下来就是完善最重要的 USB 枚举了。

7.5 Endpoint0 的设备枚举

USB 设备能否被 PC 识别,需要看 Endpoint0 的设备枚举。简单一点来说,当一个 USB 设备插入 PC 之后,其 USB 设备的地址为 0,然后 PC 就不停地给 USB 设备发送信息,咨询其相应的特性,比如说,你是什么规格?你能做什么?如果回答满意的话,PC 就会给 USB 设备分配一个地址,也就相当于准入证,此时 USB 设备采用了新的地址之后就可以通过其他 Endpoint 来与 PC 交流了。这一系列过程看起来并不复杂,但其中所涉及的具体细节却不是一言两语所能说清的。幸运的是,我们可以采用.NET Micro Framework 的 USB 代码以及 ST 函数库,所以很多细节就可以忽略不计。如果各位朋友确实想了解 USB 的运作方式,笔者再次强烈推荐《圈圈教你玩 USB》一书!

7.5.1 设备描述符

在说明设备枚举之前,不能不提到描述符。一般来说,描述符主要有设备描述符、配置描述符、接口描述符、端点描述符和字符串描述符等。那么描述符是用来干什么的呢?它是用来回答 PC 端的提问的。比如,PC 端问:"你是干啥的"?这时,USB 设备就会返回预先设置好的、与此提问相应的设备描述符,比如:"我是出来打酱油的!"

对于.NET Micro Framework 来说,所有的描述符都保存在 UsbDefaultConfiguration 变量中,而该变量恰好是在 USB PAL 的代码中定义的。为了便于叙述,下面先来看看如下完整的定义代码:

```
//字符描述
#define    MANUFACTURER_NAME_SIZE    7      /* "norains" */
//注意:如果字符串长于 32 字节,那么将会引发 MFUSB KERNEL 驱动的崩溃,
//进而引发 Windows 崩溃
#define    PRODUCT_NAME_SIZE 38    /* "Micro Framework STM32F103ZE Reference " */
//注意:如果以下两个字符串都不设置,将会引发 MFUSB KERNEL 驱动的崩溃
#define    DISPLAY_NAME_SIZE         24     /* "STM32F103ZE RedCow Board" */
#define    FRIENDLY_NAME_SIZE        8      /* "a7e70ea2" */


//字符串序号
#define    MANUFACTURER_NAME_INDEX   1
#define    PRODUCT_NAME_INDEX        2
#define    SERIAL_NUMBER_INDEX       0


//设备描述符
#define    VENDOR_ID                 0x03E8
```

```c
#define     PRODUCT_ID          0x6150
#define     MAX_EP0_SIZE        0x40

//配置描述符
/*#define    USB_MAX_CURRENT (MAX_SYSTEM_CURRENT_LOAD_MA + CHRG_CURRENT_MA)/USB_CURRENT_UNIT*/
#define     USB_MAX_CURRENT     280/USB_CURRENT_UNIT

#define     USB_ATTRIBUTES (USB_ATTRIBUTE_BASE | USB_ATTRIBUTE_SELF_POWER)

// 额外的设备描述符
#define     OS_DESCRIPTOR_EX_VERSION 0x0100

//以下结构定义了USB描述符
ADS_PACKED struct GNU_PACKED USB_DYNAMIC_CONFIGURATION
{
    USB_DEVICE_DESCRIPTOR           device;
    USB_CONFIGURATION_DESCRIPTOR    config;
    USB_INTERFACE_DESCRIPTOR        itfc0;
    USB_ENDPOINT_DESCRIPTOR         ep1;
    USB_ENDPOINT_DESCRIPTOR         ep2;
    USB_STRING_DESCRIPTOR_HEADER    manHeader;
    USB_STRING_CHAR                 manString[MANUFACTURER_NAME_SIZE];
    USB_STRING_DESCRIPTOR_HEADER    prodHeader;
    USB_STRING_CHAR                 prodString[PRODUCT_NAME_SIZE];
    USB_STRING_DESCRIPTOR_HEADER    string4;
    USB_STRING_CHAR                 displayString[DISPLAY_NAME_SIZE];
    USB_STRING_DESCRIPTOR_HEADER    string5;
    USB_STRING_CHAR                 friendlyString[FRIENDLY_NAME_SIZE];
    USB_OS_STRING_DESCRIPTOR        OS_String;
    USB_XCOMPATIBLE_OS_ID           OS_XCompatible_ID;
    USB_DESCRIPTOR_HEADER           endList;
};

const struct USB_DYNAMIC_CONFIGURATION UsbDefaultConfiguration =
{
    //设备描述符
    {
        {
            USB_DEVICE_DESCRIPTOR_MARKER,
            0,
            sizeof(USB_DEVICE_DESCRIPTOR)
        },
```

```
            USB_DEVICE_DESCRIPTOR_LENGTH,            // 设备描述符长度
            USB_DEVICE_DESCRIPTOR_TYPE,              //设备描述符类型
            0x0200,                                  // USB 版本:1.10(BCD)
            0,                                       // 设备类(空)
            0,                                       // 设备子类(空)
            0,                                       // 设备协议(空)
            MAX_EP0_SIZE,                            // Endpoint0 大小
            VENDOR_ID,                               // Vendor ID
            PRODUCT_ID,                              // Product ID
            DEVICE_RELEASE_VERSION,                  // 产品版本:1.00(BCD)
            MANUFACTURER_NAME_INDEX,                 // 设备名
            PRODUCT_NAME_INDEX,                      // 产品名
            SERIAL_NUMBER_INDEX,                     // 系列名
            1                                        // 配置数量
        },

        // 配置描述符
        {
            {
                USB_CONFIGURATION_DESCRIPTOR_MARKER,
                0,
                sizeof(USB_CONFIGURATION_DESCRIPTOR)
                    + sizeof(USB_INTERFACE_DESCRIPTOR)
                    + sizeof(USB_ENDPOINT_DESCRIPTOR)
                    + sizeof(USB_ENDPOINT_DESCRIPTOR)
            },
            USB_CONFIGURATION_DESCRIPTOR_LENGTH,
            USB_CONFIGURATION_DESCRIPTOR_TYPE,
            USB_CONFIGURATION_DESCRIPTOR_LENGTH
                + sizeof(USB_INTERFACE_DESCRIPTOR)
                + sizeof(USB_ENDPOINT_DESCRIPTOR)
                + sizeof(USB_ENDPOINT_DESCRIPTOR),
            1,                                       // 接口个数
            1,                                       // 当前接口的序号
            0,                                       // 配置描述字符串(空)
            USB_ATTRIBUTES,                          // 配置属性
            USB_MAX_CURRENT
        },

        // Endpoint0 描述符
        {
            sizeof(USB_INTERFACE_DESCRIPTOR),
            USB_INTERFACE_DESCRIPTOR_TYPE,
```

```
        0,                                      // 接口序号
        0,
        2,                                      // 端口的数量
        0xFF,                                   // 接口类(vendor)
        1,                                      // 接口子类
        1,                                      // 接口协议
        0                                       // 接口描述字符串(空)
    },

    // Endpoint1 描述符
    {
        sizeof(USB_ENDPOINT_DESCRIPTOR),
        USB_ENDPOINT_DESCRIPTOR_TYPE,
        USB_ENDPOINT_DIRECTION_IN + 1,
        USB_ENDPOINT_ATTRIBUTE_BULK,
        64,                                     // 包大小
        0                                       // 间隔
    },

    // Endpoint2 描述符
    {
        sizeof(USB_ENDPOINT_DESCRIPTOR),
        USB_ENDPOINT_DESCRIPTOR_TYPE,
        USB_ENDPOINT_DIRECTION_OUT + 2,
        USB_ENDPOINT_ATTRIBUTE_BULK,
        64,                                     // 包大小
        0                                       // 间隔
    },

    // 厂商描述
    {
        {
            USB_STRING_DESCRIPTOR_MARKER,
            MANUFACTURER_NAME_INDEX,
            sizeof(USB_STRING_DESCRIPTOR_HEADER)
                    + (sizeof(USB_STRING_CHAR) * MANUFACTURER_NAME_SIZE)
        },
        USB_STRING_DESCRIPTOR_HEADER_LENGTH
                    + (sizeof(USB_STRING_CHAR) * MANUFACTURER_NAME_SIZE),
        USB_STRING_DESCRIPTOR_TYPE
    },
    {'n','o','r','a','i','n','s'},
```

```c
// 产品描述
{
    {
        USB_STRING_DESCRIPTOR_MARKER,
        PRODUCT_NAME_INDEX,
        sizeof(USB_STRING_DESCRIPTOR_HEADER)
            + (sizeof(USB_STRING_CHAR) * PRODUCT_NAME_SIZE)
    },
    USB_STRING_DESCRIPTOR_HEADER_LENGTH
        + (sizeof(USB_STRING_CHAR) * PRODUCT_NAME_SIZE),
    USB_STRING_DESCRIPTOR_TYPE
},
{'M','i','c','r','o',' ',
 'F','r','a','m','e','w','o','r','k',' ',
 'S','T','M','3','2','F','1','0','3','Z','E',' ',
 'R','e','f','e','r','e','n','c','e',' '},

// 显示名称
{
    {
        USB_STRING_DESCRIPTOR_MARKER,
        USB_DISPLAY_STRING_NUM,
        sizeof(USB_STRING_DESCRIPTOR_HEADER)
            + (sizeof(USB_STRING_CHAR) * DISPLAY_NAME_SIZE)
    },
    USB_STRING_DESCRIPTOR_HEADER_LENGTH
        + (sizeof(USB_STRING_CHAR) * DISPLAY_NAME_SIZE),
    USB_STRING_DESCRIPTOR_TYPE
},
{'S','T','M','3','2','F','1','0','3','Z','E',' ','R','e','d','C','o','w',
 'B','o','a','r','d'},

// friendly name
{
    {
        USB_STRING_DESCRIPTOR_MARKER,
        USB_FRIENDLY_STRING_NUM,
        sizeof(USB_STRING_DESCRIPTOR_HEADER)
            + (sizeof(USB_STRING_CHAR) * FRIENDLY_NAME_SIZE)
    },
    USB_STRING_DESCRIPTOR_HEADER_LENGTH
        + (sizeof(USB_STRING_CHAR) * FRIENDLY_NAME_SIZE),
    USB_STRING_DESCRIPTOR_TYPE
```

```
    },
    {'a','7','e','7','0','e','a','2'},

    //给 Sideshow 使用的描述符
    {
        {
            USB_STRING_DESCRIPTOR_MARKER,
            OS_DESCRIPTOR_STRING_INDEX,
            sizeof(USB_DESCRIPTOR_HEADER) + OS_DESCRIPTOR_STRING_SIZE
        },
        OS_DESCRIPTOR_STRING_SIZE,
        USB_STRING_DESCRIPTOR_TYPE,
        {'M','S','F','T','1','0','0'},
        OS_DESCRIPTOR_STRING_VENDOR_CODE,
        0x00
    },

    // 给 Sideshow 使用的附加描述符
    {
        // 普通描述符头
        {
            {
                USB_GENERIC_DESCRIPTOR_MARKER,
                0,
                sizeof(USB_GENERIC_DESCRIPTOR_HEADER) + USB_XCOMPATIBLE_OS_SIZE
            },
            USB_REQUEST_TYPE_IN | USB_REQUEST_TYPE_VENDOR,
            OS_DESCRIPTOR_STRING_VENDOR_CODE,
            0,
            USB_XCOMPATIBLE_OS_REQUEST
        },
        USB_XCOMPATIBLE_OS_SIZE,
        OS_DESCRIPTOR_EX_VERSION,
        USB_XCOMPATIBLE_OS_REQUEST,
        1,
        {0, 0, 0, 0, 0, 0, 0},
        0,
        1,
        {'S','I','D','E','S','H','W',0},
        {'E','N','H','V','1', 0,  0, 0},
        {0, 0, 0, 0, 0, 0}
    },
```

```
        // 配置描述结束标志
        {
            USB_END_DESCRIPTOR_MARKER,
            0,
            0
        },
};
```

这里有一些细节需要注意。可能大家对宏定义中规定的一些长度有些疑惑,比如 PRODUCT_NAME_SIZE 为什么是 38。其实这个数值的来源是因为产品描述的字符串为"Micro Framework STM32F103ZE Reference",该字符串长度刚好等于 38,其他的长度像 MANUFACTURER_NAME_SIZE 和 DISPLAY_NAME_SIZE 等,亦是如此。

另一个比较重要的是 VENDOR_ID 和 PRODUCT_ID 的数值。如果大家还有印象的话,可能会记得 7.2 节提到,MFUSB_PortingKitSample.inf 文件中的 Vid_0000 和 Pid_0000 需要更改为 Vid_03E8 和 Pid_6150,其实这是因为在 USB 描述符中 VENDOR_ID 和 PRODUCT_ID 被分别定义为 0x03E8 和 0x6150 的缘故。如果驱动与描述符的数值不一致,那么其直接结果将是驱动无法正常安装。

7.5.2 初始化

初始化的作用就是使芯片的 USB 能够正常工作,具体来说,就是使相对应的引脚作为 USB 之用。

首先,需要初始化 USB 的频率,借助于 ST 的函数库,初始化只需要如下简单的两行代码:

```
//选择 USB 的时钟源
RCC_USBCLKConfig(RCC_USBCLKSource_PLLCLK_1Div5);
//使能 USB 时钟
RCC_APB1PeriphClockCmd(RCC_APB1Periph_USB, ENABLE);
```

接下来,则是最重要的 Endpoint 初始化。对于 .NET Micro Framework 来说,需要用到三个 Endpoint:Endpoint0 用于控制设置,Endpoint1 和 Endpoint2 用于数据传输。这三个 Endpoint 无一例外都必须先进行初始化,代码如下:

```
//初始化 Endpoint0,用于控制
Clear_Status_Out(ENDP0);
SetEPType(ENDP0, EP_CONTROL);
SetEPTxStatus(ENDP0, EP_TX_STALL);
SetEPTxAddr(ENDP0, ENDP0_TXADDR);
SetEPRxAddr(ENDP0, ENDP0_RXADDR);
SetEPRxCount(ENDP0, MAX_PACKET_SIZE);
SetEPRxValid(ENDP0);
```

```
//初始化 Endpoint1,用于发送
Clear_Status_Out(ENDP1);
SetEPType(ENDP1, EP_BULK);
SetEPTxStatus(ENDP1, EP_TX_NAK);
SetEPTxAddr(ENDP1, ENDP1_TXADDR);
SetEPRxStatus(ENDP1, EP_RX_DIS);

//初始化 Endpoint2,用于接收
Clear_Status_Out(ENDP2);
SetEPType(ENDP2, EP_BULK);
SetEPTxStatus(ENDP2, EP_TX_DIS);
SetEPRxStatus(ENDP2, EP_RX_VALID);
SetEPRxAddr(ENDP2, ENDP2_RXADDR);
SetEPRxCount(ENDP2, MAX_PACKET_SIZE);
SetEPRxValid(ENDP2);
```

代码中用到的宏定义如下:

```
//缓存的地址
#define BTABLE_ADDRESS          (0x00)

//Endpoint0
//发送/接收的缓存地址
#define ENDP0_RXADDR            (0x40)
#define ENDP0_TXADDR            (0x80)

//Endpoint1
//发送/接收的缓存地址
#define ENDP1_RXADDR            (0xC0)
#define ENDP1_TXADDR            (0x100)

//Endpoint2
//发送/接收的缓存地址
#define ENDP2_RXADDR            (0x140)
#define ENDP2_TXADDR            (0x180)
```

可能有的读者看到这里会有点疑问,宏定义中的数值是怎么来的? 在 ST 内部其实有一段 USB 用的缓存,该缓存是给所有的 Endpoint 共用的。至于这段缓存该如何分配,则可通过相应的寄存器进行设置。具体到代码,SetEPTxAddr 和 SetEPRxAddr 这两个函数就是作此用途。

文字的表述远不如图片来得更具体,也许截取于 Datasheet 的图 7.5.1 能够让大家更加一目了然。

第 7 章　USB 驱动

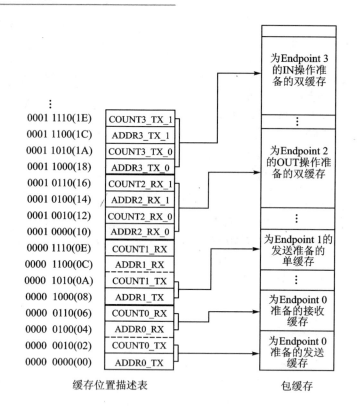

图 7.5.1　USB 缓存设置样例

初始化至此尚未完全结束。熟悉 USB 的朋友都知道，当 USB 设备刚插入 PC 时，PC 尚未给 USB 设备分配相应的地址，所以 USB 设备默认的初始地址为 0，这一点自然也要体现于代码之中，即：

```
void SetDeviceAddress(uint8_t Val)
{
    //设置每个 Endpoint 的子地址
    for (int i = 0; i < MAX_ENDPOINT; i++)
    {
        _SetEPAddress((uint8_t)i, (uint8_t)i);
    }

    //设置并使能设备地址
    _SetDADDR(Val | DADDR_EF);
}
```

7.5.3　中断函数

中断函数对于 USB 驱动来说尤为重要，因为基本上大部分的操作都在中断函数中进行。为了与之前的中断函数有所区别，这里将 USB 的中断函数命名为 USB-

InterruptHandler(void * pParam)。而接下来需要做的事估计大家都熟悉了,就是将中断号与中断函数联系起来,即:

```
// 使能中断
CPU_INTC_ActivateInterrupt(IRQ_USB_LP_CAN_RX0, USBInterruptHandler, NULL);
```

中断函数所要做的事情很简单,先获取发生中断源的原因,然后再根据相应的原因来调用不同的函数。获取中断源只需调用_GetISTR函数,接着再与寄存器相应的位进行比较即可获得,代码如下:

```
void USBInterruptHandler(void * pParam)
{
    //获取中断源
    u16 wIstr = _GetISTR();

    //复位
    if (wIstr & ISTR_RESET)
    {
        ResetEvent();
    }

    //唤醒
    if (wIstr & ISTR_WKUP)
    {
        ResumeEvent();
    }

    //休眠
    if (wIstr & ISTR_SUSP)
    {
        SuspendEvent();
    }

    //Endpoint
    if (wIstr & ISTR_CTR)
    {
        EndpointHandler();
    }
}
```

通过_GetISTR函数获取的其实是USB_ISTR寄存器的数值,该寄存器的结构如图7.5.2所示。其地址偏移量为0x44,复位值为0x0000 0000。

USB_ISTR寄存器各位的含义是:

● CTR　　正确地传输。此位在端点正确完成一次数据传输后由硬件置位。

第 7 章　USB 驱动

USB interrupt status register (USB_ISTR)

Address offset: 0x44

Reset value: 0x0000 0000

15	14	13	12	11	10	9	8	7	6	5	4	3	2	1	0
CTR	PMA OVR	ERR	WKUP	SUSP	RESET	SOF	ESOF	保留			DIR	EP_ID[3:0]			
r	rc_w0	rc_w0	rc_w0	rc_w0	rc_w0	rc_w0	rc_w0				r	r	r	r	r

图 7.5.2　USB_ISTR 寄存器结构

- PMAOVR　分组缓冲区溢出。此位在微控制器长时间没有响应一个访问 USB 分组缓冲区请求时由硬件置位。
- ERR　出错。在下列错误发生时,硬件会将此位置位:
  - NANS　无应答。主机的应答超时。
  - CRC　循环冗余校验码错误。数据或令牌分组中的 CRC 校验出错。
  - BST　位填充错误。PID 数据或 CRC 中检测出位填充错误。
  - FVIO　帧格式错误。收到非标准帧(如 EOP 出现在错误的时刻或错误的令牌等)。
- WKUP　唤醒请求。当 USB 模块处于挂起状态时,如果检测到唤醒信号,则此位将由硬件置位。
- SUSP　挂起模块请求。当此位在 USB 线上超过 3 ms 没有信号传输时由硬件置位。
- RESET　USB 复位请求。此位在 USB 模块检测到 USB 复位信号输入时由硬件置位。
- SOF　帧首标志。此位在 USB 模块检测到总线上的 SOF 分组时由硬件置位,它标志一个新的 USB 帧的开始。
- ESOF　期望帧首标识位。此位在 USB 模块未收到期望的 SOF 分组时由硬件置位。
- DIR　传输方向。此位在完成数据传输产生中断后,由硬件根据传输方向写入相应值。
- EP_ID[3:0]　端点 ID。这些位在 USB 模块完成数据传输产生中断后,由硬件根据请求中断的端点号写入端点值。

通过以上信息可以知道,该寄存器的数值都是由硬件自动设置的,并不需要软件进行干预。位 0~3 标示出当前发生中断的 Endpoint 序号,位 4 是数据的方向,位 8~15 标明了发生中断的原因。这里需要说明一点,当中断发生之后,一定要在中断函数中清除该寄存器中相应的中断位,否则很可能无法接收新的中断。

另外一点需要知道,在 _GetISTR 中断函数中,除了 EndpointHandler 的一小部分代码是与 Endpoint1 和 Endpoint2 有关以外,其他代码都与 Endpoint0 脱不了关系——换句话说,其他函数都仅仅是在使用 Endpoint0 时调用的。

首先来看一下 ResetEvent 函数,它是除了 EndpointHandler 以外最重要的一个函数。ResetEvent 实现三个功能:

① 清除复位标志。因为是调用了 ST 函数库,所以清除复位标志非常简单,只需一行代码,即:

```
_SetISTR((u16)CLR_RESET);
```

② 设置设备地址为 0。其实在初始化时设置了设备地址为 0 之后,按理说就没必要在复位中再次设置地址了,但为了避免出现意外,这里还是再次设置比较好。不用说,这里自然也是调用 SetDeviceAddress 函数了。

③ 向 PAL 层传递当前的状态。HAL 层主要是与硬件打交道,而与 .NET Micro Framework 打交道则是 PAL 层的责任。为了让 PAL 层知道 USB 现在进行到哪个阶段了,就必须通过 USB_StateCallback 函数进行通知回调,即:

```
pState->DeviceState      = USB_DEVICE_STATE_DEFAULT;
pState->Address          = 0;
USB_StateCallback( pState );
```

其中 USB_DEVICE_STATE_DEFAULT 是 .NET Micro Framework 默认的状态标志,且刚好与复位的状态相适应。

ResetEvent 函数的完整代码如下所示:

```
void ResetEvent()
{
    //清除中断标志
    _SetISTR((u16)CLR_RESET);
    //设置设备地址为 0
    SetDeviceAddress(0);
    //清除所有事件
    USB_ClearEvent( 0, USB_EVENT_ALL);

    //回调函数,用以通知 PAL 层
    USB_CONTROLLER_STATE * pState = CPU_USB_GetState(DEFAULT_CONTROLLER);
    pState->DeviceState      = USB_DEVICE_STATE_DEFAULT;
    pState->Address          = 0;
    USB_StateCallback( pState );
}
```

对于 ResumeEvent 和 SuspendEvent 函数的实现,与 ResetEvent 函数大同小异,最大的不同在于它们不需要设置设备地址,而仅仅清除中断标志位和向 PAL 层传递当前标志位即可。这里直接给出如下这两个函数的实现代码,相应的解释可见代码中的注释:

```c
void SuspendEvent()
{
    //清除中断标志
    _SetISTR((u16)CLR_SUSP);
    //向 PAL 层传递当前状态
    USB_CONTROLLER_STATE * pState = CPU_USB_GetState(DEFAULT_CONTROLLER);
    pState->DeviceState = USB_DEVICE_STATE_SUSPENDED;
    USB_StateCallback( pState );
    //存储当前状态,供 ResumeEvent 函数使用
        g_PreviousDeviceState = pState->DeviceState;
}

void ResumeEvent()
{
    //清除复位标志
    _SetISTR((u16)CLR_WKUP);

    //向 PAL 层传递当前状态
    USB_CONTROLLER_STATE * pState = CPU_USB_GetState(DEFAULT_CONTROLLER);
    pState->DeviceState = g_PreviousDeviceState;         //恢复当前状态标志
    USB_StateCallback( pState );
}
```

7.5.4 控制传输

为什么在中断函数一节没有介绍 EndpointHandler 函数,而特意独立出一小节来说明呢？因为 EndpointHandler 是整个中断函数的核心,并且其所需要实现的功能也比较复杂。它不仅包含了 Endpoint0 的控制传输,也囊括了 Endpoint1 和 Endpoint2 的数据传送。不过本小节并不介绍 Endpoint1 和 Endpoint2,而仅仅述说 Endpoint0 的控制传输。

控制传输的目的在于使 PC 端能够识别开发板,专业点来说,就是完成枚举的过程。所谓枚举,正如之前提到的那样,是一个问询的过程,PC 端问什么,USB 设备就必须应答什么。对于 .NET Micro Framework 来说,USB 的 PAL 层代码已经完备,不用开发者去操心,开发者只需将接收到的数据传递给 PAL 层,PAL 层就会自动分析所接收到的数据,并且生成相应的应答数据,开发者只要将这最后的应答数据发送回 PC 端即可。

如果再进一步具体到代码,那么因为无论是设备描述符,还是配置描述符之类,都无一例外遵从"接收→传递给 PAL→发送"的流程,所以相同的代码可以应对不同的问询场合。再简化点说,代码中只要能够正确执行到设置设备地址这个阶段,则后续的流程基本上都会运行正常。从插入检测到设置地址,具体的流程如图 7.5.3 所示。

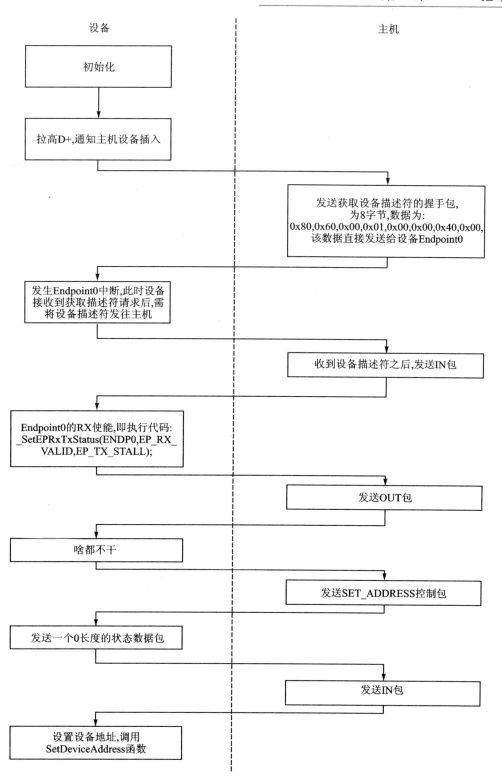

图 7.5.3 设备枚举最初流程

第7章 USB驱动

根据流程图就不难理解接下来的代码架构了。对于 EndpointHandler 函数来说，第一步是判断当前是否为 Endpoint0。在 7.5.3 小节已经提到，判断是由哪个 Endpoint 引发的中断，只要判断 USB_ISTR 寄存器的位 0～3 即可，代码是

```c
//获取 USB_ISTR 寄存器的数值
u16 wIstr = _GetISTR();
//获取是由哪个 Endpoint 引起的中断
uint8_t eptIndex = (uint8_t)(wIstr & ISTR_EP_ID);

if(eptIndex == 0)
{
    //Endpoint0
    ...
}
else
{
    ...
}
```

下面接下来的代码都归属于 eptIndex 的值为 0 时的区域。当 entIndex 为 0 时，就要判断数据包是 IN 包还是 OUT 包。所谓的 IN 和 OUT 是相对于 PC 端来说的，因为 USB 设备不能自动发送数据，而必须接受 USB 主机的召唤。当 PC 端发送 IN 包时，也就是告诉 USB 设备，我可以接收数据了，你赶快乖乖地把数据给我发过来；同理，OUT 包就是告诉 USB 设备，老子要发送数据了，你小的赶快准备接收！

判断是 IN 还是 OUT 也同样从 USB_ISTR 寄存器入手，不过这次需要判断的是位 4。当然，如果使用的是 ST 函数库，那么代码还是一如既往地简单，即：

```c
if ((wIstr & ISTR_DIR) == 0)
{
    //DIR = 0     => IN int
    ...
}
else
{
    //DIR = 1 & CTR_RX   => SETUP or OUT int
    ...
}
```

当为 IN 包时，所要做的只有一件事：设置设备地址，或是直接发送 PAL 层生成的数据包。这里需要注意的是，设备地址不再设置为 0，而要根据 PC 端的要求：PC 端要求是什么地址，就必须设置什么地址。但无论是设置设备地址，还是发送数据，在此之前都必须先清除中断位，代码是

```
if ((wIstr & ISTR_DIR) == 0)
{
    //清除中断位
    _ClearEP_CTR_TX(ENDP0);

    if(s_ControlResult == USB_STATE_ADDRESS)
    {
        //获取设备信息
        DEVICE_INFO &devInfo = GetDeviceInfo();

        //再次确认是否需要设置设备地址
        if(devInfo.USBbRequest == SET_ADDRESS)
        {
            //设置设备地址
            SetDeviceAddress(devInfo.USBwValue0);
        }
    }
    else if(s_ControlResult == USB_STATE_DATA)
    {
        //将缓存中的数据发送出去
        _SetEPRxTxStatus(ENDP0,EP_RX_VALID,EP_TX_STALL);
    }
}
```

其中 GetDeviceInfo 函数的作用是根据接收缓存中的数据,提炼出相关的信息。其源代码非常简单,就是从初始地址开始一步一步地分析数据,即:

```
DEVICE_INFO& GetDeviceInfo()
{
    union
    {
        uint8_t * b;
        uint16_t * w;
    } pBuf;

    // 因为是32位地址,所以乘以2
    pBuf.b = PMAAddr + (uint8_t *)(_GetEPRxAddr(ENDP0) * 2);

    uint16_t offset = 1;
    g_DeviceInfo.USBbmRequestType = * pBuf.b++;        // bmRequestType
    g_DeviceInfo.USBbRequest = * pBuf.b++;             // bRequest
    pBuf.w += offset;      // word not accessed because of 32 bits addressing
    g_DeviceInfo.USBwValue = ByteSwap(* pBuf.w++);     // wValue
```

第 7 章　USB 驱动

```
    pBuf.w += offset;      // word not accessed because of 32 bits addressing
    g_DeviceInfo.USBwIndex    = ByteSwap(* pBuf.w++);        // wIndex
    pBuf.w += offset;      // word not accessed because of 32 bits addressing
    g_DeviceInfo.USBwLength = * pBuf.w;                      // wLength

    return g_DeviceInfo;
}
```

IN 包代码涉及的 s_ControlResult 变量，其数值则是在 OUT 包中赋予的。那么接下来介绍一下接收 OUT 包时的代码。当接收到 OUT 包时，最主要的工作是判断接收的数据里面 EP_SETUP 位是否已经被置 1，如果没有被置 1，则直接清除中断位，否则从缓存中读取数据，然后将该数据传递到 PAL 层；如果当前还属于 USB_STATE_CONFIGURATION 阶段，则还需将序列中的数据发送出去。完整的代码如下所示：

```
//获取 Endpoint 的数值
wEPVal = _GetENDPOINT(ENDP0);

if ((wEPVal &EP_SETUP) != 0)
{
    //清除 ENDP0 的控制位
    _ClearEP_CTR_RX(ENDP0);

    //读取接收到的数据
    DWORD dwLen = USB_SIL_Read(EP0_OUT,g_ControlPacketBuffer);
    pState->Data = g_ControlPacketBuffer;
    pState->DataSize = dwLen;

    //回调给 PAL 层
    s_ControlResult = USB_ControlCallback(pState);

    if(s_ControlResult != USB_STATE_STALL)
    {
        SendControlData();
        //如果当前是进行配置，则发送所需的数据
        if(s_ControlResult == USB_STATE_CONFIGURATION)
        {
            for(int ep = 1; ep < MAX_ENDPOINT; ep++)
            {
                if(pState->Queues[ep] && pState->IsTxQueue[ep])
                {
                    CPU_USB_StartOutput(pState, ep);
```

```
            }
          }
        }
      }
    return;
}
```

从代码中可以看到，s_ControlResult 中存储的是 USB_ControlCallback 函数的返回值。当接收到数据，并将数据通过 USB_ControlCallback 传递给 PAL 层之后，PAL 层就会分析传进来的数据，并将最后的结果，也就是接下来的状态通过 USB_ControlCallback 函数返回。而这个返回值就存储到 s_ControlResult 变量中，所以在 IN 包代码中才可以通过该变量的数值来做进一步的调用。

OUT 包代码还调用了一个名为 SendControlData 的函数，当然该函数不属于 ST 函数库，而是我们自己定义的，同时它也是一个非常重要的函数。它先获取需要发送的数据，然后判断该数据是否为空，不为空则直接发送数据，为空则发送空包即可。具体的代码如下所示：

```
void SendControlData()
{
    USB_CONTROLLER_STATE * pState = CPU_USB_GetState(DEFAULT_CONTROLLER);

    if(pState->DataCallback != NULL)
    {
        // 该函数不可能失败
        pState->DataCallback(pState);

        if (pState->DataSize == 0)
        {
            // 从 Endpoint0 中发送空的数据包
            SendEmptyPacket(0);

            //State->DataCallback = NULL;
        }
        else
        {
            // 发送数据
            USB_SIL_Write(EP0_IN, pState->Data, pState->DataSize);
            SetEPTxValid(ENDP0);


        }
    }
}
```

第 7 章　USB 驱动

以上代码中调用的 CPU_USB_GetState 函数是 PAL 层留给 HAL 层的接口,也就是通过该函数来获取需要发送的数据。有了该函数,就不用发愁如何组织发送的数据了。

至此为止,枚举的流程已经书写完毕,现在就可以安装相应的 PC 端驱动程序了。

7.5.5　安装 PC 端驱动程序

编译 Endpoint0 的枚举代码,并下载到开发板,然后将开发板的 USB 插入 PC,不出意外的话,窗口右下角将提示发现新硬件,如图 7.5.4 所示。

接着便弹出新硬件向导,如图 7.5.5 所示。

图 7.5.4　发现新硬件

此处选择"从列表或指定位置安装",然后在接下来的路径中,选择 7.2 节编译的驱动。如果一切正常,那么在"设备管理器"中就能看到我们的开发板了,如图 7.5.6 所示。

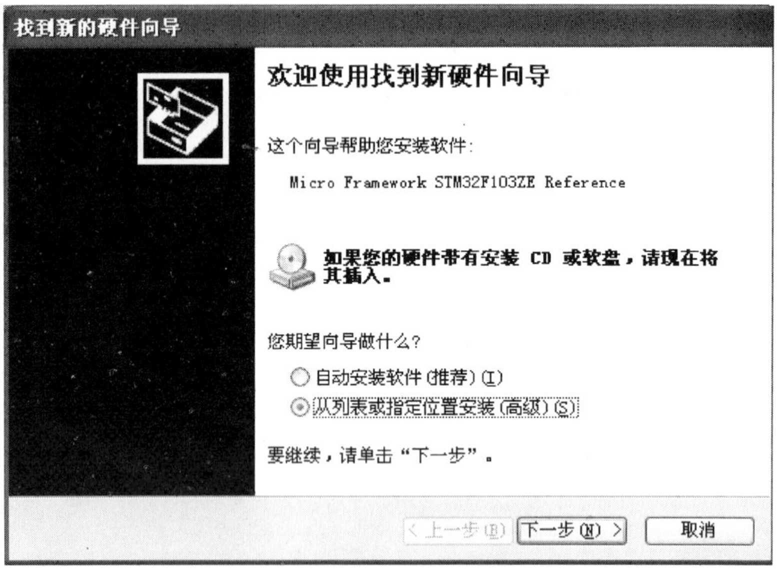

图 7.5.5　弹出新硬件向导

但是,如果读者大人所使用的操作系统是 Windows 7 的话,那么这个安装驱动的过程就不会那么顺利了。将红牛开发板与电脑连起来,Windows 7 就会很愉快地在 Windows Update 或者在本机中搜寻驱动,然后便是咚的一声,连选择驱动的机会都没有,直接提示安装 SideShow 设备驱动失败,如图 7.5.7 所示(读者:norains,你不是说穷得买不起能跑 Windows 7 的电脑吗? norains:这个,这个是从朋友那儿截的图……)。

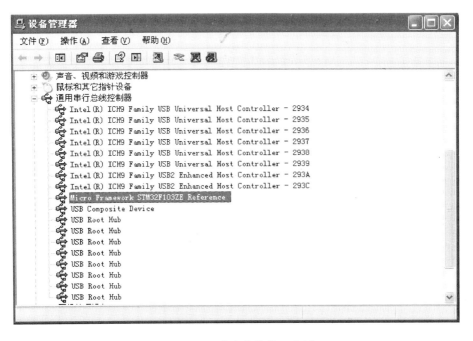

图 7.5.6　成功安装的开发板

图 7.5.7　将开发板识别为 SideShow 设备,并且安装驱动失败

即使是强制更新驱动,也会提示这是最新的驱动,不需要安装,如图 7.5.8 所示。引发此问题在于 Windows 7 认为开发板应该是 SideShow 设备,而使误解出现的根源在于设备描述符。现在不妨回头看看之前设备描述符关于 SideShow 的定义,即:

第 7 章 USB 驱动

图 7.5.8 手动也无法安装正确的驱动

```
// 给 Sideshow 使用的附加描述符
{
    // 普通描述符头
    {
        {
            USB_GENERIC_DESCRIPTOR_MARKER,
            0,
            sizeof(USB_GENERIC_DESCRIPTOR_HEADER) + USB_XCOMPATIBLE_OS_SIZE
        },
        USB_REQUEST_TYPE_IN | USB_REQUEST_TYPE_VENDOR,
        OS_DESCRIPTOR_STRING_VENDOR_CODE,
        0,
        USB_XCOMPATIBLE_OS_REQUEST
    },
    USB_XCOMPATIBLE_OS_SIZE,
    OS_DESCRIPTOR_EX_VERSION,
    USB_XCOMPATIBLE_OS_REQUEST,
    1,
    { 0, 0, 0, 0, 0, 0, 0 },
    0,
    1,
    { 'S', 'I', 'D', 'E', 'S', 'H', 'W', 0 },
    { 'E', 'N', 'H', 'V', '1', 0, 0, 0 },
    { 0, 0, 0, 0, 0, 0, 0 }
},
```

注意代码中加粗的部分，这些就是引起 Windows 7 将开发板认为是 SideShow 设备的主因。要想修正这个问题其实也非常简单，只需替换里面的字符即可，比如说替换为{'n', 'o', 'r', 'a', 'i', 'n', 's', 0 }。这里需要注意的是，为了避免出现未知的问题，以减小出错的概率,修改后的字符长度最好与之前的相同。

将修改后的文件下载到开发板中,此时出错提示就完全不同了,如图 7.5.9 所示。

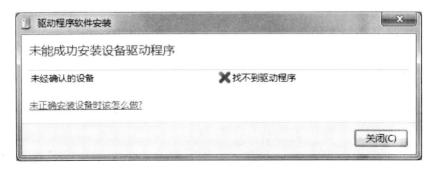

图 7.5.9　提示无法找到正确设备

只要问题不是默认安装 SideShow 设备驱动,那么剩下的事情就简单多了。在设备管理器的"未知设备"中选择"浏览计算机以查找驱动程序软件",如图 7.5.10 所示。

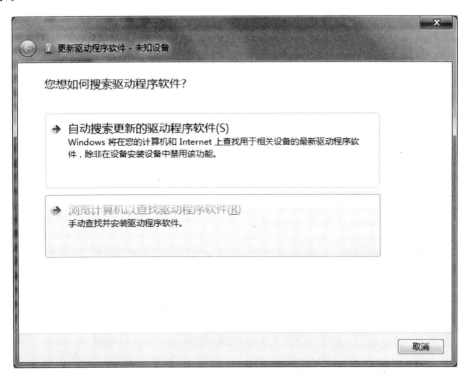

图 7.5.10　选择"浏览计算机以查找驱动程序软件"

接下来选择编译好的 USB 驱动所在的目录即可。这些步骤与普通驱动的安装大同小异,在此不再详叙。

第 7 章　USB 驱动

回过头来想想，为什么在 Windows XP 中安装却又正常呢？笔者猜想是因为 Windows XP 没有检测 SideShow 字段的行为，所以才能够正常加载驱动。也正是该原因，即使修改了 SideShow 描述符，在 Windows XP 下也能够正常安装。

不过如果读者使用的是 Windows 7 64 位的版本，那么这一切还远远没有结束。微软自从 Windows Vista 开始，如果要在 64 位系统中加载内核驱动，就必须强制数字签名。因此以上面的方式在 Windows 7 64 位系统中安装驱动，虽然显示已经识别出了设备，但前面多了一个"!"符号，这就意味着该设备根本无法正常使用，如图 7.5.11 所示。

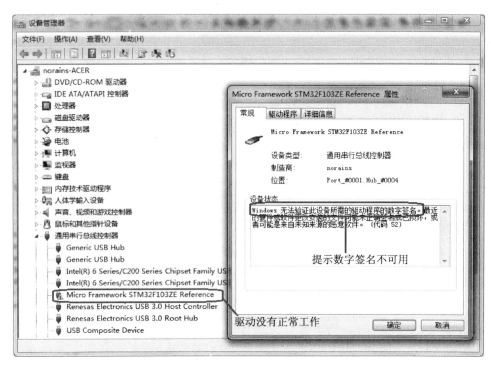

图 7.5.11　设备驱动无法正常使用

那么应该怎么办呢？是不是应该为该驱动申请数字签名呢？这当然是个非常好的想法。不过在此之前，不妨先看看数字签名在网站上的申请方法，如图 7.5.12 所示。

审核所需的一些具体资料不说，最让普通爱好者可能无法承受的是，高达 4 550 元人民币的申请价格！估计可能没有多少读者为了运行 .Net Micro Framework 的 USB 驱动会花费如此巨款吧？（读者：我有钱，我就要申请，不行啊？ norains：……）

如果不想申请数字签名，那么还有其他方法，比如关闭系统的数字签名服务。但这样一来，系统的安全性就打了折扣，这个方法可能各位读者也不愿意尝试。其实还有更简单的办法，就是直接使用别人已经过数字签名的驱动不就好了？网友叶帆就提供了该驱动的下载，网址为 http://www.sky-walker.com.cn/News.asp?Id=25。如果该网站无法打开，也可以移步到笔者的博客，上面也提供了该驱动的下载（不过

第 7 章 USB 驱动

图 7.5.12 申请数字签名的流程和费用

为了适应开发板的 USB 描述符,变更了 inf 的 VID 和 PID 及相应的描述信息)。

至此为止,整个枚举过程已经结束,Endpoint0 的使命也就此完成。接下来,则轮到 Endpoint1 和 Endpoint2 来扛大任了。

7.6 Endpoint1 和 Endpoint2 的数据传输

枚举之后,Endpoint0 就不再使用了,凡是与 USB 有关的所有程序调试和代码传输等事情,基本上都是 Endpoint1 和 Endpoint2 的事情了。由此可见,Endpoint1 和 Endpoint2 肩上的重担可不轻,这是不是意味着代码会很复杂呢?事实恰恰相反,相对于 Endpoint0 来说,这两个 Endpoint 的代码要简单多了。

这两个 Endpoint 的代码自然也是在 EndpointHandler 函数中实现。与 Endpoint0 一样,这时候的数据包也分为 IN 包和 OUT 包。

当检测到 IN 包时,所要做的事就是清除中断,然后发送数据,代码是

第 7 章 USB 驱动

```
// IN 包发送
if ((wEPVal & EP_CTR_TX) != 0)
{
    //清除中断标志
    _ClearEP_CTR_TX(eptIndex);

    //调用发送函数
    TxPacket(pState, eptIndex);
}
```

以上代码中涉及的 TxPacket 函数也是我们需要实现的函数之一。为什么起这样的函数名呢？因为在 .NET Micro Framework 的众多实现了的 BSP 中，大家都叫这个名字，所以这里也随大流一回吧。总之，那句话怎么说来着？跟着微软有肉吃！

下面简单说一下 TxPacket 函数的流程。首先通过 USB_TxDequeue 函数来获取发送的数据序列，如果为空，则发送空包，否则直接发送数据。就这么简单？对，就这么简单！记忆好的读者，可能会觉得这个流程似曾相识。是的，没错，这个流程其实与 Endpoint0 的非常类似！所不同的是，Endpoint0 调用的是 USB_CONTROLLER_STATE::DataCallback，而这里则调用 USB_TxDequeue。啰嗦了这么多，可能有些读者已经迫不及待想看看此函数的真面目了吧？好吧，那就看看这个函数的真相吧。

```
BOOL TxPacket(USB_CONTROLLER_STATE * State, int endpoint)
{
    USB_PACKET64 * Packet64;

    while(TRUE)
    {
        //获取发送的序列
        Packet64 = USB_TxDequeue(State, endpoint, TRUE);

        if(Packet64 == NULL || Packet64->Size > 0)
        {
            break;
        }
    }

    if(Packet64 != NULL)
    {
        //将输入的数据转为 ST 能够识别的类型
        uint8_t u8EptInAddr = 0;
        if(ConvertToEndpointInAddress(endpoint,u8EptInAddr) == FALSE)
        {
```

```c
        return FALSE;
    }

    uint8_t u8EptReg = 0;
    if(ConvertToEndpointRegistry(endpoint,u8EptReg) == FALSE)
    {
        return FALSE;
    }

    //通过断点输出数据
    USB_SIL_Write(u8EptInAddr, Packet64->Buffer, Packet64->Size);
    SetEPTxValid(u8EptReg);

    //如果数据大小刚好等于64,则必须发送空包
    g_bTxNeedZLPS[endpoint] = (Packet64->Size == 64);
}
else
{
    //判断是否需要发送空包
    if(g_bTxNeedZLPS[endpoint] != FALSE)
    {
        SendEmptyPacket(endpoint);
        g_bTxNeedZLPS[endpoint] = FALSE;
    }

    g_bTxRunning[endpoint] = FALSE;
}
return TRUE;
}
```

说完了 IN 包,接下来自然就是说 OUT 包。OUT 包的处理就更简单了,先获取一个接收缓冲区,然后将读取到的数据复制到该缓冲区即可。这就没了? 是的,以后的事情就让 USB 的 PAL 层去操心吧! 闲话少说,还是看看下面这段简单的代码吧。

```c
if ((wEPVal & EP_CTR_RX) != 0)
{
    //清除中断标志
    _ClearEP_CTR_RX(eptIndex);

    BOOL DisableRx = FALSE;
```

第 7 章 USB 驱动

```
//获取输入缓存
USB_PACKET64 * Packet64 = USB_RxEnqueue(pState, eptIndex, DisableRx);
if(Packet64 != NULL)
{
    //将数据复制到缓存中
    Packet64->Size = USB_SIL_Read(u8EptOutAddr,Packet64->Buffer);
}
```

Endpoint1 和 Endpoint2 的代码构造完毕之后,也就意味着 USB 驱动的创建基本上已经大功告成了。

7.7 MFDeploy 测试

创建 USB 驱动完成之后,除了在"我的设备"中能够看到设备被插入以外,还可以通过 MFDeploy 软件来测试后续的数据是否沟通正常。如果不出意外,单击软件的 Ping 按钮,则应该能看到输出信息为"TinyCLR",如图 7.7.1 所示。

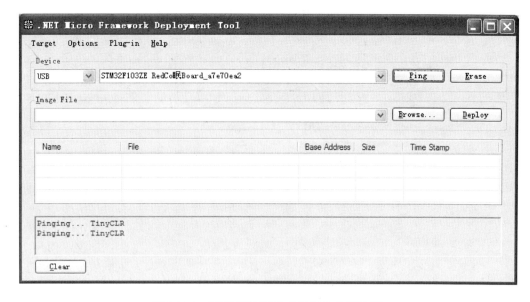

图 7.7.1 测试 USB 驱动是否正常收发数据

MFDeploy 软件虽然可以测试 USB 是否正常,但如果大家还想进一步了解 USB 设备与 PC 端之间究竟传送了什么样的数据,那就必须请出 USB Bound 这款软件了。虽然测试 USB 数据可以使用专门的设备,但那样的设备非常昂贵,基本上与一辆中档的宝马差不多,而相对来说,USB Bound 软件就实惠多了。不过这里需要留意的是,USB Bound 只能显示传输成功的数据。

为了监测开发板与 PC 端之间传输的数据,可将 USB Bound 的"Auto select hot

plugged devices"选中,如图 7.7.2 所示。

图 7.7.2 自动选择插入设备

接着单击软件的 Run 按钮,然后将开发板的 USB 插入到 PC 端,最后单击 MFDeploy 的 Ping 按钮,则在软件中就可以看到如图 7.7.3 所示的相互交流的数据了。

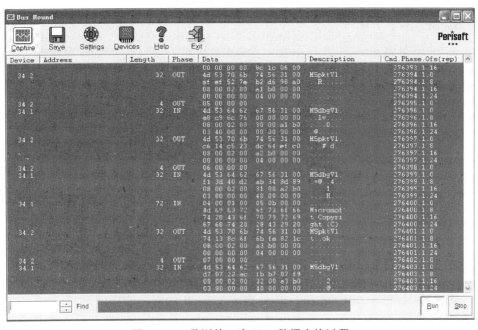

图 7.7.3 监测的一次 Ping 数据交换过程

第 8 章

FLASH 驱动

TinyCLR 工程位于 CPU 的内部存储器,那么 C♯程序放在哪儿呢？最好的归宿就是外部的 FLASH。本章主要介绍 FLASH 驱动需要注意的一些问题,以及如何去完善该驱动。

8.1 驱动概述

STM32F103ZE 的内部存储空间为 512 KB,从 MCU 的范畴来看,似乎并不算小。但因为一般习惯于将 TinyCLR 工程放置于该空间,以至于内部存储空间被占去了相当大的一部分,所以留给 C♯程序的空间基本上算是杯水车薪,唯一的指望只能是外部的 FLASH 空间了。对于红牛开发板来说,FLASH 有两片,种类也各不相同,分别是 NAND 和 NOR。无论是哪种类型,都是 FLASH 的一种,因此都必须实现微软所规定的接口。

只不过微软留给 FLASH 的接口与其他的驱动并不一样,它不是实现了类似 XXX_Initialize 的函数就万事大吉了,而是有自己独特的一套机制。这套机制就从添加存储设备开始。

因为外部存储设备可以有不止一个,甚至可以有多个,所以微软规定了一个 BlockStorage_AddDevices 函数,用来在启动过程中添加存储设备。简单来说,就是需要用户来实现 BlockStorage_AddDevices 函数。

实现的门槛估计各位朋友一想就知道。如果设备已经就绪,那么如何告知.NET Micro Framework 有新的设备呢？答案很简单,只要调用 BlockStorageList::AddDevice 函数即可。但是该函数也挺有玄机的,先来看看其如下声明:

```
public:
static BOOL BlockStorageList::AddDevice (
        BlockStorageDevice * pBSD,
        IBlockStorageDevice * vtable,
        void * config,
        BOOL Init)
```

首先了解一下该函数的形参。为了简单起见,从最后一个形参说起。

Init 标志告诉.NET Micro Framework,在加载时是否需要顺便将 FLASH 也一并初始化。其实如果没有特殊要求,则直接给该形参传入 FALSE 即可。

传递给 config 的是 FLASH 的参数信息,虽然这里该形参的类型是 void,但一般传入的都是 BLOCK_CONFIG 的对象。之所以这里使用了 void,估计是考虑兼容性之类的缘故。

接着便是 vtable,该形参存储了类的函数地址。之所以采用这种方式,而不采用虚函数的形式,关于这一点,在微软的文档上有说明,是为了效率着想。其实从另一个角度来说,这根本就是用 C 来实现对象的典型案例。

最后便是 pBSD,该形参必须指向一个存储器的对象。这实现起来其实是最简单的,因为只需要用户声明一个 BlockStorageDevice 对象,并将该对象传递给该指针,然后便什么都不用做。采用这样的运作方式,估计微软考虑更多的是避免 new 操作,因为在实际移植中,new 操作很可能会引发异常,所以微软索性将这个任务丢给用户,让用户自己声明一个变量。

似乎这么一介绍,并不觉得有什么不妥的地方。但如果笔者说,pBSD 和 vtable 指向的完全是两个不同的东西,不知道各位朋友会不会觉得奇怪?举个例子,vtable 指向的是一个 g_Nand_DeviceTable 变量,其初始化如下:

```c
struct IBlockStorageDevice g_Nand_DeviceTable =
{
    &BlockStorageDriver_Nand::ChipInitialize,
    &BlockStorageDriver_Nand::ChipUnInitialize,
    &BlockStorageDriver_Nand::GetDeviceInfo,
    &BlockStorageDriver_Nand::Read,
    &BlockStorageDriver_Nand::Write,
    &BlockStorageDriver_Nand::Memset,
    &BlockStorageDriver_Nand::GetSectorMetadata,
    &BlockStorageDriver_Nand::SetSectorMetadata,
    &BlockStorageDriver_Nand::IsBlockErased,
    &BlockStorageDriver_Nand::EraseBlock,
    &BlockStorageDriver_Nand::SetPowerState,
    &BlockStorageDriver_Nand::MaxSectorWrite_uSec,
    &BlockStorageDriver_Nand::MaxBlockErase_uSec,
};
```

g_Nand_DeviceTable 初始化中用到的 BlockStorageDriver_Nand 是一个类,其声明如下:

```c
struct BlockStorageDriver_Nand
{
    static BOOL ChipInitialize(void * context);
    static BOOL ChipUnInitialize(void * context);
    static const BlockDeviceInfo * GetDeviceInfo(void * context);
```

```
            static BOOL Read(void * context, ByteAddress Address, UINT32 NumBytes, BYTE *
pSectorBuff);
            static BOOL Write(void * context, ByteAddress Address, UINT32 NumBytes, BYTE *
pSectorBuff, BOOL ReadModifyWrite);
            static BOOL Memset(void * context, ByteAddress Address, UINT8 Data, UINT32
NumBytes);
            static BOOL GetSectorMetadata(void * context, ByteAddress SectorStart, Sector-
Metadata * pSectorMetadata);
            static BOOL SetSectorMetadata(void * context, ByteAddress SectorStart, Sector-
Metadata * pSectorMetadata);
            static BOOL IsBlockErased(void * context, ByteAddress Address, UINT32 Block-
Length);
            static BOOL EraseBlock(void * context, ByteAddress Address);
            static void SetPowerState(void * context, UINT32 State);
            static UINT32 MaxSectorWrite_uSec(void * context);
            static UINT32 MaxBlockErase_uSec(void * context);
            static BOOL ChipReadOnly(void * context, BOOL On, UINT32 ProtectionKey);
            static BOOL ReadProductID(void * context, FLASH_WORD& ManufacturerCode, FLASH_
WORD& DeviceCode);
            ...
}
```

简单来说,g_Nand_DeviceTable 指向的是 BlockStorageDriver_Nand 的静态函数,而 BlockStorageDriver_Nand 是程序员自己定义的结构,与 BlockStorageDevice 没有任何关系,也就是说,与 pBSD 没有任何关系!至少表面上看是如此;但实际上,在.NET Micro Framework 的内部会调用从 vtable 传入的数值,并将结果存储到 pBSD 指向的对象,只不过对于只需要实现接口的用户而言,容易被迷惑住。

当然,文字的叙述总不如用图了解来得更直接,所以还是看看图 8.1.1 中的关系吧。

对于图 8.1.1 中的 BlockStorageDriver_Nand 来说,必须要实现如表 8.1.1 所列的函数。

表 8.1.1 BlockStorageDriver_Nand 驱动接口

函数原型	说 明
BOOL ChipInitialize(void * context)	初始化
BOOL ChipUnInitialize(void * context)	卸载
const BlockDeviceInfo * GetDeviceInfo(void * context)	获取设备信息
BOOL Read(void * context, ByteAddress Address, UINT32 NumBytes, BYTE * pSectorBuff)	读 FLASH 上的数据

续表 8.1.1

函数原型	说明
BOOL Write(void * context, ByteAddress Address, UINT32 NumBytes, BYTE * pSectorBuff, BOOL ReadModifyWrite)	将数据写到 FLASH 中
BOOL Memset(void * context, ByteAddress Address, UINT8 Data, UINT32 NumBytes)	将某段地址赋予同样的数值
BOOL GetSectorMetadata(void * context, ByteAddress SectorStart, SectorMetadata * pSectorMetadata)	获取扇区信息
BOOL SetSectorMetadata(void * context, ByteAddress SectorStart, SectorMetadata * pSectorMetadata)	设置扇区信息
BOOL IsBlockErased(void * context, ByteAddress Address, UINT32 BlockLength)	块是否可擦除
BOOL EraseBlock(void * context, ByteAddress Address)	擦除块
void SetPowerState(void * context, UINT32 State)	设置电源级别
UINT32 MaxSectorWrite_uSec(void * context)	最大的写扇区事件
UINT32 MaxBlockErase_uSec(void * context)	最大的擦除块事件
BOOL ChipReadOnly(void * context, BOOL On, UINT32 ProtectionKey)	芯片是否只读
BOOL ReadProductID(void * context, FLASH_WORD & ManufacturerCode, FLASH_WORD & DeviceCode)	获取产品 ID

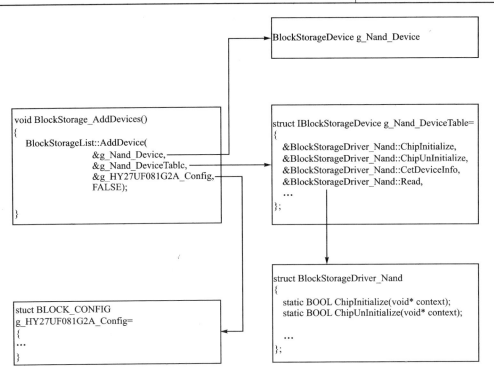

图 8.1.1 FLASH 驱动关系图

第 8 章 FLASH 驱动

大致明白了驱动的框架之后,就开始下面的完善之旅吧。

8.2 增加 NAND FLASH 设备

在 8.1 节中曾提到,如果需要使用一个外部存储器,那么必须在启动时进行设备的添加。设备的添加在 .NET Micro Framework 中也是一个工程,同样,也是按照以往驱动的设计模式进行的。

8.2.1 建立工程

前面讲了那么多,估计大家对建立工程这一步已经没有太多疑问了,所以下面还是直接从表 8.2.1 来了解吧。

表 8.2.1 增加设备的工程文件 dotNetMF.proj 修改列表

模　板	工　程
路　径	
$(SPOCLIENT)\DeviceCode\Drivers\Stubs\BlockStorage\AddDevices	$(SPOCLIENT)\Solutions\STM32F103ZE_RedCow\DeviceCode\BlockStorageAddDevices_HAL
替　换	
〈AssemblyName〉BlockStorage_AddDevices_stubs〈/AssemblyName〉	〈AssemblyName〉BlockStorageAddDevices_HAL_STM32F103ZE_RedCow〈/AssemblyName〉
〈ProjectGuid〉{9BAA3E0B-D660-4f36-861D-1F2B0D6E5DFF}〈/ProjectGuid〉	〈ProjectGuid〉{F01DD115-A749-4790-B03B-08FD7D8C970B}〈/ProjectGuid〉
〈LibraryFile〉BlockStorage_AddDevices_stubs.$(LIB_EXT)〈/LibraryFile〉	〈LibraryFile〉BlockStorageAddDevices_HAL_STM32F103ZE_RedCow.$(LIB_EXT)〈/LibraryFile〉
〈ProjectPath〉$(SPOCLIENT)\DeviceCode\drivers\stubs\Blockstorage\addDevices\dotNetMF.proj〈/ProjectPath〉	〈ProjectPath〉$(SPOCLIENT)\Solutions\STM32F103ZE_RedCow\DeviceCode\BlockStorageAddDevices_HAL\dotNetMF.proj〈/ProjectPath〉
〈IsStub〉True〈/IsStub〉 〈ManifestFile〉BlockStorage_AddDevices_stubsS.$(LIB_EXT).manifest〈/ManifestFile〉	〈IsStub〉false〈/IsStub〉 〈ManifestFile〉BlockStorageAddDevices_HAL_STM32F103ZE_RedCow.$(LIB_EXT).manifest〈/ManifestFile〉
〈Directory〉DeviceCode\Drivers\Stubs\BlockStorage\AddDevices〈/Directory〉	〈Directory〉Solutions\STM32F103ZE_RedCow\DeviceCode\BlockStorageAddDevices_HAL〈/Directory〉

续表 8.2.1

模 板	工 程
追 加	

	`<ItemGroup>`
	　　`<IncludePaths Include="DeviceCode\Targets\Native\STM32F10x\DeviceCode\Libraries\Configure" />`
	　　`<IncludePaths Include="DeviceCode\Targets\Native\STM32F10x\DeviceCode\Libraries\STM32F10x_StdPeriph_Driver\inc" />`
	　　`<IncludePaths Include="DeviceCode\Targets\Native\STM32F10x\DeviceCode\Libraries\CMSIS\Core\CM3\" />`
	　　`<IncludePaths Include="Solutions\STM32F103ZE_RedCow\DeviceCode\NandFlash_HAL\" />`
	　　`<IncludePaths Include="Solutions\STM32F103ZE_RedCow\DeviceCode\NorFlash_HAL\" />`
	　　`<IncludePaths Include="Solutions\STM32F103ZE_RedCow\DeviceCode\BlockStorage_HAL\" />`
	`</ItemGroup>`

追加中的一些包含路径是为以后的工程预留的,在此可以先不去理会,而直接复制过去即可。

8.2.2　添加设备的代码

添加设备的代码很简单,只要声明几个所需的外部变量,然后再通过 BlockStorageList::AddDevice 函数添加即可,代码如下:

```
extern struct BlockStorageDevice   g_Nand_Device;
extern struct IBlockStorageDevice  g_Nand_DeviceTable;
extern struct BLOCK_CONFIG   g_HY27UF081G2A_Config;

void BlockStorage_AddDevices()
{
    BlockStorageList::AddDevice(&g_Nand_Device, &g_Nand_DeviceTable,
&g_HY27UF081G2A_Config, FALSE);
}
```

接下来的问题很有意思,代码中涉及的 g_Nand_Device,g_Nand_DeviceTable

和 g_HY27UF081G2A_Config 这三个变量应该在哪里定义呢？答案是还在本工程中定义。

8.2.3 初始化 BLOCK_CONFIG

8.2.2 小节中用到了 BLOCK_CONFIG，那么本小节就从它开始吧。首先看看微软的 BLOCK_CONFIG 的定义：

```
struct BLOCK_CONFIG
{
    GPIO_FLAG WriteProtectionPin;
    const BlockDeviceInfo * BlockDeviceInformation;
};
```

其中，WriteProtectionPin 是 GPIO_FLAG 结构的变量，用来确定写保护引脚，其定义如下：

```
struct GPIO_FLAG
{
    GPIO_PIN Pin;
    BOOL ActiveState;
};
```

其中，Pin 是 GPIO 引脚，其值以 0 起始，更具体的内容可以查看后续章节，在此暂不表述。如果为了简单起见，不去考虑写保护，则可以直接赋值"GPIO_PIN_NONE"。ActiveState 表示引脚起作用时的状态，不过如果 Pin 的数值为"GPIO_PIN_NONE"，那么 ActiveState 就没有意义了。

回头来看看 BLOCK_CONFIG 中的 BlockDeviceInformation 变量，该变量指向一个 BlockDeviceInfo 对象。BLOCK_CONFIG 的初始化代码最后如下：

```
struct BLOCK_CONFIG g_HY27UF081G2A_Config =
{
    {
        GPIO_PIN_NONE,        // GPIO_PIN Pin
        FALSE,                // BOOL ActiveState
    },
    &g_HY27UF081G2A_DeviceInfo,
};
```

8.2.4 初始化 BlockDeviceInfo

接着便来看看 g_HY27UF081G2A_DeviceInfo 变量，也就是 BlockDeviceInfo 结构的如下定义：

```
struct BlockDeviceInfo
{
    // 指示存储器是否可移除
    MediaAttribute Attribute;

    // 最大的写扇区时间
    UINT32 MaxSectorWrite_uSec;

    // 最大的块擦除时间
    UINT32 MaxBlockErase_uSec;

    // 每个扇区的大小
    UINT32 BytesPerSector;

    // 总大小
    UINT32 Size;

    // FLASH 区域的总数
    UINT32 NumRegions;

    // 指向存储有区域信息的对象的指针
    const BlockRegionInfo * Regions;

    SectorAddress PhysicalToSectorAddress(const BlockRegionInfo * pRegion, ByteAddress phyAddress) const;

    BOOL FindRegionFromAddress(ByteAddress Address, UINT32 &BlockRegionIndex, UINT32 &BlockRangeIndex) const;

    BOOL FindForBlockUsage(UINT32 BlockUsage, ByteAddress &Address, UINT32 &BlockRegionIndex, UINT32 &BlockRangeIndex) const;

    BOOL FindNextUsageBlock(UINT32 BlockUsage, ByteAddress &Address, UINT32 &BlockRegionIndex, UINT32 &BlockRangeIndex) const;
};
```

在对该结构进行具体实现时,其中的函数可以不用理会,而只需填充结构体的变量即可。开发板中使用的 FLASH 型号为 HY27UF081G2A,所以打开其 Datasheet,看看有什么值得使用的。

仔细查看 Datasheet,关于烧录有如图 8.2.1 所示的描述。

图 8.2.1 的意思是,与页读取/烧录有关的参数取值为:

第 8 章　FLASH 驱动

- 最大随机访问时间为 25 μs；
- 最小顺序访问时间为 30 ns；
- 典型单页烧录时间为 200 μs。

因为这里只需要单页烧录时间，也就是 200 μs 这个数值，所以只定义了一个宏 FLASH_SECTOR_WRITE_TYPICAL_TIME_USEC，即：

```
#define FLASH_SECTOR_WRITE_TYPICAL_TIME_USEC 200
```

因为宏定义是以 μs 为单位的，故这里直接写 200。不过看到这里大家可能会有疑问，Datasheet 上写的不是 Page(页)吗？为什么宏却命名为 Sector(扇区)？Sector 是对磁盘来说的，而 Page 是对 FLASH 而言，无论为哪种，其都是对应介质的最小读写单位；又因为 .NET Micro Framework 的存储器代码不会去区分是磁盘，还是 FLASH，故这里暂时混用。如果各位朋友觉得不严谨，那么将其更改为 PAGE 也未尝不可。☺

Datasheet 中还有关于 BLOCK(块)的擦除时间的描述，如图 8.2.2 所示。

PAGE READ / PROGRAM
- Random access: 25us (max.)
- Sequential access: 30ns (min.)
- Page program time: 200us (typ.)

FAST BLOCK ERASE
- Block erase time: 2ms (Typ.)

图 8.2.1　烧录时间　　　　　图 8.2.2　块擦除时间

从图 8.2.2 中可以看出，块擦除时间为 2 ms，于是不难得出另外一个宏：

```
#define FLASH_BLOCK_ERASE_ACTUAL_TIME_USEC 2000
```

接着便是设置 FLASH 的大小，不过这里先来了解几个概念的关系：Page, Block 和 Zone。简单来说，多个 Page 组成一个 Block，多个 Block 组成一个 Zone，多个 Zone 组成一个 FLASH。所以对于 FLASH 的容量来说，可以通过如下宏的算式来获得：

```
#define FLASH_MEMORY_SIZE  \
    (NAND_PAGE_SIZE * NAND_BLOCK_SIZE * NAND_ZONE_SIZE * NAND_MAX_ZONE)
```

因为 FLASH_MEMORY_SIZE 是由 NAND_PAGE_SIZE, NAND_BLOCK_SIZE, NAND_ZONE_SIZE 和 NAND_MAX_ZONE 组合起来确定的，因此首先要知道这四个宏的数值。下面先确认 NAND_PAGE_SIZE 宏的大小，当然这个值在 Datasheet 中也有描述，如表 8.2.2 所列。

表 8.2.2 FLASH 设备的信息

属性＼引脚描述	描述	IO7	IO6	IO5～4	IO3	IO2	IO1～0
页容量 （不含备用区域）	1 KB						0 0
	2 KB						0 1
	4 KB						1 0
	保留						1 1
备用区域容量 /字节	8					0	
	16					1	
访问时间	50 ns	0			0		
	30 ns	0			1		
	25 ns	1			0		
	保留	1			1		
块容量 （不含备用区域）	64 KB			0 0			
	128 KB			0 1			
	256 KB			1 0			
	512 KB			1 1			
结构	X8		0				
	X16		1				

因为在接下来的驱动中，IO1～0 会输出 01，这与表 8.2.2 的页容量一行中圈出来的部分相符，故 NAND_PAGE_SIZE 可以定义为

```
#define NAND_PAGE_SIZE ((u16)0x0800)  //2 KB per page
```

NAND_PAGE_SIZE 确定以后，接下来的事情就容易多了，再根据表 8.2.2 中 Block Size 圈出来的部分，还能得到 NAND_BLOCK_SIZE 的定义，即：

```
#define NAND_BLOCK_SIZE ((u16)0x0040) //64x2KB pages per block
```

那么 NAND_ZONE_SIZE 又该如何确定呢？这还要通过 Datasheet，如图 8.2.3 所示。

Memory Cell Array
= (2K+64) Bytes x 64 Pages x 1,024 Blocks
= (1K+32) Bytes x 64 Pages x 1,024 Blocks

图 8.2.3 Zone 的大小

从图 8.2.3 可以知道，一个 ZONE 应该有 1 024 个 BLOCK，故其宏定义为：

第 8 章　FLASH 驱动

```c
#define NAND_ZONE_SIZE ((u16)0x0400)  //1 024 Block per zone
```

前面虽然说 FLASH_MEMORY_SIZE 的大小是由四个宏的运算来获得的,但实际上可以先通过 Datasheet 来知道其真正的大小,然后再根据算式反推,就不难知道计算 NAND_MAX_ZONE 的公式为

```
NAND_MAX_ZONE = FLASH_MEMORY_SIZE / NAND_PAGE_SIZE / NAND_BLOCK_SIZE / NAND_ZONE_SIZE
```

最后计算的结果为 1,也就是说,NAND_MAX_ZONE 的定义为

```c
#define NAND_MAX_ZONE ((u16)0x0001)   //1 zones of 1 024 block
```

这样,g_HY27UF081G2A_DeviceInfo 的初始化就非常简单了,代码如下:

```c
BlockDeviceInfo g_HY27UF081G2A_DeviceInfo =
{
    {
        FALSE,                          // BOOL Removable;
        FALSE,                          // BOOL SupportsXIP;
        FALSE,                          // BOOL WriteProtected
    },

    FLASH_SECTOR_WRITE_TYPICAL_TIME_USEC,
    FLASH_BLOCK_ERASE_ACTUAL_TIME_USEC,
    NAND_PAGE_SIZE,
    FLASH_MEMORY_SIZE,
    NAND_MAX_ZONE,
    g_HY27UF081G2A_BlockRegionInfo,
};
```

8.2.5　初始化 BlockRegionInfo

细心的朋友估计会看到,在初始化 g_HY27UF081G2A_DeviceInfo 变量时,用到了一个 g_HY27UF081G2A_BlockRegionInfo 变量。那么这又是哪方神圣呢? 它其实是一个 BlockRegionInfo 结构的对象,其定义如下:

```c
struct BlockRegionInfo
{
    UINT32 Size() const { return (NumBlocks * BytesPerBlock); }
    ByteAddress BlockAddress(UINT32 blockIndex) const { return (Start + (blockIndex * BytesPerBlock)); }
    UINT32 OffsetFromBlock(UINT32 Address) const { return ((Address - Start) % BytesPerBlock); }
```

```
UINT32 BlockIndexFromAddress(UINT32 Address) const { return ((Address - Start) /
BytesPerBlock); }

    //扇区的起始地址
    ByteAddress Start;
    //Block 的个数
    UINT32 NumBlocks;
    //每个 Block 的大小
    UINT32 BytesPerBlock;

    UINT32 NumBlockRanges;
    const BlockRange * BlockRanges;
};
```

与之前定义的结构一样,这里依然可以不用去管成员函数,而直接定义成员变量即可。

下面来逐个看看其成员变量吧。首先是 Start 变量,也就是扇区的起始地址。因为对于 STM32F10x 来说,对外部存储器的操作都是用 FSMC。关于 FSMC 的细节在 8.3 节中再细说,这里只需知道 STM32F10x 的 Datasheet 中有如图 8.2.4 所示的说明。

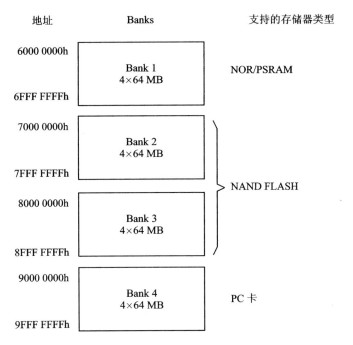

图 8.2.4　FSMC 内存地址分布

由图 8.2.4 可知,NAND 的起始地址可以从 7000 0000h 开始,故可以有 NAND_FLASH_BASE_ADDRESS 宏如下:

```
#define NAND_FLASH_BASE_ADDRESS 0x70000000
```

搞定地址之后，其他变量也没有太多可说的，因为之前已经定义了相应的宏，所以直接使用即可，故 g_HY27UF081G2A_BlockRegionInfo 变量的初始化代码如下：

```
const BlockRegionInfo g_HY27UF081G2A_BlockRegionInfo[NAND_MAX_ZONE] =
{
    NAND_FLASH_BASE_ADDRESS,
    NAND_ZONE_SIZE,
    NAND_BLOCK_SIZE * NAND_PAGE_SIZE,

    ARRAYSIZE_CONST_EXPR(g_HY27UF081G2A_BlockRange),
    g_HY27UF081G2A_BlockRange,
};
```

8.2.6　初始化 BlockRange

g_HY27UF081G2A_BlockRegionInfo 变量中用到的 g_HY27UF081G2A_BlockRange 变量是什么呢？是一个 BlockRange 类型的数组。

BlockRange 结构的定义有点复杂，包括许多函数和 const 变量，而其中很多又并不需要去关心，所以将这些无关的部分去掉后，来看看清爽版的 BlockRange 如下：

```
struct BlockRange
{
    ...

    UINT32 RangeType;
    UINT32 StartBlock;
    UINT32 EndBlock;
};
```

RangeType 表示该段 Block 应起的作用，其值可以有 BLOCKTYPE_CONFIG 和 BLOCKTYPE_DEPLOYMENT 等，具体的选择可以参考相应的文档。对于 StartBlock 和 EndBlock 就不用多说了，分别表示该 Block 的起始地址和结束地址。

BlockRange 的定义多种多样，可以根据实际的用法做调整，这里只给出一个范例，以供参考，即：

```
const BlockRange g_HY27UF081G2A_BlockRange[] =
{
    { BlockRange::BLOCKTYPE_CONFIG,      0,   7 },
    { BlockRange::BLOCKTYPE_DEPLOYMENT,  8,  47 },
    { BlockRange::BLOCKTYPE_DEPLOYMENT, 48,  87 },
    { BlockRange::BLOCKTYPE_DEPLOYMENT,128, 167 },
    { BlockRange::BLOCKTYPE_DEPLOYMENT,208, 247 },
```

```
    { BlockRange::BLOCKTYPE_DEPLOYMENT, 288, 327 },
    { BlockRange::BLOCKTYPE_DEPLOYMENT, 328, 1007 },
    { BlockRange::BLOCKTYPE_STORAGE_A , 1008,1015 },
    { BlockRange::BLOCKTYPE_STORAGE_B , 1016,1023 },
};
```

最后以图 8.2.5 来总结 8.2.3~8.2.6 小节所述的四个结构体的关系。

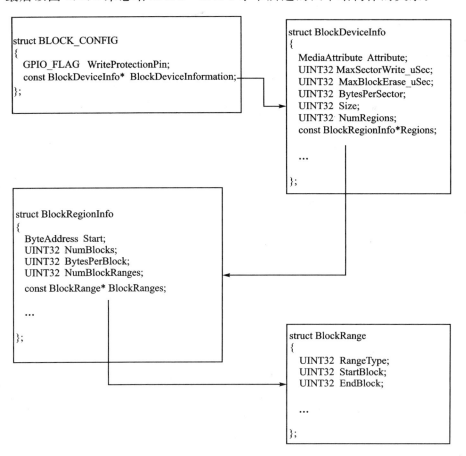

图 8.2.5 配置结构体关系图

8.3 FSMC NAND

现在 NAND FLASH 的信息搞明白了,接下来该考虑如何读写数据了。也许这才是最让人头疼的地方,因为每一片 NAND FLASH 的操作指令都不相同,而且周期更不一样。一般在正常情况下,用户应该根据 NAND FLASH 的 Datasheet 上的指令,一步一步地完善代码。但是笔者非常懒,如果有方法可以跳过这种烦琐,那么绝对会义无反顾。

第8章　FLASH 驱动

笔者拿到的红牛开发板,上面就有 NAND FLASH 的读写例程,并且更幸运的是,对于 NAND FLASH 的基本操作都封装于一个名为 FSMC_NAND.CPP 的文件中。该文件定义的 NAND FLASH 操作如下所示:

```
void FSMC_NAND_Init(void);
void FSMC_NAND_ReadID(NAND_IDTypeDef * NAND_ID);
uint32_t FSMC_NAND_WriteSmallPage(uint8_t * pBuffer, NAND_ADDRESS Address, uint32_t NumPageToWrite);
uint32_t FSMC_NAND_ReadSmallPage(uint8_t * pBuffer, NAND_ADDRESS Address, uint32_t NumPageToRead);
uint32_t FSMC_NAND_WriteSpareArea(uint8_t * pBuffer, NAND_ADDRESS Address, uint32_t NumSpareAreaTowrite);
uint32_t FSMC_NAND_ReadSpareArea(uint8_t * pBuffer, NAND_ADDRESS Address, uint32_t NumSpareAreaToRead);
uint32_t FSMC_NAND_EraseBlock(NAND_ADDRESS Address);
uint32_t FSMC_NAND_Reset(void);
uint32_t FSMC_NAND_GetStatus(void);
uint32_t FSMC_NAND_ReadStatus(void);
uint32_t FSMC_NAND_AddressIncrement(NAND_ADDRESS * Address);
```

做过 NAND FLASH 操作的朋友一眼就可以看出来,这些函数已经足以让人兴奋,因为不必再去纠结具体的读写命令了。只不过,其他的问题也伴随着出现了,那就是 FSMC 是什么?

8.3.1　FSMC 简介

FSMC 在 ST 中文文档中的翻译为:灵活的静态存储器控制器。它是 STM32 系列中的高存储密度微控制器特有的存储控制机制。之所以称之为"灵活",是因为通过设置特殊功能寄存器之后,能够根据不同的外部存储器类型,发出与之匹配的数据、地址或信号。这样一来,就能够让 STM32 系列控制器在不增加外部器件的情况下同时扩展多种不同类型的静态存储器,以满足系统设计对存储容量、产品体积和成本的综合要求。

在实际使用中,所有外部存储器共享控制器输出的地址、数据和控制信号,每个外部设备可以通过一个唯一的片选信号加以区分,因此 FSMC 在任一时刻只访问一个外部设备。

FSMC 包含四个主要模块:
① AHB 接口(包含 FSMC 配置寄存器);
② NOR FLASH 和 PSRAM 控制器;
③ NAND FLASH 和 PC 卡控制器;
④ 外部设备接口。

FSMC 对应的框架如图 8.3.1 所示。

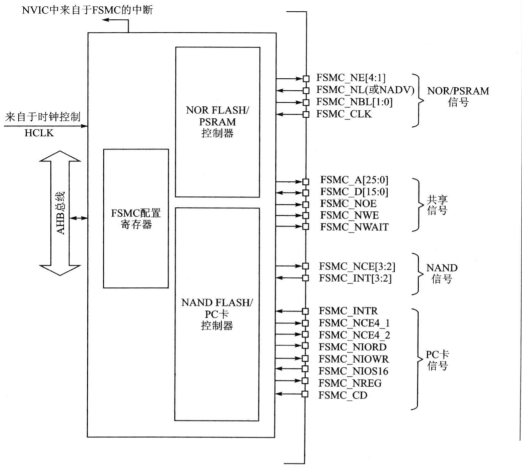

图 8.3.1 FSMC 框架

8.3.2 建立工程

了解了 FSMC 之后,就要开始将其为我所用了。为什么这里还需要额外建立一个工程呢?首先是因为需要用到范例中的 FSMC_NAND.CPP 文件,第二是为了结构清晰明了。只不过建立该工程的方法与之前的不太相同。以前的工程有模板,能够在其上修改,而这个工程完全是平地而起,白手起家。不过这没有关系,没有适合的模板,可以参考其他的工程,然后将无用的部分去掉,留下自己所需的内容,这样不就可以了吗?所以便有了如下 dotNetMF.proj 文件的内容:

```xml
<?xml version = "1.0" encoding = "utf-8"?>
<Project ToolsVersion = " 4.0" DefaultTargets = " Build" xmlns = " http://schemas.microsoft.com/developer/msbuild/2003">
  <PropertyGroup>
    <AssemblyName>NandFlash_HAL_STM32F103ZE_RedCow</AssemblyName>
```

```xml
      <ProjectGuid>{0A6FB756-4F15-4ac6-B21F-59E3B7CF1CF6}
    </ProjectGuid>
      <Size>
      </Size>
      <Description>NandFlash stub library</Description>
      <Level>HAL</Level>
      <LibraryFile>NandFlash_HAL_STM32F103ZE_RedCow.$(LIB_EXT)</LibraryFile>
      <ProjectPath>$(SPOCLIENT)\Solutions\STM32F103ZE_RedCow\DeviceCode\NandFlash_HAL\dotNetMF.proj</ProjectPath>
      <ManifestFile>NandFlash_HAL_STM32F103ZE_RedCow.$(LIB_EXT).manifest</ManifestFile>
      <Groups>Processor\stubs</Groups>
      <LibraryCategory>
        <MFComponent xmlns:xsi="http://www.w3.org/2001/XMLSchema-instance" xmlns:xsd="http://www.w3.org/2001/XMLSchema" Name="NandFlash_HAL" Guid="{718988E9-6E5B-4A91-A3A6-B4BD777AA998}" ProjectPath="" Conditional="" xmlns="">
          <VersionDependency xmlns="http://schemas.microsoft.com/netmf/InventoryFormat.xsd">
            <Major>4</Major>
            <Minor>0</Minor>
            <Revision>0</Revision>
            <Build>0</Build>
            <Extra />
            <Date>2009-04-30</Date>
          </VersionDependency>
          <ComponentType xmlns="http://schemas.microsoft.com/netmf/InventoryFormat.xsd">LibraryCategory</ComponentType>
        </MFComponent>
      </LibraryCategory>
      <Documentation>
      </Documentation>
      <PlatformIndependent>False</PlatformIndependent>
      <CustomFilter>
      </CustomFilter>
      <Required>False</Required>
      <IgnoreDefaultLibPath>False</IgnoreDefaultLibPath>
      <IsStub>false</IsStub>
      <Directory>Solutions\STM32F103ZE_RedCow\DeviceCode\NandFlash_HAL</Directory>
      <OutputType>Library</OutputType>
      <PlatformIndependentBuild>false</PlatformIndependentBuild>
      <Version>4.0.0.0</Version>
    </PropertyGroup>
  <Import Project="$(SPOCLIENT)\tools\targets\Microsoft.SPOT.System.Settings" />
```

```xml
<PropertyGroup />
<ItemGroup>
  <Compile Include = "fsmc_nand.cpp" />
</ItemGroup>
<ItemGroup>
    <IncludePaths Include = " DeviceCode\Targets\Native\STM32F10x\DeviceCode\Libraries\Configure" />
    <IncludePaths Include = " DeviceCode\Targets\Native\STM32F10x\DeviceCode\Libraries\STM32F10x_StdPeriph_Driver\inc" />
    <IncludePaths Include = " DeviceCode\Targets\Native\STM32F10x\DeviceCode\Libraries\CMSIS\Core\CM3\" />
</ItemGroup>
<ItemGroup />
<Import Project = " $(SPOCLIENT)\tools\targets\Microsoft.SPOT.System.Targets" />
</Project>
```

8.3.3 适用性判断

因为 FSMC_NAND.CPP 文件是范例中的,也是确定可以正常使用的,所以在代码完善方面基本上不需要做什么事,但这并不代表没有需要注意的地方。各位读者可能都知道,对于 NAND FLASH,即使容量相同,但如果品牌不同,则对应的操作命令也不一样。如果采用同样的命令去操作不一样的 NAND FLASH,那么基本上不会得到令人满意的结果。最关键的是,很可能还会因此而对程序流程造成误判。

为了避免这种情况的发生,最好在操作之前能够有标准去判断该 FSMC 的适用性。而这个最切实可行的标准,便是 NAND ID。在 NAND FLASH 驱动开始之前,可以先用 FSMC 代码来确定具备哪些 ID 的 NAND 可以使用。

获取 NAND ID 可以通过 FSMC_NAND_ReadID 函数,然后再与预先定义好的 ID 进行比较即可,代码是

```
//获取 NAND 的 ID
NAND_IDTypeDef NAND_ID;
FSMC_NAND_ReadID(&NAND_ID);

if(NAND_ID.Maker_ID != NAND_HY27UF081G2A_MAKER_ID||
NAND_ID.Device_ID != NAND_HY27UF081G2A_DEVICE_ID)
{
    //ID 不正确,不要进行初始化
    ...
}
```

代码中用到的 NAND_HY27UF081G2A_MAKER_ID 和 NAND_HY27UF081G2A_

DEVICE_ID 的宏定义如下:

```
#ifdef NAND_HY27UF081G2A
    #define NAND_HY27UF081G2A_MAKER_ID 0xAD
    #define NAND_HY27UF081G2A_DEVICE_ID 0xF1
#endif
```

代码中还用到了 NAND_IDTypeDef 结构,其定义如下:

```
typedef struct
{
  uint8_t Maker_ID;
  uint8_t Device_ID;
  uint8_t Third_ID;
  uint8_t Fourth_ID;
}NAND_IDTypeDef;
```

为何在判断 FSMC 的适用性时,不一并采用 Third_ID 和 Fourth_ID 呢?因为有时在这两个 ID 不一致时,但如果 Maker_ID 和 Device_ID 相同的话,FSMC 的操作也是正常的,故不做此判断。

8.4 NAND FLASH 驱动

之前的内容都是对 NAND FLASH 的讲解,本节将转到.NET Micro Framework,并为其书写真正的 NAND FLASH 驱动。

8.4.1 建立工程

依然如故,因为 NAND FLASH 有相应的模板,所以还是如往常一样处理它,按表 8.4.1 进行更改。

表 8.4.1 NAND FLASH 驱动工程 dotNetMF.proj 修改列表

模　板	工　程
路　径	
$(SPOCLIENT)\DeviceCode\Drivers\Stubs\BlockStorage\Driver	$(SPOCLIENT)\Solutions\STM32F103ZE_RedCow\DeviceCode\BlockStorage_HAL
替　换	
〈ProjectPath〉$(SPOCLIENT)\DeviceCode\Drivers\stubs\BlockStorage\Driver\dotNetMF.proj〈/ProjectPath〉	〈ProjectPath〉$(SPOCLIENT)\Solutions\STM32F103ZE_RedCow\DeviceCode\BlockStorage_HAL\dotNetMF.proj〈/ProjectPath〉

续表 8.4.1

模 板	工 程
⟨ProjectGuid⟩{2F42B783-3E2C-4e53-99C6-8F0A1C9FDED3}⟨/ProjectGuid⟩	⟨ProjectGuid⟩{C8275BA1-3D4C-464D-BDB1-C04E2CF66899}⟨/ProjectGuid⟩
⟨LibraryFile⟩BlockStorageDriver_stubs.$(LIB_EXT)⟨/LibraryFile⟩ ⟨ManifestFile⟩BlockStorageDriver_stubs.$(LIB_EXT).manifest⟨/ManifestFile⟩	⟨LibraryFile⟩BlockStorage_HAL_STM32F103ZE_RedCow.$(LIB_EXT)⟨/LibraryFile⟩ ⟨ManifestFile⟩BlockStorage_HAL_STM32F103ZE_RedCow.$(LIB_EXT).manifest⟨/ManifestFile⟩
⟨IsStub⟩True⟨/IsStub⟩	⟨IsStub⟩False⟨/IsStub⟩
⟨Directory⟩DeviceCode\Drivers\stubs\BlockStorage\Driver⟨/Directory⟩	⟨Directory⟩Solutions\STM32F103ZE_RedCow\DeviceCode\BlockStorage_HAL⟨/Directory⟩
追 加	

	⟨ItemGroup⟩
	  ⟨DriverLibs Include="NandFlash_HAL_STM32F103ZE_RedCow.$(LIB_EXT)" /⟩
	  ⟨RequiredProjects Include="$(SPOCLIENT)\Solutions\STM32F103ZE_RedCow\DeviceCode\NandFlash_HAL\dotNetMF.proj" /⟩
	⟨/ItemGroup⟩
	⟨ItemGroup⟩
	    ⟨IncludePaths Include="DeviceCode\Targets\Native\STM32F10x\DeviceCode\Libraries\Configure" /⟩
	    ⟨IncludePaths Include="DeviceCode\Targets\Native\STM32F10x\DeviceCode\Libraries\STM32F10x_StdPeriph_Driver\inc" /⟩
	    ⟨IncludePaths Include="DeviceCode\Targets\Native\STM32F10x\DeviceCode\Libraries\CMSIS\Core\CM3\" /⟩
	    ⟨IncludePaths Include="Solutions\STM32F103ZE_RedCow\DeviceCode\NandFlash_HAL\" /⟩
	⟨/ItemGroup⟩

8.4.2 代码概述

这个工程的代码与以前的稍微有所不同,因为它实现的是一个 BlockStorageDriver_Nand 类。此时,一些好奇的朋友估计要发问了:为什么这里要用类?为什么?!!!其实道理有二:一是.NET Micro Framework 示例代码用了类,所以这里也盲从一回;二是后续还要添加 NOR FLASH 驱动,所以如果不用类的话,则需要在函数的名字上增加点信息(以示区别),比如一个初始化函数要增加一个 NAND 前缀之类的信

息,这让人从感觉上不舒服。(众读者:这算哪门子的理由? norains:代码名字要漂亮,大家才有好心情嘛~)

BlockStorageDriver_Nand 需要实现的函数接口已经在 8.1 节中提到了,为了方便读者大人,以避免往前翻页的痛苦,这里再把这个声明罗列一下:

```cpp
struct BlockStorageDriver_Nand
{
    static BOOL ChipInitialize(void* context);
    static BOOL ChipUnInitialize(void* context);
    static const BlockDeviceInfo* GetDeviceInfo(void* context);
    static BOOL Read(void* context, ByteAddress Address, UINT32 NumBytes, BYTE* pSectorBuff);
    static BOOL Write(void* context, ByteAddress Address, UINT32 NumBytes, BYTE* pSectorBuff, BOOL ReadModifyWrite);
    static BOOL Memset(void* context, ByteAddress Address, UINT8 Data, UINT32 NumBytes);
    static BOOL GetSectorMetadata(void* context, ByteAddress SectorStart, SectorMetadata* pSectorMetadata);
    static BOOL SetSectorMetadata(void* context, ByteAddress SectorStart, SectorMetadata* pSectorMetadata);
    static BOOL IsBlockErased(void* context, ByteAddress Address, UINT32 BlockLength);
    static BOOL EraseBlock(void* context, ByteAddress Address);
    static void SetPowerState(void* context, UINT32 State);
    static UINT32 MaxSectorWrite_uSec(void* context);
    static UINT32 MaxBlockErase_uSec(void* context);
    static BOOL ChipReadOnly(void* context, BOOL On, UINT32 ProtectionKey);
    static BOOL ReadProductID(void* context, FLASH_WORD& ManufacturerCode, FLASH_WORD& DeviceCode);
    ...
}
```

基本上所有的驱动都有初始化这个雷打不动的步骤,对于 NAND FLASH 自然也是如此。不过既然使用了 8.3 节所说的 FSMC_NAND.cpp 文件,那么初始化就只需要简单的一行代码,即:

```cpp
BOOL BlockStorageDriver_Nand::ChipInitialize(void* context)
{
    //初始化
    FSMC_NAND_Init();

    return TRUE;
}
```

只不过这里需要担心的不是代码,而是跳接线块。如果想成功初始化的话,需要将开发板中 JP11 跳接线块接到 1-2 脚之间,否则将无法正常工作。

细心的读者应该不难发现,结构中每个函数都会传入一个内容为"void * context"的指针,而 context 的取值完全可以追溯到 8.2.2 小节的对 BlockStorageList::AddDevice 函数的调用。在该函数的调用中,传递的是一个 BLOCK_CONFIG 对象,所以此时 context 指向的就是传入的该对象,因为不难得知有如下的转换:

```
BLOCK_CONFIG* pBlockConfig = (BLOCK_CONFIG*)context;
```

根据 8.2 节的内容可以知道,只要获得了 BLOCK_CONFIG 的对象,就知道了 FLASH 的一切信息。同时也由于该转换,使得很多函数非常容易实现,比如下面的获取设备信息的函数代码:

```
const BlockDeviceInfo * BlockStorageDriver_Nand::GetDeviceInfo(void * context)
{
    BLOCK_CONFIG * pBlockConfig = (BLOCK_CONFIG * )context;
    
    if(pBlockConfig == NULL)
    {
        return NULL;
    }
    
    return pBlockConfig->BlockDeviceInformation;
}
```

代码中,只需简单地将 context 转换为 BLOCK_CONFIG 的对象,然后再返回对应的信息即可。类似的,结构中的 MaxBlockErase_uSec 和 MaxSectorWrite_uSec 函数也是如此实现,如下所示:

```
UINT32 BlockStorageDriver_Nand::MaxBlockErase_uSec(void * context)
{
    BLOCK_CONFIG * pBlockConfig = (BLOCK_CONFIG * )context;
    if(pBlockConfig == NULL)
    {
        //Return 100ms
        return 100;
    }
    
    return pBlockConfig->BlockDeviceInformation->MaxBlockErase_uSec;
}

UINT32 BlockStorageDriver_Nand::MaxSectorWrite_uSec(void * context)
```

```
        BLOCK_CONFIG* pBlockConfig = (BLOCK_CONFIG*)context;
        if(pBlockConfig == NULL)
        {
            //Return 100ms
            return 100;
        }

        return pBlockConfig->BlockDeviceInformation->MaxSectorWrite_uSec;
}
```

最后来看一个结构中没有什么难度的获取设备 ID 的 ReadProductID 函数。其实该函数调用的 FSMC_NAND_ReadID 函数在 8.3.3 小节中曾提到过,只是这里将之用于驱动而已。ReadProductID 函数的代码如下:

```
BOOL BlockStorageDriver_Nand::ReadProductID(void* context, FLASH_WORD
&ManufacturerCode, FLASH_WORD &DeviceCode)
{
    //获取设备 ID
    NAND_IDTypeDef NAND_ID;
    FSMC_NAND_ReadID(&NAND_ID);

    //厂家 ID
    ManufacturerCode = NAND_ID.Maker_ID;

    //设备 ID
    DeviceCode = NAND_ID.Device_ID;
    return TRUE;
}
```

8.4.3 地址转换

对于 .NET Micro Framework 来说,传递给驱动的地址数值是 ByteAddress 类型,如读取函数:

```
BOOL BlockStorageDriver_Nand::Read(void* context, ByteAddress Address, UINT32
NumBytes, BYTE* pSectorBuff)
```

那么 ByteAddress 是什么呢？其实它本质上是 UINT32 类型,因为其定义是

```
typedef UINT32 ByteAddress;
```

当驱动开始正常工作后,.NET Micro Framework 传递的 Address 数值其实是以"起始地址＋偏移量"来计算的。比如说,之前定义了 NAND FLASH 的起始地址

为 0x7000 0000，那么很可能传给驱动的数值为 0x7000 0010。到目前为止，似乎没什么问题。不过，事实真的如此吗？下面来看看 FSMC 的读取页函数：

```
uint32_t FSMC_NAND_ReadSmallPage(uint8_t * pBuffer, NAND_ADDRESS Address, uint32_t NumPageToRead)
```

该函数自然也是根据地址方式进行读取的，不过这里的地址类型是 NAND_ADDRESS，且不再是 UINT32 类型，而是一个如下的结构体：

```
typedef struct
{
  uint16_t Zone;
  uint16_t Block;
  uint16_t Page;
} NAND_ADDRESS;
```

通过之前的知识了解到，NAND FLASH 是以 Page 作为操作单位的，所以 FSMC 中的函数也依此惯例。为了能够在 .NET Micro Framework 与 FSMC 之间建立一个桥梁，就需要一个地址转换函数。

这个地址转换函数不难，但有一些细节必须加倍注意。比如，现在所使用的 FLASH 的 Page 大小为 0x0800，那么第一个 Page 的线性地址为 0x7000 0000 ～ 0x7000 0800。再假如有两个线性地址分别为 0x7000 0010 和 0x7000 0600，则其转换为 NAND_ADDRESS 之后就都处于第一个 Page 中了，也即 NAND_ADDRESS 的数值都是一样的。但实际上，这却是两个不同的地址。为了辨明这同处于一个 Page，但实际位置却不同的地址，地址转换函数必须要用偏移量进行标志，故相应的地址转换函数可声明如下：

```
BOOL BlockStorageDriver_Nand::ConvertToNandAddress(void * context, ByteAddress byteAddr,DWORD Length,NAND_ADDRESS &NandAddress,DWORD &dwBeginOffset,DWORD &dwEndOffset)
```

context 是传入的为 BLOCK_CONFIG 对象的指针，byteAddr 是线性地址，Length 是长度，NandAddress 是存储转换后的 Page 地址，而 dwBeginOffset 和 dwEndOffset 则是相对于第一个和最后一个 Page 的头部的偏移地址。

现在就一起来看看如何实现该函数吧！因为传入的 context 指向了 BLOCK_CONFIG 对象，所以这就带来了无限的可能。因为从 8.2.4 小节知道，BlockDeviceInfo 结构中有一个 FindRegionFromAddress 函数，可用来查找传入地址相对应的 Block 块的序号，所以可利用这一点来书写如下代码：

```
BLOCK_CONFIG * pBlockConfig = (BLOCK_CONFIG *)context;
    if(pBlockConfig == NULL)
    {
        return FALSE;
```

第 8 章　FLASH 驱动

```
    }
    UINT32 RegionIndex, RangeIndex;
    if (pBlockConfig->BlockDeviceInformation->FindRegionFromAddress( byteAddr,
RegionIndex, RangeIndex) == FALSE)
    {
        return FALSE;
    }
    const BlockRegionInfo * pBlockRegionInfo = &pBlockConfig->BlockDeviceInforma-
tion->Regions[RegionIndex];
```

最后的 pBlockRegionInfo 指向的就是传入地址所在的 Block，然后据此不难算得如下两个偏移地址：

```
//相对于第一个 Page 的起始地址的偏移地址
    dwBeginOffset = (byteAddr - pBlockRegionInfo->Start) % pBlockConfig->Block-
DeviceInformation->BytesPerSector;

//相对于最后一个 Page 的末尾地址的偏移地址
    dwEndOffset = (Length - (NAND_PAGE_SIZE - dwBeginOffset)) % pBlockConfig->
BlockDeviceInformation->BytesPerSector;
```

可能这样的写法大家看得有点糊涂，并不明白 dwBeginOffset 和 dwEndOffset 究竟代表什么，还是举个实际的例子说明一下。首先来看看图 8.4.1。

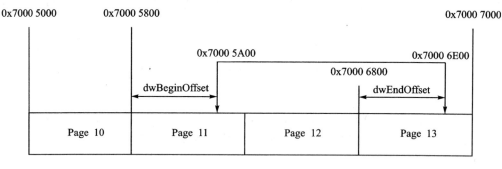

图 8.4.1　确定 dwBeginOffset 和 dwEndOffset

在本例中传入的线性地址为 0x7000 5A00。如果将整个 NAND FLASH 的 Page 都以 0 为起始地址，那么可知其所处的 Page 为 11。又因为每个 Block 有 64 个 Page，由此还能推断出 Page 11 位于 Block 0 的范围之中。不过这里先不讨论 Block，还是回过头来看看 Page 11。因为 Page 11 的地址为 0x7000 5800，故可计算得到的 dwBeginOffset 为 0x7000 5A00－0x7000 5800 ＝ 0x0000 0200。

本例传入的长度为 0x1400，故可计算出终止地址为 0x7000 5A00 ＋ 0x1400 ＝ 0x7000 6E00。地址 0x7000 6E00 处于 Page 13，而 Page 13 的起始地址为 0x7000

6800，故 dwEndOffset 为 0x7000 6E00－0x7000 6800 = 0x600。

结合图 8.4.1 来进行说明，各位读者应该不难理解 dwBeginOffset 和 dwEndOffset 的来源。但疑问又来了，这两个地址偏移量仅仅是用来标示线性地址不同而已吗？当然不是，因为之后对 NAND FLASH 的读写都必须用到它们。不过这是后面的大餐，这里先不做表述，还是继续看看如何去完善地址转换函数吧。

首先看看如何确定 Zone 的数值。因为已经知道了每个 Zone 有多少个 Block，每个 Block 有多少个 Page，并且还知道了当前的 Page 在整个 Page 总数中的序号，所以只要一相除，不就可以获得所处的 Zone 序号了吗？故代码非常简单，如下所示：

```
//相对地址
DWORD dwBeginAddrRelative = byteAddr - pBlockRegionInfo->Start;

//Zone 的大小
DWORD dwZoneSize = pBlockRegionInfo->NumBlocks * pBlockRegionInfo->BytesPerBlock;

//Zone 的序号
NandAddress.Zone = dwBeginAddrRelative / dwZoneSize;
```

接着便是确定 Block 的数值。这个不算复杂，思路也很简单，直接减去已知的 Zone 大小，剩下的不就是一个 Zone 的 Block 的数量了吗？然后再来一次除法运算，序号不是手到擒来吗？所以代码也就横空出世了，如下所示：

```
//Block 序号
DWORD dwLeave = dwBeginAddrRelative - (NandAddress.Zone * dwZoneSize);
NandAddress.Block = dwLeave / pBlockRegionInfo->BytesPerBlock;
```

最后 Page 的数值无非就是再减去 Block 的数值，然后再来一次除法运算即可，代码如下：

```
dwLeave = dwLeave - (NandAddress.Block * pBlockRegionInfo->BytesPerBlock);
//BytesPerSector 等同于 NAND_PAGE_SIZE 数值
NandAddress.Page = dwLeave / pBlockConfig->BlockDeviceInformation->BytesPerSector;
```

计算完毕之后，还要检查一下 Zone 是否处在范围之中，代码如下：

```
if(NandAddress.Zone > NAND_BLOCK_SIZE)
{
    memset(&NandAddress,0,sizeof(NandAddress));
    return FALSE;
}
else
{
    return TRUE;
}
```

至此，地址转换函数顺利完成！

8.4.4 读取

各位朋友对内存的读取应该都清楚，是以字节（B）为单位的；而 NAND FLASH 则大为不同，它是以 Page 为单位。简单来说，开发板上 HY27UF081G2A 的 NAND_PAGE_SIZE 为 2 KB，那么每次读取的数据为 2 KB 的整数倍。更麻烦的还在后头，如果以线性地址作为标识，那么读取的地址也必须是固定的。比如 Page 0 的地址范围为 0x7000 0000 ～ 0x7000 0800，如果想读取 0x7000 0600 地址的数值，那么就不能直接读取 0x7000 0600 的地址，而是一次性从 0x7000 0000 开始读完 2 KB 的数值，然后再进行提取。

因为每次的输入地址都不可能完全与 Page 的地址吻合，所以会出现四种情况，分别如图 8.4.2 所示。

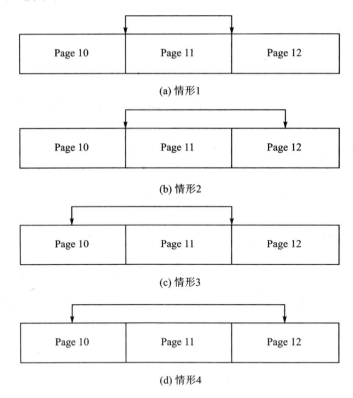

图 8.4.2　四种地址情形

图 8.4.2(a)的情形 1 刚好是 Page 的起始地址，大小也刚好落于 Page 的末尾，这是最理想的方式，但这种情形的出现概率非常小。图(b)的情形 2 虽然是以 Page 的起始地址为起点，但终止地址并不是 Page 的末尾地址，所以该情形在读取数据之后，还需要进行分析提取。图(c)的情形 3 与图(b)的情形 2 差不多，只不过重合的是 Page 的末尾地址而已。最常见的是图(d)的情形 4，无论是起始地址还是终止地址，

都不与任何一个 Page 重合。

也许各位读者看到这四种情形会觉得程序流程非常复杂,把脑袋都搞大了,但实际上这四种方式是有其共性的,而这一切都得益于 8.4.3 小节的 ConvertToNandAddress 函数。首先可以将要读取的地址和长度传递给 ConvertToNandAddress 函数,然后根据返回的 dwBeginOffset 和 dwEndOffset 来判断是否需要做处理。为了各位兄弟姐妹们不被后续的代码所迷惑,还是先看看图 8.4.3 所示的流程图吧。

下面比照图 8.4.3 所示的流程图,一步一步来看看代码的实现。

首先是地址的转换,代码是

```
NAND_ADDRESS NandAddress = {0};
DWORD dwBeginOffset = 0;
DWORD dwEndOffset = 0;
if(ConvertToNandAddress(context, Address, NumBytes, NandAddress, dwBeginOffset, dwEndOffset) == FALSE)
{
    return FALSE;
}
```

接着便是判断 dwBeginOffset 是否为 0。如果不为 0,则意味着读取地址没有与任何一个 Page 的起始地址重合,所以必须在读取一个完整的 Page 数据之后提取所需数据,代码如下:

```
if(dwBeginOffset != 0)
{
    //读取第一个 Page
    BYTE szBuf[NAND_PAGE_SIZE] = {0};
    FSMC_NAND_ReadSmallPage(szBuf, NandAddress, 1);

    //计算需要复制的大小
    DWORD dwCopy = (NAND_PAGE_SIZE - dwBeginOffset > NumBytes) ? NumBytes : (NAND_PAGE_SIZE - dwBeginOffset);

    //将数据复制到缓存中
    for(DWORD i = 0; i < dwCopy; i++)
    {
        pSectorBuff[dwIndex ++] = szBuf[dwBeginOffset + i];
    }

    //检查是否已经将所有数据读取完毕
    if(NumBytes == dwIndex)
    {
```

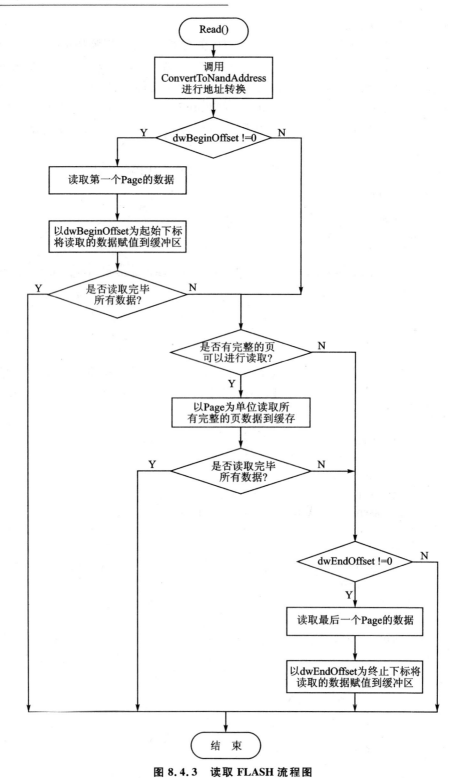

图 8.4.3 读取 FLASH 流程图

```
        //完成读取
        return TRUE;
    }
    ...
}
```

然后开始计算剩下的长度是否包含完整的 Page 页,如果包含,那么直接读取这些 Page 的数据到缓存中,代码如下:

```
//计算有多少个 Page 可以完整读取
DWORD dwReadSize = NumBytes - dwIndex - dwEndOffset;
DWORD dwReadPage = dwReadSize / NAND_PAGE_SIZE;
if(dwReadPage != 0)
{
    //直接将数据读取到缓存
    FSMC_NAND_ReadSmallPage(&pSectorBuff[dwIndex],NandAddress,dwReadPage);

    //增加读取的数量到标志变量中
    dwIndex += dwReadSize;
}
```

最后判断 dwEndOffset 是否不为空。如果不为空,则以 dwEndOffset 为结束坐标对读取的数据进行复制,代码如下:

```
if(dwEndOffset != 0)
{
    //读取最后一个 Page
    BYTE szBuf[NAND_PAGE_SIZE] = {0};
    FSMC_NAND_ReadSmallPage(szBuf,NandAddress,1);

    //复制数据
    for(DWORD i = 0; i < dwEndOffset; i ++)
    {
        pSectorBuff[dwIndex ++] = szBuf[i];
    }
}
```

至此,读取函数宣告完毕,今后无论 .NET Micro Framework 传入什么样的地址,都能够正确读取相应的数据了。

8.4.5 写 入

读取是以 Page 为单位，自然写入也是如此；同理，读取中遇到的难点同样也反映到了写入中。写入的情形与图 8.4.2 类似，所做的处理也大同小异。最大的差异在于，如果无法写满整个 Page，为了避免数据丢失，必须先读取该 Page 的数据，并在缓存中进行更改，然后再将缓存的数据刷新到 NAND FLASH 中。

只是这样没头没尾的概述估计各位读者理解起来会有一定困难，下面还是以举例的方式进行说明吧。首先看看图 8.4.4。

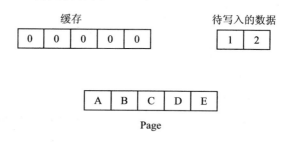

图 8.4.4 未写入前的初始状态

图 8.4.4 的例子假设一个 Page 的大小为 5 B，且已经有数据"ABCDE"；写入的数据为 2 B，并且从 Page 的第三个字节开始写入，其数值为"12"。缓存是申请的一片内存空间，其大小与一个 Page 相等，初始化值为 0。

为了避免损坏 Page 上的原有数据，先将整个 Page 的数据读取到缓存中，如图 8.4.5 所示。

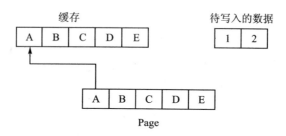

图 8.4.5 将 Page 数据读取到缓存

接着将待写入的数据按照地址的要求写到缓存中，如图 8.4.6 所示。

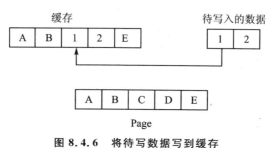

图 8.4.6 将待写数据写到缓存

最后将更改后的缓存数据直接更新到 NAND FLASH 中,如图 8.4.7 所示。

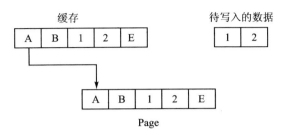

图 8.4.7　将缓存保存到 Page

至此,一个不损毁原来 Page 的写操作才算真正完成。明白了对不足一个 Page 大小的数据进行写入的操作之后,想必对图 8.4.8 所示的流程图应该就不难理解了。

明白了原理,又理解了流程,还等什么?直接开始真正的代码吧!与读取一样,首先要做的事还是进行地址转换,代码是

```
NAND_ADDRESS NandAddress = {0};
DWORD dwBeginOffset = 0;
DWORD dwEndOffset = 0;
if(ConvertToNandAddress(context,Address,NumBytes,NandAddress,dwBeginOffset,dwEndOffset) == FALSE)
{
    return FALSE;
}
```

接着,便是如图 8.4.8 流程图所说的,先判断 dwBeginOffset 是否不为 0,然后再做第一个 Page 的写入,代码是

```
DWORD dwIndex = 0;
if(dwBeginOffset != 0)
{
    //读取第一个 Page 的数据到缓存
    BYTE szBuf[NAND_PAGE_SIZE] = {0};
    FSMC_NAND_ReadSmallPage(szBuf,NandAddress,1);

    //确定有多少数据需要更改
    DWORD dwModifyCount = (NAND_PAGE_SIZE - dwBeginOffset > NumBytes) ? NumBytes : (NAND_PAGE_SIZE - dwBeginOffset);

    //更改缓存的数据
    for(DWORD i = 0; i < dwModifyCount; i ++)
    {
        szBuf[dwBeginOffset + i] = pSectorBuff[dwIndex ++];
    }
```

第 8 章 FLASH 驱动

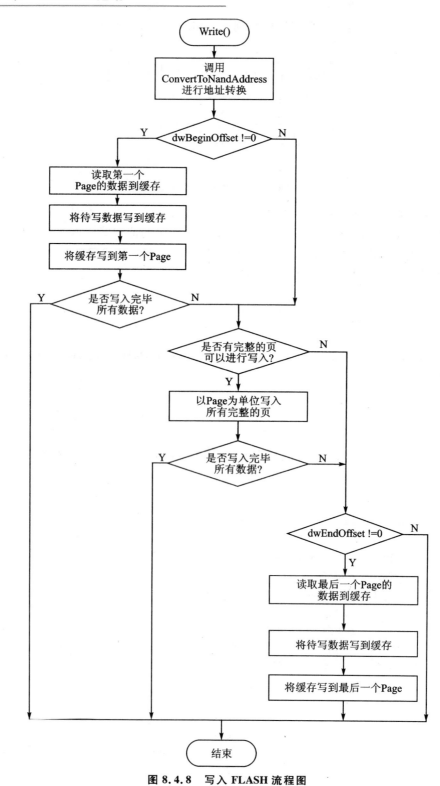

图 8.4.8 写入 FLASH 流程图

```
            //写到NAND FLASH中
            FSMC_NAND_WriteSmallPage(szBuf,NandAddress,1);

            //检查是否写完全部数据
            if(NumBytes == dwIndex)
            {
                //完成写入
                return TRUE;
            }
            ...
        }
```

然后查看剩下的数据大小是否为 Page 的整数倍,如果是则将之直接写到 NAND FLASH 中,代码如下:

```
//计算有没有可以写入的 Page
DWORD dwWriteSize = NumBytes - dwIndex - dwEndOffset;
DWORD dwWritePage = dwWriteSize / NAND_PAGE_SIZE;
if(dwWritePage != 0)
{
    //将数据直接写到 NAND FLASH 中
    FSMC_NAND_WriteSmallPage(&pSectorBuff[dwIndex],NandAddress,dwWritePage);

    //增加计数
    dwIndex += dwWriteSize;

    ...
}
```

写入函数完成以后,基本上 NAND FLASH 驱动也就没有什么难点了,剩下的一些函数可以依照 FSMC 对应的函数进行完善。

8.5 增加 NOR FLASH 设备

如果目的只是让 C#程序有容身之处的话,那么只需使 NAND FLASH 驱动能够正常工作即可。但是为什么这里还要增加一个 NOR FLASH 设备驱动呢?理由很简单,因为红牛开发板上有一片 NOR FLASH,空着也是空着,干脆物尽其用吧!(读者:这算啥理由? norains:默默地飘过……)

8.5.1 建立工程和增加设备

红牛开发板上的 NOR FLASH 型号为 MX29LV160CBTC。如果需要增加该设备,是否也需像 8.2.1 小节那样新建一个工程呢？其实完全可以不必,而只需对 8.2.1 小节中建立的工程进行修改即可。所谓的修改,其实只需增加一行文字,并将编译的 MX29LV160CBTC_Config.CPP 文件添加到新建的工程中去即可,代码如下：

```xml
<ItemGroup>
    ...
    <Compile Include="MX29LV160CBTC_Config.CPP" />
</ItemGroup>
```

之所以不重新建立一个工程,是因为本来添加设备的工程就非常短小,如果还要每种 FLASH 都建立一个工程,反而不利于后期维护。相对来说,凡是要增加的设备就都集中于同一个工程中,这样还显得条理更为清晰。

基于这种理念,添加 NOR FLASH 设备的代码也可以与 NAND FLASH 混合,即：

```cpp
//NAND FLASH
extern struct BlockStorageDevice g_Nand_Device;
extern struct IBlockStorageDevice g_Nand_DeviceTable;
extern struct BLOCK_CONFIG g_HY27UF081G2A_Config;

//NOR FLASH
extern struct BlockStorageDevice g_Nor_Device;
extern struct IBlockStorageDevice g_Nor_DeviceTable;
extern struct BLOCK_CONFIG g_MX29LV160CBTC_Config;

void BlockStorage_AddDevices()
{
    //增加 NAND FLASH 设备
    BlockStorageList::AddDevice(&g_Nand_Device, &g_Nand_DeviceTable, &g_HY27UF081G2A_Config, FALSE);

    //增加 NOR FLASH 设备
    BlockStorageList::AddDevice(&g_Nor_Device, &g_Nor_DeviceTable, &g_MX29LV160CBTC_Config, FALSE);
}
```

如果觉得增加设备会耗费资源的话,那么只要在 BlockStorage_AddDevices 函数中将相应的增加设备的代码注释掉即可。

8.5.2 初始化信息

无论是 NAND FLASH 还是 NOR FLASH,都必须告知 .NET Micro Framework 其相关的硬件信息。而告知的途径两者都是一致的,即都是初始化相应的结构体。因为结构体的信息属性都相同,所以本小节就不再事无巨细地对具体的流程做过多描述了,而仅仅列出 NOR FLASH 的相应初始化数值。

首先是针对 BLOCK_CONFIG 的初始化,具体代码如下:

```
struct BLOCK_CONFIG g_MX29LV160CBTC_Config =
{
    {
        GPIO_PIN_NONE,
        FALSE,
    },
    &g_MX29LV160CBTC_DeviceInfo,
};
```

BLOCK_CONFIG 初始化中用到的 g_MX29LV160CBTC_DeviceInfo 变量自然也有其自己的初始化,代码如下:

```
BlockDeviceInfo g_MX29LV160CBTC_DeviceInfo =
{
    {
        FALSE, //是否可移动
        FALSE, //是否支持 XIP
        FALSE, //是否支持写保护
    },

    FLASH_SECTOR_WRITE_TYPICAL_TIME_USEC,    //写操作的最大间隔
    FLASH_BLOCK_ERASE_ACTUAL_TIME_USEC,      //擦除的实际时间
    1,                                        //一个扇区多少字节
    FLASH_MEMORY_SIZE,                        //FLASH 的容量大小

    MX29LV160CBTC_REGIONS_COUNT,              //Region 的总数
    g_MX29LV160CBTC_BlockRegionInfo,
};
```

熟悉 NOR FLASH 特性的朋友可能觉得奇怪,为什么结构体中的"是否支持 XIP"要设置为 FALSE 呢? 因为.NET Micro Framework 对于是否支持 XIP 的存储器的处理是不同的,而这里只是简单地将 NOR FLASH 作为 C#程序的容身之地而已,并不打算将之用于 XIP 功能,故这里直接设置为 FALSE。

接着看看 g_MX29LV160CBTC_BlockRegionInfo 变量的初始化,代码如下:

```
const BlockRegionInfo  g_MX29LV160CBTC_BlockRegionInfo[MX29LV160CBTC_REGIONS_COUNT] =
{
    {
        REGION1_START_ADDRESS,
        REGION1_BLOCK_COUNT,
```

```
        REGION1_BLOCK_SIZE,
        ARRAYSIZE_CONST_EXPR(g_MX29LV160CBTC_BlockRange1),
        g_MX29LV160CBTC_BlockRange1,
    },
    {
        REGION2_START_ADDRESS,
        REGION2_BLOCK_COUNT,
        REGION2_BLOCK_SIZE,
        ARRAYSIZE_CONST_EXPR(g_MX29LV160CBTC_BlockRange2),
        g_MX29LV160CBTC_BlockRange2,
    },
    {
        REGION3_START_ADDRESS,
        REGION3_BLOCK_COUNT,
        REGION3_BLOCK_SIZE,
        ARRAYSIZE_CONST_EXPR(g_MX29LV160CBTC_BlockRange3),
        g_MX29LV160CBTC_BlockRange3,
    },
    {
        REGION4_START_ADDRESS,
        REGION4_BLOCK_COUNT,
        REGION4_BLOCK_SIZE,
        ARRAYSIZE_CONST_EXPR(g_MX29LV160CBTC_BlockRange4),
        g_MX29LV160CBTC_BlockRange4,
    },
};
```

NOR FLASH 的 BlockRegionInfo 结构体的初始化就与 NAND FLASH 的非常不同了：NAND FLASH 是将整个 FLASH 作为一个 Region，而 NOR FLASH 却把 FLASH 分为了四个 Region。这四个 Region 也必须要有初始化，其代码如下：

```
const BlockRange g_MX29LV160CBTC_BlockRange1[] =
{
    { BlockRange::BLOCKTYPE_CONFIG, 0, 0 },    // SA0
};

const BlockRange g_MX29LV160CBTC_BlockRange2[] =
{
    { BlockRange::BLOCKTYPE_CONFIG, 0, 1 },    // SA1 ~ SA2
};
```

```
const BlockRange g_MX29LV160CBTC_BlockRange3[] =
{
    { BlockRange::BLOCKTYPE_CONFIG, 0, 0 },              // SA3
};

const BlockRange g_MX29LV160CBTC_BlockRange4[] =
{
    { BlockRange::BLOCKTYPE_DEPLOYMENT, 0, 7 },          //SA4 ~ SA10
    { BlockRange::BLOCKTYPE_DEPLOYMENT, 8, 13 },         //SA11 ~ SA17
    { BlockRange::BLOCKTYPE_DEPLOYMENT, 14, 23 },        //SA18 ~ SA28
    { BlockRange::BLOCKTYPE_STORAGE_A, 24, 27 },         //SA29 ~ SA31
    { BlockRange::BLOCKTYPE_STORAGE_B, 28, 30 },         //SA32 ~ SA34
};
```

那么代码注释中的 SA 是什么意思呢？其实这是 NOR FLASH 的扇区结构，在 Datasheet 中有明确的说明，如表 8.5.1 所列。

表 8.5.1　MX29LV160CBTC 扇区信息

扇　区	扇区大小		地址范围		扇区地址							
	字节模式	字模式	字节模式(x8)	字模式(x16)	A19	A18	A17	A16	A15	A14	A13	A12
SA0	16 KB	8 KW	000000~003FFF	00000~01FFF	0	0	0	0	0	0	0	X
SA1	8 KB	4 KW	004000~005FFF	02000~02FFF	0	0	0	0	0	0	1	0
SA2	8 KB	4 KW	006000~007FFF	03000~03FFF	0	0	0	0	0	0	1	1
SA3	32 KB	16 KW	008000~00FFFF	04000~07FFF	0	0	0	0	0	1	X	X
SA4	64 KB	32 KW	010000~01FFFF	08000~0FFFF	0	0	0	0	1	X	X	X
SA5	64 KB	32 KW	020000~02FFFF	10000~17FFF	0	0	0	1	0	X	X	X
SA6	64 KB	32 KW	030000~03FFFF	18000~1FFFF	0	0	0	1	1	X	X	X
SA7	64 KB	32 KW	040000~04FFFF	20000~27FFF	0	0	1	0	0	X	X	X
SA8	64 KB	32 KW	050000~05FFFF	28000~2FFFF	0	0	1	0	1	X	X	X
SA9	64 KB	32 KW	060000~06FFFF	30000~37FFF	0	0	1	1	0	X	X	X
SA10	64 KB	32 KW	070000~07FFFF	38000~3FFFF	0	0	1	1	1	X	X	X
SA11	64 KB	32 KW	080000~08FFFF	40000~47FFF	0	1	0	0	0	X	X	X
SA12	64 KB	32 KW	090000~09FFFF	48000~4FFFF	0	1	0	0	1	X	X	X
SA13	64 KB	32 KW	0A0000~0AFFFF	50000~57FFF	0	1	0	1	0	X	X	X
SA14	64 KB	32 KW	0B0000~0BFFFF	58000~5FFFF	0	1	0	1	1	X	X	X
SA15	64 KB	32 KW	0C0000~0CFFFF	60000~67FFF	0	1	1	0	0	X	X	X
SA16	64 KB	32 KW	0D0000~0DFFFF	68000~6FFFF	0	1	1	0	1	X	X	X
SA17	64 KB	32 KW	0E0000~0EFFFF	70000~77FFF	0	1	1	1	0	X	X	X

第 8 章　FLASH 驱动

续表 8.5.1

扇区	扇区大小		地址范围		扇区地址							
	字节模式	字模式	字节模式(x8)	字模式(x16)	A19	A18	A17	A16	A15	A14	A13	A12
SA18	64 KB	32 KW	0F0000~0FFFFF	78000~7FFFF	0	1	1	1	1	X	X	X
SA19	64 KB	32 KW	100000~10FFFF	80000~87FFF	1	0	0	0	0	X	X	X
SA20	64 KB	32 KW	110000~11FFFF	88000~8FFFF	1	0	0	0	1	X	X	X
SA21	64 KB	32 KW	120000~12FFFF	90000~97FFF	1	0	0	1	0	X	X	X
SA22	64 KB	32 KW	130000~13FFFF	98000~9FFFF	1	0	0	1	1	X	X	X
SA23	64 KB	32 KW	140000~14FFFF	A0000~A7FFF	1	0	1	0	0	X	X	X
SA24	64 KB	32 KW	150000~15FFFF	A8000~AFFFF	1	0	1	0	1	X	X	X
SA25	64 KB	32 KW	160000~16FFFF	B0000~B7FFF	1	0	1	1	0	X	X	X
SA26	64 KB	32 KW	170000~17FFFF	B8000~BFFFF	1	0	1	1	1	X	X	X
SA27	64 KB	32 KW	180000~18FFFF	C0000~C7FFF	1	1	0	0	0	X	X	X
SA28	64 KB	32 KW	190000~19FFFF	C8000~CFFFF	1	1	0	0	1	X	X	X
SA29	64 KB	32 KW	1A0000~1AFFFF	D0000~D7FFF	1	1	0	1	0	X	X	X
SA30	64 KB	32 KW	1B0000~1BFFFF	D8000~DFFFF	1	1	0	1	1	X	X	X
SA31	64 KB	32 KW	1C0000~1CFFFF	E0000~E7FFF	1	1	1	0	0	X	X	X
SA32	64 KB	32 KW	1D0000~1DFFFF	E8000~EFFFF	1	1	1	0	1	X	X	X
SA33	64 KB	32 KW	1E0000~1EFFFF	F0000~F7FFF	1	1	1	1	0	X	X	X
SA34	64 KB	32 KW	1F0000~1FFFFF	F8000~FFFFF	1	1	1	1	1	X	X	X

请各位读者留意一下表 8.5.1 的前五个 SA,当其为字节模式时,SA0 的大小为 16 KB,SA1 和 SA2 的大小为 8 KB,SA3 的大小为 32 KB,从 SA4 开始则都为 64 KB。看到这里,有没有想到什么? 没错,这就是为什么 g_MX29LV160CBTC_BlockRegionInfo 变量的初始化需要分为四组的真正原因!

最后看看初始化用到的一些根据 Datasheet 而来的宏定义的代码如下:

```
#define MX29LV160CBTC_REGIONS_COUNT 4
#define FLASH_MEMORY_SIZE 0x200000
#define FLASH_SECTOR_WRITE_TYPICAL_TIME_USEC 360
#define FLASH_BLOCK_ERASE_ACTUAL_TIME_USEC 15000000

#define REGION1_START_ADDRESS NOR_FLASH_BASE_ADDRESS
#define REGION1_BLOCK_COUNT 1
#define REGION1_BLOCK_SIZE 0x4000        //16KB

#define REGION2_START_ADDRESS (REGION1_START_ADDRESS + REGION1_BLOCK_SIZE * REGION1_BLOCK_COUNT)
#define REGION2_BLOCK_COUNT 2
```

```
#define REGION2_BLOCK_SIZE 0x2000        //8KB

#define REGION3_START_ADDRESS (REGION2_START_ADDRESS + REGION2_BLOCK_SIZE *
REGION2_BLOCK_COUNT)
#define REGION3_BLOCK_COUNT 1
#define REGION3_BLOCK_SIZE 0x8000  //32KB

#define REGION4_START_ADDRESS (REGION3_START_ADDRESS + REGION3_BLOCK_SIZE *
REGION3_BLOCK_COUNT)
#define REGION4_BLOCK_COUNT 31
#define REGION4_BLOCK_SIZE 0x10000       //64KB
```

8.6 FSMC NOR

FSMC 既然可以读写 NAND FLASH,自然对 NOR FLASH 也不在话下;同样,既然有对 NAND FLASH 进行操作的 FSMC 范例,当然也少不了有对 NOR FLASH 操作的 FSMC 范例。与增加设备的工程不同,这里并不与 NAND FLASH 混用一个工程,而是自立门户。而这一切就从新建的 dotNetMF.proj 文件开始,其代码如下:

```xml
<?xml version = "1.0" encoding = "utf-8"?>
<Project ToolsVersion = "4.0" DefaultTargets = "Build" xmlns = "http://schemas.
microsoft.com/developer/msbuild/2003">
    <PropertyGroup>
        <AssemblyName>NorFlash_HAL_STM32F103ZE_RedCow</AssemblyName>
        <ProjectGuid>{E840F32D-9F55-4327-B2C4-6A94E00E8FAF}
        </ProjectGuid>
        <Size>
        </Size>
        <Description>NorFlash stub library</Description>
        <Level>HAL</Level>
        <LibraryFile>NorFlash_HAL_STM32F103ZE_RedCow.$(LIB_EXT)</LibraryFile>
        <ProjectPath>$(SPOCLIENT)\Solutions\STM32F103ZE_RedCow\DeviceCode\NorFlash_
HAL\dotNetMF.proj</ProjectPath>
        <ManifestFile>NorFlash_HAL_STM32F103ZE_RedCow.$(LIB_EXT).manifest</Manifest-
File>
        <Groups>Processor\stubs</Groups>
        <LibraryCategory>
            <MFComponent xmlns:xsi = "http://www.w3.org/2001/XMLSchema-instance" xmlns:xsd
= "http://www.w3.org/2001/XMLSchema" Name = "NorFlash_HAL" Guid = "{718988E9-6E5B-4A91-
A3A6-B4BD777AA998}" ProjectPath = "" Conditional = "" xmlns = "">
                <VersionDependency xmlns = "http://schemas.microsoft.com/netmf/Inventory-
```

```xml
Format.xsd")
                <Major>4</Major>
                <Minor>0</Minor>
                <Revision>0</Revision>
                <Build>0</Build>
                <Extra />
                <Date>2009-04-30</Date>
            </VersionDependency>
            <ComponentType xmlns="http://schemas.microsoft.com/netmf/InventoryFormat.xsd">LibraryCategory</ComponentType>
        </MFComponent>
    </LibraryCategory>
    <Documentation>
    </Documentation>
    <PlatformIndependent>False</PlatformIndependent>
    <CustomFilter>
    </CustomFilter>
    <Required>False</Required>
    <IgnoreDefaultLibPath>False</IgnoreDefaultLibPath>
    <IsStub>false</IsStub>
    <Directory>Solutions\STM32F103ZE_RedCow\DeviceCode\NorFlash_HAL</Directory>
    <OutputType>Library</OutputType>
    <PlatformIndependentBuild>false</PlatformIndependentBuild>
    <Version>4.0.0.0</Version>
  </PropertyGroup>
  <Import Project="$(SPOCLIENT)\tools\targets\Microsoft.SPOT.System.Settings" />
  <PropertyGroup />
  <ItemGroup>
    <Compile Include="fsmc_nor.cpp" />
  </ItemGroup>
  <ItemGroup>
        <IncludePaths Include="DeviceCode\Targets\Native\STM32F10x\DeviceCode\Libraries\Configure" />
        <IncludePaths Include="DeviceCode\Targets\Native\STM32F10x\DeviceCode\Libraries\STM32F10x_StdPeriph_Driver\inc" />
        <IncludePaths Include="DeviceCode\Targets\Native\STM32F10x\DeviceCode\Libraries\CMSIS\Core\CM3\" />
    </ItemGroup>
    <ItemGroup />
  <Import Project="$(SPOCLIENT)\tools\targets\Microsoft.SPOT.System.Targets" />
</Project>
```

除此以外，需要注意的事项也与 NAND FLASH 基本一致，在此不再赘述。

8.7 NOR FLASH 驱动

出于与 8.5 节同样的考虑，NOR FLASH 驱动也不新建工程，而是混合于 8.4 节的 NAND FLASH 驱动中。所需做的修改仅仅是在 dotNetMF.proj 文件中增加如下几行代码：

```xml
<ItemGroup>
    <DriverLibs Include = "NorFlash_HAL_STM32F103ZE_RedCow.$(LIB_EXT)" />
    <RequiredProjects Include = "$(SPOCLIENT)\Solutions\STM32F103ZE_RedCow\DeviceCode\NorFlash_HAL\dotNetMF.proj" />
</ItemGroup>
<ItemGroup>
    ...
    <Compile Include = "BlockStorageDriver_Nor.cpp" />
</ItemGroup>
```

BlockStorageDriver_Nor.cpp 是承载 NOR FLASH 驱动的源代码，而接下来所做的一切都在该文件中完成。

8.7.1 读 取

在很多人的记忆中，NOR FLASH 是可以以 Byte(字节)为单位进行读写的。但在 STM32F10x 的 FSMC 代码中，NOR FLASH 却是以 Word(字)为单位进行读写的，因此便衍生了如下两条限制：
① 读取的起始地址必须是 2 的整数倍；
② 读取的长度必须是 2 的整数倍。
也正是出于此限制，所以有了与 NAND FLASH 不一样的读取流程，如图 8.7.1 所示。

相对于 NAND FLASH 来说，代码并不是很复杂，反而显得结构更为清晰。首先看一下转换为 FSMC 可用的地址代码：

```cpp
uint32_t norAddr = 0;
if(ConvertToNorAddress(context,Address,norAddr) == FALSE)
{
    return FALSE;
}
```

这里用到的 ConvertToNorAddress 转换函数与 NAND FLASH 的不同，并不需要转换为以 Page 为单位。因为 FSMC 在对 NOR FLASH 进行操作时，是以 0 为起始地址的，所以这里的转换只需减去基础地址即可，代码如下：

第8章 FLASH 驱动

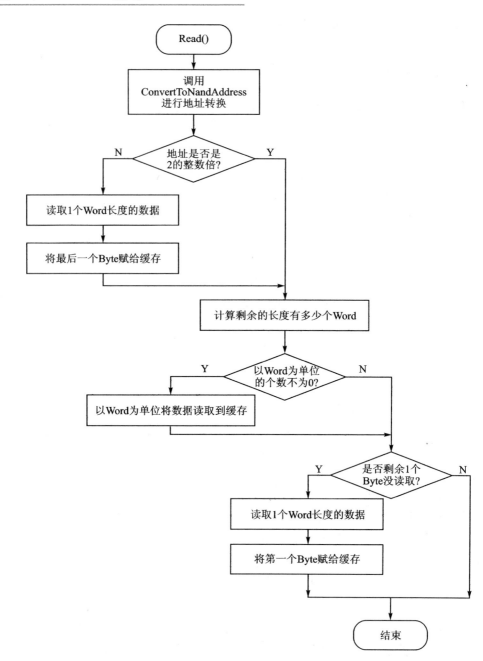

图 8.7.1　NOR FLASH 的读取流程

```cpp
BOOL ConvertToNorAddress(void * context,ByteAddress byteAddress,uint32_t
&norAddress)
{
    norAddress = byteAddress - NOR_FLASH_BASE_ADDRESS;
    return TRUE;
}
```

NOR_FLASH_BASE_ADDRESS 是一个宏定义,根据图 8.2.4 所示的范围,可以将之定义如下:

```cpp
#define NOR_FLASH_BASE_ADDRESS ((uint32_t)0x64000000)
```

接着来看看判断起始地址是否为 2 的倍数,以及接下来的赋值操作的代码是:

```cpp
DWORD dwIndex = 0;
if(norAddr % 2 != 0)
{
    //读取一个 Word 长度的数值
    uint16_t buf;
    FSMC_NOR_ReadBuffer(&buf, norAddr - 1, 1);

    //将 Word 的最后 8 位复制到缓存中
    pSectorBuff[dwIndex ++] = buf;
}
```

然后再计算剩余的长度是否还有 2 的整数倍,如果有的话,则直接将数据复制到缓存中:

```cpp
//计算剩余的长度中还有多少个 Word 需要读取
DWORD dwReadWord = (NumBytes - dwIndex)/ 2;
if(dwReadWord != 0)
{
    FSMC_NOR_ReadBuffer(reinterpret_cast<uint16_t *>(pSectorBuff), norAddr + dwIndex, dwReadWord);
}
```

最后根据传入的长度来确认是否还有一个字节需要读取:

```cpp
if(NumBytes % 2 != 0)
{
    //读取最后一个 Word 长度数据
    uint16_t buf = 0;
    FSMC_NOR_ReadBuffer(&buf, norAddr + dwReadWord + dwIndex, 1);

    //将 Word 的前 8 位复制到缓存
    pSectorBuff[NumBytes - 1] = buf >> 8;
}
```

8.7.2 写 入

与读取一样,FSMC 对 NOR FLASH 的写入也是以 Word 为单位,并且其限制也与读取一致。也正因为如此,所以对于 NOR FLASH 来说,也存在与 NAND FLASH 写入一样的问题:先将数据读取到缓存中,然后再将待写数据在缓存中修改,最后将缓存刷新到 NOR FLASH 中。因为方法与 NAND FLASH 的一样,所以这里不再过多讲解其原因,如果各位朋友对此还不太清楚的话,不妨回头看看 8.4.5 小节。两者唯一的不同在于,NAND FLASH 的缓存是以 Page 的大小为标准,而 NOR FLASH 则仅仅是以 Word 的大小为标准而已。

废话不多说,直接来看看如图 8.7.2 所示的 NOR FLASH 的写入流程。

下面来看看写入的具体代码吧。还是同样,将.NET Micro Framework 的地址转换为 FSMC 所需要的类型,即:

```
uint32_t norAddr = 0;
if(ConvertToNorAddress(context,Address,norAddr) == FALSE)
{
    return FALSE;
}
```

接着判断写入的起始地址是否为 2 的整数倍。如果不是,则必须先读取一个 Word 长度的数据到缓存,将待写数据修改到缓存中,最后才将缓存写到 NOR FLASH 中,代码如下:

```
DWORD dwIndex = 0;
if(norAddr % 2 != 0)
{
    //读取一个 Word 的数据
    uint16_t buf;
    FSMC_NOR_ReadBuffer(&buf, norAddr - 1, 1);

    //改写缓存,并将之写入 NOR FLASH
    buf = buf & 0xFF00 + pSectorBuff[dwIndex ++];
    FSMC_NOR_WriteBuffer(&buf, norAddr, 1);
}
```

然后判断剩下的数据是否还是 2 的倍数,如果是,则直接将数据写入 NOR FLASH,代码是

```
//计算以 Word 为单位的个数
DWORD dwWriteWord = (NumBytes - dwIndex)/ 2;
if(dwWriteWord != 0)
```

第 8 章 FLASH 驱动

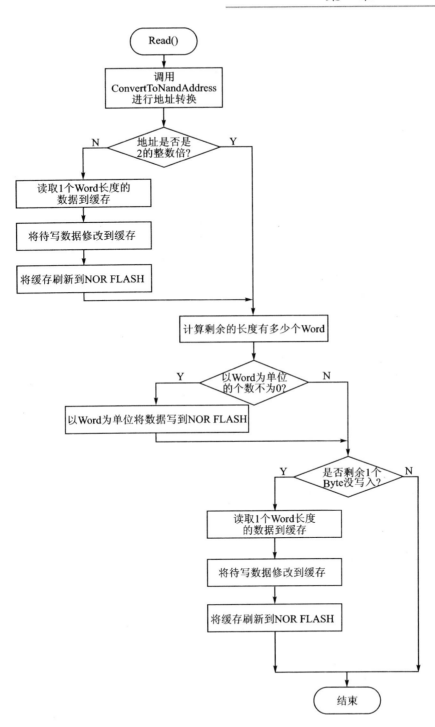

图 8.7.2 NOR FLASH 的写入流程

```
    {
        FSMC_NOR_WriteBuffer(reinterpret_cast<uint16_t *>(pSectorBuff), norAddr + dwIndex, dwWriteWord);
    }
```

最后判断是否还存在 1 字节的数据没有写入。如果是，则也需先将 NOR FLASH 的数据读取到缓存，修改后再刷新，代码是

```
if(NumBytes % 2 != 0)
{
    //读取最后一个 Word 长度的数据
    uint16_t buf = 0;
    FSMC_NOR_ReadBuffer(&buf, norAddr + dwWriteWord + dwIndex, 1);

    //修改缓存中的数据并将之刷新到 NOR FLASH 设备中
    buf = (buf & 0x00FF);
    buf += pSectorBuff[NumBytes - 1] << 8;
    FSMC_NOR_WriteBuffer(&buf, norAddr + dwWriteWord + dwIndex, 1);
}
```

细心的朋友会提出疑问，代码中更改缓存的数据为什么要分两步来写，直接合成如下的算式不就可以了吗？即：

```
buf = (buf & 0x00FF) + static_cast<uint16_t>(pSectorBuff[NumBytes - 1]) << 8;
```

是的，没错，这个合成算式如果放在其他编译器中，比如 Visual Studio 2010，则没有任何问题。但当放在 MDK 中，其最终结果却是不对的。其实在实际编码中会发现，如果算式带有"&"操作符，并且算式较长，则 MDK 的结果都是错误的。可能是笔者所用的版本问题，如果各位朋友使用的版本无此 bug，那么就可以使用上面提到的合成的长整式，令代码更加美观。☺

8.8 NativeSample 程序验证

驱动完善之后，就应该轮到验证环节了。虽然可以使用 TinyCLR 工程来做这个步骤，但其相对来说太庞大了，并且很多组件也开始运行，不利于排查错误。所以最好的方式就是使用 NativeSample 工程！

NativeSample 工程的使用方式在此就不细说了，如果还有不明白的朋友，则可以翻阅前面的章节，这里则直接讲解验证代码。

首先，调用 BlockStorageList::GetFirstDevice 函数来获取第一个存储设备，即：

```
BlockStorageDevice * device = BlockStorageList::GetFirstDevice();
```

那么获取的是什么设备呢？这个与驱动中调用的 BlockStorageList::AddDevice 函数有关。如果第一个增加的是 NAND FLASH，那么 NativeSample 调用

BlockStorageList::GetFirstDevice 获得的句柄指向的就是 NAND FLASH。

获取设备之后,将 NAND FLASH 的某些区域擦除,即:

```
device->EraseBlock(NAND_WRITE_ADDRESS_1);
device->EraseBlock(NAND_WRITE_ADDRESS_1 + NAND_WRITE_BUFFER_SIZE);
device->EraseBlock(NAND_WRITE_ADDRESS_2);
device->EraseBlock(NAND_WRITE_ADDRESS_2 + NAND_WRITE_BUFFER_SIZE);
```

代码中用到的 NAND_WRITE_ADDRESS_X 都是从宏来的,只要这些地址不超过设备的实际地址即可。笔者在这里所用的宏定义如下:

```
#define NAND_WRITE_BUFFER_SIZE 530
#define NAND_WRITE_ADDRESS_1 (NAND_FLASH_BASE_ADDRESS + 511)
#define NAND_WRITE_ADDRESS_2 (NAND_WRITE_ADDRESS_1 + NAND_WRITE_BUFFER_SIZE)
#define NAND_MEMSET_ADDRESS (NAND_WRITE_ADDRESS_2 + NAND_WRITE_BUFFER_SIZE)
#define NAND_MEMSET_SIZE 20
#define NAND_MEMSET_VALUE 0xAB
#define NAND_READ_BUFFER_SIZE (NAND_PAGE_SIZE * 2)
#define NAND_READ_ADDRESS (NAND_FLASH_BASE_ADDRESS + 0)
```

接下来测试写入功能。在此之前,先初始化需要写入的数据,并以数组作为存储容器,即:

```
BYTE bytWriteNandData[NAND_WRITE_BUFFER_SIZE] = {0};
for(int i = 0; i < NAND_WRITE_BUFFER_SIZE; i ++)
{
    bytWriteNandData[i] = (BYTE)(i % 256);
}
```

写入数据初始化完毕之后,就可将数组写入 FLASH 中了,即:

```
//将数据写入 WRITE_ADDRESS_1
bRes = device->Write(NAND_WRITE_ADDRESS_1,NAND_WRITE_BUFFER_SIZE,bytWriteNandData,FALSE);
debug_printf("[NAND]Write WRITE_ADDRESS_1:%s\r\n",bRes? "OK":"ERROR");

//将数据写入 WRITE_ADDRESS_2
bRes = device->Write(NAND_WRITE_ADDRESS_2,NAND_WRITE_BUFFER_SIZE,bytWriteNandData,FALSE);
debug_printf("[NAND]Write WRITE_ADDRESS_2:%s\r\n",bRes? "OK":"ERROR");
```

驱动中不是还有一个 memset 函数吗?其实在 NativeSample 中也可以测试该函数,即:

```
device->Memset(NAND_MEMSET_ADDRESS,NAND_MEMSET_VALUE,NAND_MEMSET_SIZE);
```

写入操作完毕之后,就可以测试读取操作了,即:

```
BYTE bytReadNandData[NAND_READ_BUFFER_SIZE] = {0};
bRes = device->Read(NAND_READ_ADDRESS,NAND_READ_BUFFER_SIZE,bytReadNandData);
```

如果写进去的数据与读出来的数据一致的话,那么就意味着驱动不存在问题。笔者觉得应该不会有哪位朋友喜欢打开 MDK 来一个数据一个数据地进行比较吧?所以,还是让代码完成这个工作吧,即:

```
//比较 WRITE_ADDRESS_1 的写入和读取的数据
bRes = TRUE;
for(int i = 0; i < NAND_WRITE_BUFFER_SIZE; i ++)
{
    if(bytWriteNandData[i] != bytReadNandData[NAND_WRITE_ADDRESS_1 - NAND_READ_ADDRESS + i])
    {
        bRes = FALSE;
        break;
    }
}
debug_printf("[NAND]Check WRITE_ADDRESS_1:%s\r\n",bRes? "OK":"ERROR");

//比较 WRITE_ADDRESS_2 的写入和读取的数据
bRes = TRUE;
for(int i = 0; i < NAND_WRITE_BUFFER_SIZE; i ++)
{
    if(bytWriteNandData[i] != bytReadNandData[NAND_WRITE_ADDRESS_2 - NAND_READ_ADDRESS + i])
    {
        bRes = FALSE;
        break;
    }
}
debug_printf("[NAND]Check WRITE_ADDRESS_1:%s\r\n",bRes? "OK":"ERROR");

//确认 memset 操作的数据
bRes = TRUE;
for(int i = 0; i < NAND_MEMSET_SIZE; i ++)
{
    if(NAND_MEMSET_VALUE != bytReadNandData[NAND_MEMSET_ADDRESS - NAND_READ_ADDRESS + i])
    {
        bRes = FALSE;
        break;
    }
}
debug_printf("[NAND]Check MEMSET_ADDRESS:%s\r\n",bRes? "OK":"ERROR");
```

虽然代码中测试的是 NAND FLASH 驱动,但对于 NOR FLASH 来说,其流程也是一样的,各位朋友完全可以依葫芦画瓢。所不同的是,宏定义要做如下的一些更改,即:

```
#define NOR_WRITE_BUFFER_SIZE 12
#define NOR_WRITE_ADDRESS_1 (NOR_FLASH_BASE_ADDRESS + 10)
#define NOR_WRITE_ADDRESS_2 (NOR_WRITE_ADDRESS_1 + NOR_WRITE_BUFFER_SIZE)
#define NOR_MEMSET_ADDRESS (NOR_WRITE_ADDRESS_2 + NOR_WRITE_BUFFER_SIZE)
#define NOR_MEMSET_SIZE 20
#define NOR_MEMSET_VALUE 0xCD
#define NOR_READ_BUFFER_SIZE (NOR_WRITE_BUFFER_SIZE * 10)
#define NOR_READ_ADDRESS (NOR_FLASH_BASE_ADDRESS + 0)
```

第 9 章 Power 驱动

本章介绍最简单的 Power 驱动模型,用来实现 C♯ 程序的调试。

9.1 驱动概述

如果目标只限于能够通过 Visual Studio 来调试 C♯ 程序,而不考虑功耗等其他因素,那么 Power 驱动将是所有驱动合集中最简单的。虽然它很简单,但是如果没有它,那么调试 C♯ 程序就是一个泡影,.NET Micro Framework 也就成了没人疼没人爱的小孩了。

对于 Power 驱动来说,微软规定了如表 9.1.1 所列的接口。

表 9.1.1 Power 驱动接口

函数原型	说　明
void HAL_AssertEx()	当中止处理函数结束时调用
BOOL CPU_Initialize()	CPU 初始化
void CPU_Reset()	CPU 复位
void CPU_Sleep(SLEEP_LEVEL level,UINT64 wakeEvents)	CPU 进入 Sleep 状态
void CPU_ChangePowerLevel(POWER_LEVEL level)	变更 CPU 的电源级别
BOOL CPU_IsSoftRebootSupported ()	是否支持软复位
void CPU_Halt()	停止 CPU 运转

因为我们使用的是开发板,而不是具体的产品,所以可以不用考虑功耗,而只需实现调试 C♯ 程序所需的基础元素即可。也就是说,只需实现两个函数,分别是 CPU_IsSoftRebootSupported 和 CPU_Reset。

那么,现在就一切从头开始吧!

9.2 建立工程

一般来说,.NET Micro Framework 默认是不建立 Power 驱动工程的,而需要自己手工创建。不过这也没什么可怕的,我们不是一路都这样走来的吗? 和往常一样,为了简单明了,仍然以图表的形式创建。大家只需根据表 9.2.1 的内容,修改相应的部分即可。

表 9.2.1　Power 工程文件 dotNetMF.proj 修改列表

模　板	工　程
路　径	
$(SPOCLIENT)\DeviceCode\Drivers\Stubs\Processor\stubs_power	$(SPOCLIENT)\DeviceCode\Targets\Native\STM32F10x\DeviceCode\Power
替　换	
〈AssemblyName〉cpu_power_stubs〈/AssemblyName〉	〈AssemblyName〉cpu_power_STM32F10x〈/AssemblyName〉
〈ProjectGuid〉{f6f75a08-42fa-4056-9aec-c0a5fc7516b9}〈/ProjectGuid〉	〈ProjectGuid〉{ED43004F-B427-4d64-9DEA-A1FDFA9EAB53}〈/ProjectGuid〉
〈LibraryFile〉cpu_power_stubs.$(LIB_EXT)〈/LibraryFile〉 〈ProjectPath〉$(SPOCLIENT)\DeviceCode\Drivers\stubs\processor\stubs_power\dotNetMF.proj〈/ProjectPath〉 〈ManifestFile〉cpu_power_stubs.$(LIB_EXT).manifest〈/ManifestFile〉	〈LibraryFile〉cpu_power_STM32F10x.$(LIB_EXT)〈/LibraryFile〉 〈ProjectPath〉$(SPOCLIENT)\DeviceCode\Targets\Native\STM32F10x\DeviceCode\Power\dotNetMF.proj〈/ProjectPath〉 〈ManifestFile〉cpu_power_STM32F10x.$(LIB_EXT).manifest〈/ManifestFile〉
〈IsStub〉True〈/IsStub〉 〈Directory〉DeviceCode\Drivers\Stubs\Processor\stubs_power〈/Directory〉	〈IsStub〉False〈/IsStub〉 〈Directory〉\DeviceCode\Targets\Native\STM32F10x\DeviceCode\Power\〈/Directory〉
追　加	
	〈ItemGroup〉 　〈IncludePaths Include="DeviceCode\Targets\Native\STM32F10x\DeviceCode\Libraries\Configure" /〉 　〈IncludePaths Include="DeviceCode\Targets\Native\STM32F10x\DeviceCode\Libraries\STM32F10x_StdPeriph_Driver\inc" /〉 　〈IncludePaths Include="DeviceCode\Targets\Native\STM32F10x\DeviceCode\Libraries\CMSIS\Core\CM3\" /〉 　〈IncludePaths Include="DeviceCode\Targets\Native\STM32F10x\DeviceCode\INTC" /〉 〈/ItemGroup〉

第9章 Power 驱动

9.3 驱动实现

正如 9.1 节所说，本节需要实现 CPU_IsSoftRebootSupported 和 CPU_Reset 这两个函数。可能非常出乎各位读者的想象，这两个函数的实现都仅仅是一行代码，前者只需返回 TRUE，后者只需调用 NVIC_SystemReset() 即可，代码如下：

```
void CPU_Reset()
{
    NVIC_SystemReset();
}

BOOL CPU_IsSoftRebootSupported ()
{
    return TRUE;
}
```

是的，没错，各位朋友不用怀疑自己的眼睛，确实就只有这两行代码！也就是说，这两行代码完成了需要调试 C♯ 程序的基础！估计大家会有所怀疑，难道这样就能开始调试 C♯ 程序了吗？如果不信，请接着往下看。

9.4 调试 C♯ 程序

要想测试是否能够正常调试 C♯ 程序，首先必须要有 C♯ 程序的工程。不过，这有何难，不是已经有现成的吗？直接采用 2.5.2 小节的 C♯ 程序不就行了吗？只是所不同的是，之前采用的是模拟器，而这里是真刀实枪的开发板。

既然目标环境变更了，那么 Visual Studio 的设置也必然要做一番更改。在工程中单击 Properties，然后单击 .NET Micro Framework，最后在下拉列表中选择 USB，如图 9.4.1 所示。

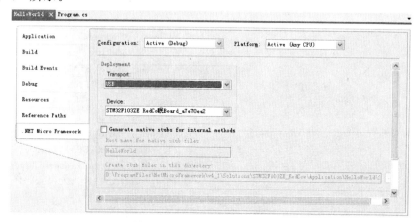

图 9.4.1 选择 USB 部署模式

在代码中设置断点,然后按下 F5 快捷键进行调试,等待一小会儿后,就可以发现程序已经进到如图 9.4.2 所示的断点处,这就意味着从真正意义上可以调试 C#程序了!

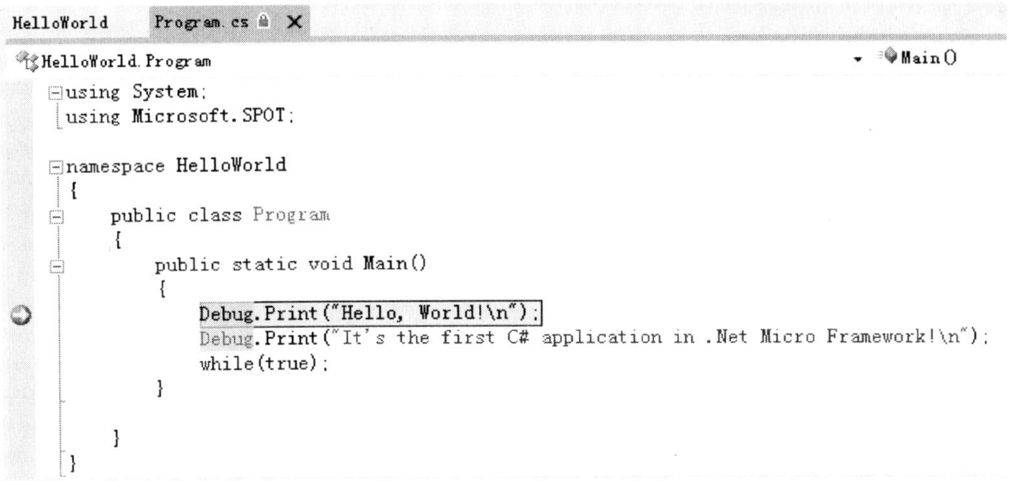

```
HelloWorld    Program.cs   X
HelloWorld.Program                                    ▼ Main()
using System;
using Microsoft.SPOT;

namespace HelloWorld
{
    public class Program
    {
        public static void Main()
        {
            Debug.Print("Hello, World!\n");
            Debug.Print("It's the first C# application in .Net Micro Framework!\n");
            while(true);
        }
    }
}
```

图 9.4.2　断点调试 C#程序

9.5　调试探秘

其实完整的 Power 驱动已经在 9.3 节中讲解完毕,只不过估计有不少朋友觉得不够过瘾,想知道在按 Visual Studio 的 F5 键过程中究竟发生了什么。本节正是为了满足这部分好奇朋友的需要应运而生的,如果您对该部分内容不感兴趣,则可以直接跳到第 10 章。☺

当正常启动 TinyCLR 时,.NET Micro Framework 会一直运行在 CLRStartup.cpp 里的 g_CLR_RT_ExecutionEngine.Execute(NULL, params.MaxContextSwitches)语句中。在 Execute 函数中其实是一个循环语句,只有当在 Visual Studio 中单击了调试按钮或者 C#程序从 Main 函数返回时,.NET Micro Framework 才会从该函数中跳出来。说做就做,现在在 Visual Studio 中按 F5 快捷键进行调试,让代码从该函数中跳出,如图 9.5.1 所示。

此时 RebootPending 标志已经被设置为 TRUE,所以 CLR_EE_DBG_IS(RebootPending)函数的结果为 TRUE,使得程序流程得以进行到该代码块,从而对 TinyCLR 重新进行初始化,如图 9.5.2 所示。

因为在 Power 驱动的 CPU_IsSoftRebootSupported 函数中返回的是 TRUE,所以这时 softReboot 变量为 TRUE,使得程序继续执行下一个循环。程序再往下执行,当再次执行到 s_ClrSettings.Initialize(params)时,从串口的打印信息中可以看到,此时 TinyCLR 会提示已经找到调试器,也就是 Visual Studio,如图 9.5.3 所示。

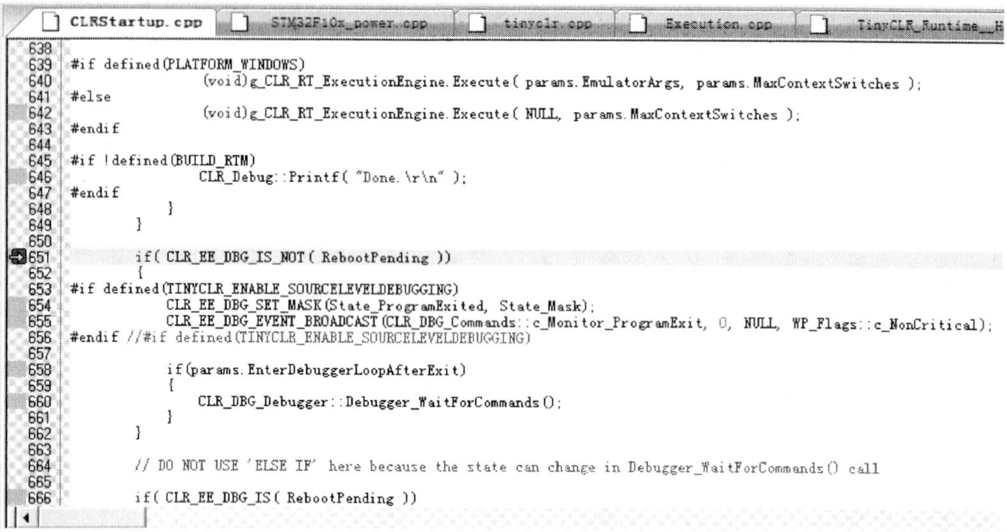

第 9 章 Power 驱动

```
CLRStartup.cpp    STM32F10x_power.cpp    tinyclr.cpp    Execution.cpp    TinyCLR_Runtime_H
638
639  #if defined(PLATFORM_WINDOWS)
640                    (void)g_CLR_RT_ExecutionEngine.Execute( params.EmulatorArgs, params.MaxContextSwitches );
641  #else
642                    (void)g_CLR_RT_ExecutionEngine.Execute( NULL, params.MaxContextSwitches );
643  #endif
644
645  #if !defined(BUILD_RTM)
646                    CLR_Debug::Printf( "Done.\r\n" );
647  #endif
648             }
649         }
650
651         if( CLR_EE_DBG_IS_NOT( RebootPending ))
652         {
653  #if defined(TINYCLR_ENABLE_SOURCELEVELDEBUGGING)
654             CLR_EE_DBG_SET_MASK(State_ProgramExited, State_Mask);
655             CLR_EE_DBG_EVENT_BROADCAST(CLR_DBG_Commands::c_Monitor_ProgramExit, 0, NULL, WP_Flags::c_NonCritical);
656  #endif //#if defined(TINYCLR_ENABLE_SOURCELEVELDEBUGGING)
657
658             if(params.EnterDebuggerLoopAfterExit)
659             {
660                 CLR_DBG_Debugger::Debugger_WaitForCommands();
661             }
662         }
663
664         // DO NOT USE 'ELSE IF' here because the state can change in Debugger_WaitForCommands() call
665
666         if( CLR_EE_DBG_IS( RebootPending ))
```

图 9.5.1 程序从循环语句中脱离

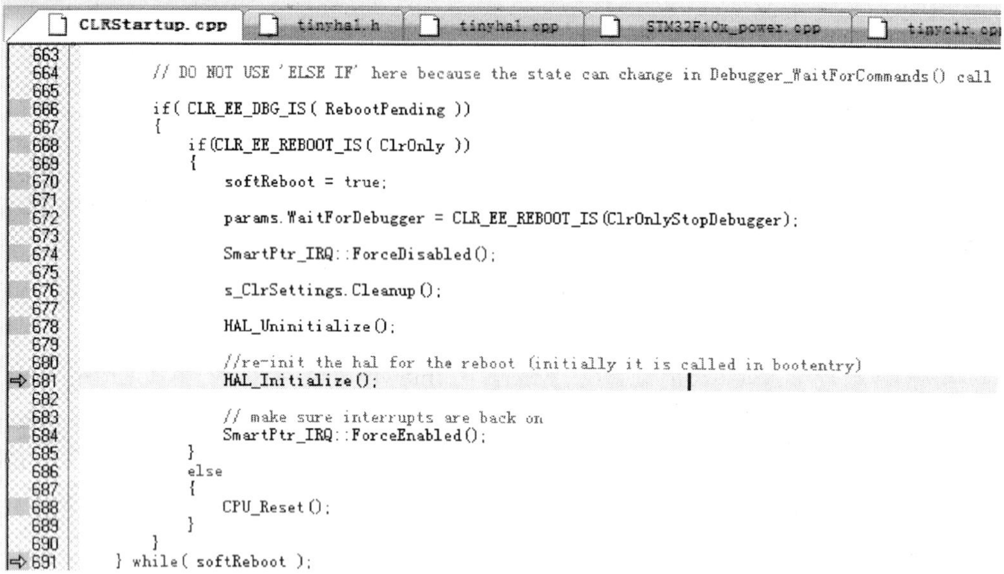

```
CLRStartup.cpp    tinyhal.h    tinyhal.cpp    STM32F10x_power.cpp    tinyclr
663
664        // DO NOT USE 'ELSE IF' here because the state can change in Debugger_WaitForCommands() call
665
666        if( CLR_EE_DBG_IS( RebootPending ))
667        {
668            if(CLR_EE_REBOOT_IS( ClrOnly ))
669            {
670                softReboot = true;
671
672                params.WaitForDebugger = CLR_EE_REBOOT_IS(ClrOnlyStopDebugger);
673
674                SmartPtr_IRQ::ForceDisabled();
675
676                s_ClrSettings.Cleanup();
677
678                HAL_Uninitialize();
679
680                //re-init the hal for the reboot (initially it is called in bootentry)
681                HAL_Initialize();
682
683                // make sure interrupts are back on
684                SmartPtr_IRQ::ForceEnabled();
685            }
686            else
687            {
688                CPU_Reset();
689            }
690        }
691    } while( softReboot );
```

图 9.5.2 重新进行 CLR 的初始化

最后 TinyCLR 再次执行代码行 g_CLR_RT_ExecutionEngine.Execute，通过 USB 进行一系列的数据交换之后，Visual Studio 便可以断点调试 C#程序了!

如果仅仅从这个步骤来看，似乎只需实现 CPU_IsSoftRebootSupported 函数就可以了，而 CPU_Reset 函数根本就没有用武之地。这话自然没错，但这是建立在 ClrOnly 变量为 TRUE 的情况之下。万一在以后的代码中可能需要重启整个 CPU，也就是 ClrOnly 为 FALSE 时，那么就会直接调用 CPU_Reset。既然无法保证以后

第 9 章　Power 驱动

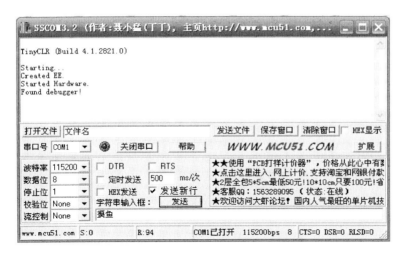

图 9.5.3　TinyCLR 找到了调试器

绝对不用 CPU_Reset，并且该函数的实现也非常简单，那么何乐而不为，不直接在这里就完善了呢？（众人：norains，你这是耍我们开心是吗？说了那么多，CPU_Reset 还是没用上！Norains：冤枉啊，这不是从程序的健壮性考虑嘛？不能到需要用的时候临时抱佛脚啊！☺）

第 10 章

GPIO 驱动

这是第一个偏重于应用的驱动,也是相对来说最简单的。因为无论是哪款型号的 CPU,都会具有 GPIO 功能,即便简单得如 51 单片机也是如此。本章主要介绍 GPIO 驱动的结构,以及在 C♯ 程序中如何调用该驱动。

10.1 驱动概述

什么是 GPIO? 其英文全称为 General Purpose Input/Output,中文意思是通用输入/输出。GPIO 在处理器范畴里是最通用的,几乎每个处理器都会具备此功能,即使是最简单的 51 单片机也不例外。那么 GPIO 主要做些什么呢? 简单来说,当其为输出时,可以通过写寄存器来控制输出为高电平或低电平;如果为输入,则可以检测输入电平的高低。在产品中运用最广的,便是通过 GPIO 的高低来控制某个设备的开断,以及通过检测输入的电平来获知按钮按下放开的状态。

在.NET Micro Framework 的范畴,微软规定了 GPIO 必须实现如表 10.1.1 所列的接口。

表 10.1.1 GPIO 驱动接口

函数原型	说明
UINT32 CPU_GPIO_Attributes(GPIO_PIN Pin)	获取某个引脚的属性
void CPU_GPIO_DisablePin(GPIO_PIN Pin, GPIO_RESISTOR ResistorState, UINT32 Direction, GPIO_ALT_MODE AltFunction)	使某个引脚无效
BOOL CPU_GPIO_EnableInputPin(GPIO_PIN Pin, BOOL GlitchFilterEnable, GPIO_INTERRUPT_SERVICE_ROUTINE PIN_ISR, GPIO_INT_EDGE IntEdge, GPIO_RESISTOR ResistorState)	使能某个引脚为输入功能
BOOL CPU_GPIO_EnableInputPin2(GPIO_PIN Pin, BOOL GlitchFilterEnable, GPIO_INTERRUPT_SERVICE_ROUTINE PIN_ISR, void * ISR_Param, GPIO_INT_EDGE IntEdge, GPIO_RESISTOR ResistorState)	使能某个引脚为输入功能
void CPU_GPIO_EnableOutputPin(GPIO_PIN Pin, BOOL InitialState)	使能某个引脚为输出功能
UINT32 CPU_GPIO_GetDebounce()	获取 GPIO 输出的频率时间

续表 10.1.1

函数原型	说 明
INT32 CPU_GPIO_GetPinCount()	获取引脚的总数
void CPU_GPIO_GetPinsMap(UINT8 * pins, size_t size)	获取引脚的属性
BOOL CPU_GPIO_GetPinState(GPIO_PIN Pin)	获取引脚的状态。当其为 TRUE 时,则为高电平;当其为 FALSE 时,则为低电平
UINT8 CPU_GPIO_GetSupportedInterruptModes(GPIO_PIN pin)	获取所支持的中断模式
UINT8 CPU_GPIO_GetSupportedResistorModes(GPIO_PIN pin)	获取所支持的电阻连接模式,比如上拉或下拉
BOOL CPU_GPIO_Initialize()	初始化
BOOL CPU_GPIO_PinIsBusy(GPIO_PIN Pin)	引脚是否忙
BOOL CPU_GPIO_ReservePin(GPIO_PIN Pin, BOOL fReserve)	保留某引脚以备使用
BOOL CPU_GPIO_SetDebounce(INT64 debounceTimeMilliseconds)	设置频率时间
void CPU_GPIO_SetPinState(GPIO_PIN Pin, BOOL PinState)	设置引脚的状态
BOOL CPU_GPIO_Uninitialize()	卸载

10.2 建立工程

经历了那么多章节,各位读者想必对这个步骤已经非常熟悉了。那么废话就不多说了,直接按表 10.2.1 的工程进行对比更改吧。

表 10.2.1 GPIO 工程文件 dotNetMF.proj 修改列表

模 板	工 程
路 径	
$(SPOCLIENT)\DeviceCode\Drivers\Stubs\Processor\stubs_gpio	$(SPOCLIENT)\DeviceCode\Targets\Native\STM32F10x\DeviceCode\GPIO
替 换	
<AssemblyName>cpu_gpio_stubs</AssemblyName>	<AssemblyName>GPIO_STM32F10x</AssemblyName>
<ProjectGuid>{9fe65202-d536-4d38-a2bb-5948f020bf67}</ProjectGuid>	<ProjectGuid>{2879B55B-44CA-4b0c-809D-7B0A5EE6D4C6}</ProjectGuid>

续表 10.2.1

模板	工程
⟨LibraryFile⟩cpu_gpio_stubs.$(LIB_EXT)⟨/LibraryFile⟩ ⟨ProjectPath⟩$(SPOCLIENT)\DeviceCode\Drivers\stubs\processor\stubs_GPIO\dotNetMF.proj⟨/ProjectPath⟩ ⟨ManifestFile⟩cpu_gpio_stubs.$(LIB_EXT).manifest⟨/ManifestFile⟩	⟨LibraryFile⟩GPIO_STM32F10x.$(LIB_EXT)⟨/LibraryFile⟩ ⟨ProjectPath⟩$(SPOCLIENT)\DeviceCode\Targets\Native\STM32F10x\DeviceCode\GPIO\dotNetMF.proj⟨/ProjectPath⟩ ⟨ManifestFile⟩GPIO_STM32F10x.$(LIB_EXT).manifest⟨/ManifestFile⟩
⟨IsStub⟩True⟨/IsStub⟩ ⟨Directory⟩DeviceCode\Drivers\Stubs\Processor\stubs_gpio⟨/Directory⟩	⟨IsStub⟩False⟨/IsStub⟩ ⟨Directory⟩DeviceCode\Targets\Native\STM32F10x\DeviceCode\GPIO⟨/Directory⟩
追加	
	⟨ItemGroup⟩ 　　⟨IncludePaths Include="DeviceCode\Targets\Native\STM32F10x\DeviceCode\Libraries\Configure" /⟩ 　　⟨IncludePaths Include="DeviceCode\Targets\Native\STM32F10x\DeviceCode\Libraries\STM32F10x_StdPeriph_Driver\inc" /⟩ 　　⟨IncludePaths Include="DeviceCode\Targets\Native\STM32F10x\DeviceCode\Libraries\CMSIS\Core\CM3\" /⟩ 　　⟨IncludePaths Include="DeviceCode\Targets\Native\STM32F10x\DeviceCode\INTC" /⟩ ⟨/ItemGroup⟩

10.3　ST 函数库的使用

在开始使用 ST 函数库之前，先简单了解一下 GPIO 的基础知识。对于 STM32F10x 来说，GPIO 以区域和引脚序号划分。最大的是区域，以英文字符 A～G 区分；而每个区域之下又各自有 16 个引脚序号，分别以数字 0～15 标示。故对于某个具体的引脚，则可以以 PA10 或 PG8 这样的称呼来标示。这些规则对应于 ST 函数库来说也是如此。比如 GPIOA～GPIOF 标示的是区域，GPIO_Pin_0～GPIO_Pin_15 标明的是对应的引脚。

如果在 ST 函数库的基础上使用相应的 GPIO，则非常简单。下面就大致看一下相应的流程吧。

一般来说，首先要做的是初始化。对于 GPIO 而言，则必须要使能时钟，这样它

才能正常工作。看似不简单,其实代码只有一句,即:

```
RCC_APB2PeriphClockCmd(RCC_APB2Periph_GPIOA | RCC_APB2Periph_GPIOB |
                       RCC_APB2Periph_GPIOC | RCC_APB2Periph_GPIOD |
                       RCC_APB2Periph_GPIOE | RCC_APB2Periph_GPIOF,
                       ENABLE);
```

假设需要将 PG7 作为输出功能,并输出高电平,那么接下来要做的就是通过 GPIO_InitStructure 结构来对其初始化,代码是

```
//初始化结构体
GPIO_InitTypeDef GPIO_InitStructure;
//第 7 个引脚序号
GPIO_InitStructure.GPIO_Pin = GPIO_Pin_7;

//设置频率为 50 MHz
GPIO_InitStructure.GPIO_Speed = GPIO_Speed_50MHz;

//输出模式
GPIO_InitStructure.GPIO_Mode = GPIO_Mode_Out_PP;

//初始化
GPIO_Init(GPIOG, &GPIO_InitStructure);

//输出高电平
GPIO_SetBits(GPIOG, GPIO_Pin_7);

如果要作为输入,则只需更改模式即可,即:
//输入模式
GPIO_InitStructure.GPIO_Mode = GPIO_Mode_IPU

//获取输入的电平
BOOL bLvl = GPIO_ReadInputDataBit(GPIOG, GPIO_Pin_7);
```

对于输出模式大家应该不会有什么疑虑,只是对输入模式还觉得不太完美。虽然可以通过 GPIO_ReadInputDataBit 函数来获取输入的状态,但如果需要检测一个按键是否被按下,则总不能一直调用该代码吧? 那样的话就显得效率非常低了,所以此时必须要使用中断。在开始使用中断之前,先了解一下外部中断。

10.4 外部中断释疑

根据 ST 的 Datasheet,STM32F10x 最多支持 16 个外部中断,可是如果仔细查看相关的寄存器,比如 EXTI_IMR,却发现凭空多出了 4 个外部中断,如图 10.4.1

第 10 章　GPIO 驱动

所示。EXTI_IMR 寄存器的地址偏移量为 0x00，复位值为 0x0000 0000。

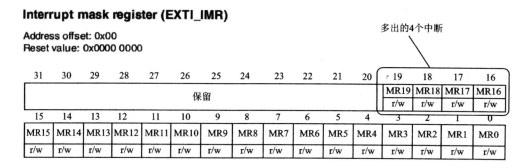

图 10.4.1　EXTI_IMR 中段屏蔽寄存器

EXTI_IMR 不是与外部中断一一对应的吗？为什么还要多出 4 个不相干的中断呢？其实答案很简单，这 4 个中断另有其他用处，这在 Datasheet 中也有说明，如图 10.4.2 所示。

The four other EXTI lines are connected as follows:
- EXTI line 16 is connected to the PVD output
- EXTI line 17 is connected to the RTC Alarm event
- EXTI line 18 is connected to the USB Wakeup event
- EXTI line 19 is connected to the Ethernet Wakeup event (available only in connectivity line devices)

图 10.4.2　多出的中断的适用场合

图 10.4.2 中英文的意思是，另外的 4 个外部中断（EXTI）的连接描述如下：
- 外部中断 16 连接到可编程电压监测器（PVD）的输出上；
- 外部中断 17 连接到实时时钟（RTC）事件上；
- 外部中断 18 连接到 USB 的唤醒事件上；
- 外部中断 19 连接到以太网（Ethernet）唤醒事件上（只有具备了连接特性的控制器才支持）。

疑惑解除了，那么如果使用外部中断，则只需关心位 0～15 即可。

还有一个很有意思的地方，就是 STM32F10x 的中断是以组为单位的，同组间的外部中断在同一时间只能使用其中一个。比如说，PA0，PB0，PC0，PD0，PE0，PF0，PG0 这些中断为一组，如果使用 PB0 为外部中断源，那么其他的就不能再使用。在此情况下，只能同时使用类似 PA1，PB2 这种末端序号不同的外部中断源。这个内容在 Datasheet 中也有说明，如图 10.4.3 所示。

EXTI0～EXTI15 一共为 16 组，分别与 EXTI_IMR 的位 0～15 一一对应。

接下来的问题可能各位朋友更关心，就是该如何选择 EXTI 的输入源呢？这个问题关系到外部中断配置寄存器 AFIO_EXTICR。寄存器 AFIO_EXTICR 一共有 4 个，分别是 AFIO_EXTICR0～AFIO_EXTICR3，每个寄存器能够设置 4 个中断源，

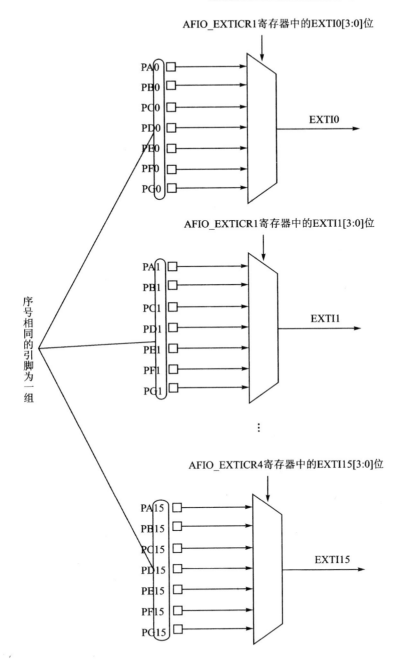

图 10.4.3 外部中断与 GPIO 的映射关系

合起来就是 16 个。与中断源相对应的位及其取值如图 10.4.4 所示。AFIO_EXTI-CR1 寄存器的地址偏移量为 0x08，复位值为 0x0000。

第 10 章 GPIO 驱动

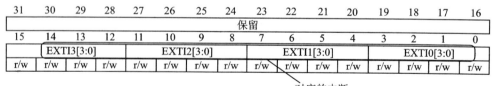

图 10.4.4　中断配置寄存器 AFIO_EXTICR1

- 位 31～16　保留。
- 位 15～0　通过设置 EXTIx[3:0] 的各位来配置外部中断源 EXTIx，其中 x = 0～3。EXTIx[3:0] 各位取值的含义是：
  —0000　选择 PAx 引脚；
  —0001　选择 PBx 引脚；
  —0010　选择 PCx 引脚；
  —0011　选择 PDx 引脚；
  —0100　选择 PEx 引脚；
  —0101　选择 PFx 引脚；
  —0110　选择 PGx 引脚。

从图 10.4.4 可知，这些通过软件来写入的位，可以用来选择外部中断的输入源。

那么，当中断发生之后，如何调用相应的函数呢？简单来说，就是当该中断发生时，让它调用某个函数。那么这个函数应该在哪里设置呢？答案很简单，在向量表中设置，如图 10.4.5 所示。

EXTI0～EXTI4 可以通过直接设置相应的函数来响应中断，而 EXTI5～EXTI15 则待遇就差一些，当中断函数响应之后，还要查一下寄存器，才能确认当前发生的是哪个中断。

位置	优先级	优先级类型	缩写	描述	地址
—	—	—		保留	0x0000 0000
⋮					
6	13	可设置	EXTI0	外部中断组0	0x0000 0058
7	14	可设置	EXTI1	外部中断组1	0x0000 005C
8	15	可设置	EXTI2	外部中断组2	0x0000 0060
9	16	可设置	EXTI3	外部中断组3	0x0000 0064
10	17	可设置	EXTI4	外部中断组4	0x0000 0068
⋮					
23	30	可设置	EXTI9_5	外部中断组[9:5]	0x0000 009C
⋮					
40	47	可设置	EXTI15_10	外部中断组[15:10]	0x0000 00E0

图 10.4.5　中断向量表

10.5　中断函数

了解了 STM32F10x 的外部中断机制以后，就该回到 GPIO 驱动了。对于驱动来说，是否应该对应图 10.4.5 的每个中断都设置一个函数呢？这样当然可以，并且效率挺高。但对于程序员来说，可能就有点憋屈了，因为如果 EXTI0～EXTI4 都只对应一个中断函数的话，那么代码的类似度就非常高，所以为了精简代码，只能牺牲一点点效率，将 EXTI0～EXTI4 都使用同一个中断函数，而 EXTI5～EXTI15 则都使用另外一个中断函数。

因为如此多的中断混于同一个中断函数中，所以为了能够辨别，在这里声明了一个 PinISRDescriptor 结构，代码如下：

```
struct PinISRDescriptor
{
    //指向.NET Micro Framework 传进来的中断回调函数
    GPIO_INTERRUPT_SERVICE_ROUTINE pISR;

    //回调函数所需要的相关形参
    GPIO_PIN pin;
    BOOL pinState;
```

第 10 章 GPIO 驱动

```c
    void * pParam;

    //在向量表中的序号
    DWORD dwIRQ;

    //EXTI line
    uint32_t dwEXTILine;
};
```

接着声明一个全局的 PinISRDescriptor 数组。因为 EXTI 只有 16 个中断源,所以该数组的大小也声明为 16,即:

```c
PinISRDescriptor g_PinISRDescriptor[16];
```

先来看看最简单的处理 EXTI0～EXTI4 的中断函数。该函数命名为 InterruptHandler0_4,其完整的代码如下:

```c
void InterruptHandler0_4(void * pParam)
{
    PinISRDescriptor * pPinISRDescriptor = reinterpret_cast<PinISRDescriptor *>(pParam);
    if(pPinISRDescriptor == NULL)
    {
        //错误,不应该执行到这里
        return;
    }

    //获取当前的引脚状态
    pPinISRDescriptor->pinState = CPU_GPIO_GetPinState(pPinISRDescriptor->pinState);

    //调用回调函数
    (*pPinISRDescriptor->pISR)(pPinISRDescriptor->pin,pPinISRDescriptor->pinState,pPinISRDescriptor->pParam);

    //清除中断标志
    EXTI_ClearITPendingBit(pPinISRDescriptor->dwEXTILine);
}
```

各位朋友比较疑惑的可能是对于 pParam 形参的转换,为什么这里能够将它转换为类型为 PinISRDescriptor 的指针呢? 其实在函数 CPU_GPIO_EnableInputPin2 中调用函数 CPU_INTC_ActivateInterrupt 进行中断连接时,已经将变量 PinISRDescriptor 的地址传递过去了,代码是

```c
if(0 <= dwIndexDescriptor && dwIndexDescriptor <= 4)
{
    CPU_INTC_ActivateInterrupt(g_PinISRDescriptor[dwIndexDescriptor].dwIRQ,
        InterruptHandler0_4,
        &g_PinISRDescriptor[dwIndexDescriptor]);
}
```

而 g_PinISRDescriptor 成员变量的数值设置其实是与 CPU_GPIO_EnableInputPin2 的形参有关的,即:

```c
BOOL CPU_GPIO_EnableInputPin2(GPIO_PIN Pin,
                              BOOL GlitchFilterEnable,
                              GPIO_INTERRUPT_SERVICE_ROUTINE PIN_ISR,
                              void * ISR_Param,
                              GPIO_INT_EDGE IntEdge,
                              GPIO_RESISTOR ResistorState)
{
    ...
    g_PinISRDescriptor[dwIndexDescriptor].pISR = PIN_ISR;
    g_PinISRDescriptor[dwIndexDescriptor].pin = Pin;
    //当中断发生时,会更新 pinState 的数值,所以这里简单设置为 FALSE
    g_PinISRDescriptor[dwIndexDescriptor].pinState = FALSE;
    g_PinISRDescriptor[dwIndexDescriptor].pParam = ISR_Param;
    ...
}
```

如此一来,对 EXTI0~EXTI4 中断函数就不难理解了。而 EXTI5~EXTI15 的中断函数则稍微复杂一点,还是先直接看如下代码:

```c
void InterruptHandler5_15(void * pParam)
{
    //开始和结束搜索的序号
    const int START_SEARCH_INDEX = 5;
    const int END_SEARCH_INDEX = 15;

    //指向描述符指针
    PinISRDescriptor * pPinISRDescriptor = NULL;

    for(int i = START_SEARCH_INDEX; i <= END_SEARCH_INDEX; ++i)
    {
        if(g_PinISRDescriptor[i].pISR == NULL)
        {
            //没有相应的回调函数,继续下一次循环搜索
            continue;
        }
```

```
            if(EXTI_GetITStatus(g_PinISRDescriptor[i].dwEXTILine) == SET)
            {
                //有中断源发生,所以赋值之后跳出循环
                pPinISRDescriptor = &g_PinISRDescriptor[i];
                break;
            }
        }

        if(pPinISRDescriptor == NULL)
        {
            //错误,代码不应跑到这里!
            return;
        }

        //获取当前状态
        pPinISRDescriptor->pinState = CPU_GPIO_GetPinState(pPinISRDescriptor->pinState);

        //调用回调函数
        (*pPinISRDescriptor->pISR)(pPinISRDescriptor->pin,pPinISRDescriptor->pinState,pPinISRDescriptor->pParam);

        //清除中断标志
        EXTI_ClearITPendingBit(pPinISRDescriptor->dwEXTILine);
    }
```

InterruptHandler5_15 和 InterruptHandler0_4 函数的最大区别在于,它必须自己查找相应的回调函数并进行调用,因为可能中断不止一个。所以相对来说,InterruptHandler5_15 的效率会低一些。

10.6 .NET Micro Framework 和 ST 函数库的 GPIO 标识映射

经过前面几节的介绍,各位读者对于 ST 函数库关于 GPIO 的标示应该非常明白了,无非就是区域和引脚序号这两个标示:首先确定是在 A～G 中的哪个区域,然后再判断是 0～15 的哪个引脚序号即可。

但对于 .NET Micro Framework 来说,事情却显得非常简单:所有的 GPIO 都是以 0 为起点,比如说 GPIO0,GPIO15 等。而终点呢,则是通过 GPIO 驱动的 CPU_GPIO_GetPinCount 函数来确定,也就是说,最大的 GPIO 引脚序号为"CPU_GPIO_GetPinCount()-1"。

如果具体到代码的话,则传递到 GPIO 驱动的类型是 GPIO_PIN,其实这是一个以 0 为起始的枚举变量。.NET Micro Framework 这样的做法其实也是没办法的事，因为每一款芯片，其对于 GPIO 的功能定义都是不同的，比如 STM32F10x 以区域和引脚序号标示，但并不代表其他芯片也是如此。故 .NET Micro Framework 能做到的最简单方式就是简单地以数字命名，然后驱动根据传入的数值再做相应的转换。

STM32F10x 的 GPIO 引脚有 112 个，故 CPU_GPIO_GetPinCount 函数直接返回 112，因此 .NET Micro Framework 传递给驱动的数值为 0~111。因为每个区域有 16 个引脚，所以只要简单地除以 16 就能获得相应的区域，故转换函数代码如下：

```c
GPIO_TypeDef * PinToPort(GPIO_PIN pin)
{
    int iPort = pin / PIN_COUNT_EACH_PORT;
    switch(iPort)
    {
        case 00:
            return GPIOA;
        case 01:
            return GPIOB;
        case 02:
            return GPIOC;
        case 03:
            return GPIOD;
        case 04:
            return GPIOE;
        case 05:
            return GPIOF;
        case 06:
            return GPIOG;
        default:
            return NULL;
    }
}
```

至于确定区域中的引脚也非常简单，不过这次不是做除法运算，而是取余，即：

```c
BOOL PinToBit(GPIO_PIN pin, uint16_t &wBit)
{
    int iVal = pin % PIN_COUNT_EACH_PORT;
    switch(iVal)
    {
        case 0:
            wBit = GPIO_Pin_0;
            break;
        case 1:
```

```
            wBit = GPIO_Pin_1;
            break;
        case 2:
            wBit = GPIO_Pin_2;
            break;
        case 3:
            wBit = GPIO_Pin_3;
            break;
        case 4:
            wBit = GPIO_Pin_4;
            break;
        case 5:
            wBit = GPIO_Pin_5;
            break;
        case 6:
            wBit = GPIO_Pin_6;
            break;
        case 7:
            wBit = GPIO_Pin_7;
            break;
        case 8:
            wBit = GPIO_Pin_8;
            break;
        case 9:
            wBit = GPIO_Pin_9;
        case 10:
            wBit = GPIO_Pin_10;
            break;
        case 11:
            wBit = GPIO_Pin_11;
            break;
        case 12:
            wBit = GPIO_Pin_12;
            break;
        case 13:
            wBit = GPIO_Pin_13;
            break;
        case 14:
            wBit = GPIO_Pin_14;
            break;
        case 15:
            wBit = GPIO_Pin_15;
            break;
```

```
            default:
                return FALSE;
        }

        return TRUE;
}
```

有了这两个函数,.NET Micro Framework 与 ST 函数库就能够无缝地对接起来。

10.7　在 C♯ 程序中调用 GPIO

驱动完善了,如果没有相应的应用程序来测试一下,是不是有点意犹未尽?所以,本节的任务就是写一个 C♯ 程序,让开发板的 D1～D3 不停地闪烁,并且当按下按键时,串口会输出相应的打印信息。

由之前的内容可以知道,.NET Micro Framework 传递给 GPIO 驱动的是数值,所以可以建立一个枚举类型变量与 STM32F10x 的引脚对应,代码是

```
enum STM32F10X_GPIO
{
    PA0, PA1, PA2, PA3, PA4, PA5, PA6, PA7, PA8, PA9, PA10, PA11, PA12, PA13, PA14, PA15,
    PB0, PB1, PB2, PB3, PB4, PB5, PB6, PB7, PB8, PB9, PB10, PB11, PB12, PB13, PB14, PB15,
    PC0, PC1, PC2, PC3, PC4, PC5, PC6, PC7, PC8, PC9, PC10, PC11, PC12, PC13, PC14, PC15,
    PD0, PD1, PD2, PD3, PD4, PD5, PD6, PD7, PD8, PD9, PD10, PD11, PD12, PD13, PD14, PD15,
    PE0, PE1, PE2, PE3, PE4, PE5, PE6, PE7, PE8, PE9, PE10, PE11, PE12, PE13, PE14, PE15,
    PF0, PF1, PF2, PF3, PF4, PF5, PF6, PF7, PF8, PF9, PF10, PF11, PF12, PF13, PF14, PF15,
    PG0, PG1, PG2, PG3, PG4, PG5, PG6, PG7, PG8, PG9, PG10, PG11, PG12, PG13, PG14, PG15,
};
```

而根据如图 10.7.1 所示的开发板按键原理图,可以知道相应于 GPIO 所对应的按键,故可以得出 BUTTON 这个枚举变量,代码是

```
enum BUTTON
{
    USER1 = STM32F10X_GPIO.PA8,
```

```
    USER2 = STM32F10X_GPIO.PD3,
    WAKEUP = STM32F10X_GPIO.PA0,
    TAMPER = STM32F10X_GPIO.PC13,
};
```

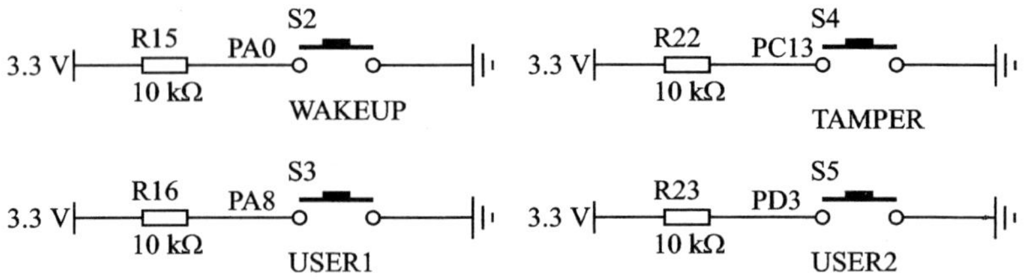

图 10.7.1 GPIO 对应的按键

对于 LED 等，根据如图 10.7.2 所示的原理图，也能够声明相应的枚举类型，即：

```
enum LED
{
    D1 = STM32F10X_GPIO.PF6,
    D2 = STM32F10X_GPIO.PF7,
    D3 = STM32F10X_GPIO.PF8,
    D4 = STM32F10X_GPIO.PF9,
    D5 = STM32F10X_GPIO.PF10,
};
```

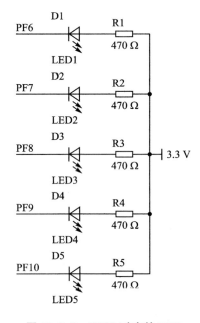

图 10.7.2 GPIO 对应的 LED

接着根据 BUTTON 和 LED 这两个枚举类型，定义两个 Cpu.pin 数组，代码是：

```
Cpu.Pin[] Button_Pins = new Cpu.Pin[]{(Cpu.Pin)BUTTON.USER1,
                                      (Cpu.Pin)BUTTON.USER2,
                                      (Cpu.Pin)BUTTON.WAKEUP,
                                      (Cpu.Pin)BUTTON.TAMPER};
Cpu.Pin[] Led_Pins = new Cpu.Pin[] { (Cpu.Pin)LED.D1,
                                     (Cpu.Pin)LED.D2,
                                     (Cpu.Pin)LED.D3,
                                     (Cpu.Pin)LED.D4,
                                     (Cpu.Pin) LED.D5};
```

根据定义的 Cpu.Pin,定义相应的输入引脚,也就是开发板上的按键,代码是

```
InterruptPort[] Button = new InterruptPort[Button_Pins.Length];
for (int i = 0; i < Button.Length; i++)
{
    //创建新中断口
    Button[i] = new InterruptPort(Button_Pins[i], false, Port.ResistorMode.PullDown,
Port.InterruptMode.InterruptEdgeBoth);

    //连接具体的中断函数
    Button[i].OnInterrupt += new NativeEventHandler(InterruptHandler);
}
```

代码中使用的 InterruptHandler 是一个函数,作为中断发生时的调用,其代码是

```
static void InterruptHandler(uint data1, uint data2, DateTime time)
{
    //转换为 BUTTON 枚举类型
    BUTTON btn = (BUTTON)data1;

    if (data2 == 0)
    {
        //按键放开
        Debug.Print(btn.ToString() + ":Pop");
    }
    else
    {
        //按键按下
        Debug.Print(btn.ToString() + ":Push");
    }
}
```

然后是输出引脚,用做点亮 LED 之用:

第10章　GPIO驱动

```
OutputPort[] Led = new OutputPort[Led_Pins.Length];
for (int i = 0; i < Led.Length; i++)
{
    Led[i] = new OutputPort(Led_Pins[i], false);
}
```

最后是一个死循环,用来不停地点亮/熄灭 LED 灯,代码是

```
while (true)
{
    foreach (OutputPort led in Led)
    {
        //闪烁
        led.Write(!led.Read());
    }
    Thread.Sleep(10000);
}
```

将该程序编译完毕下载到开发板运行之后,会发现 LED 灯不停地闪烁,并且当按下按键时,从串口调试助手可以看到如图 10.7.3 所示的信息。

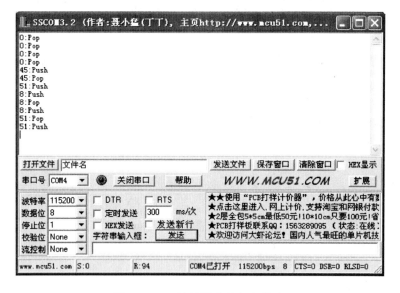

图 10.7.3　按键输出的打印信息

可能因为是.NET Micro Framework 版本的缘故,这里没有输出对应的枚举类型名,而输出了其对应的数值。不过,即使这样,也足以让我们一辨其按键了,不是吗?

第 11 章

LCD 驱动

本章主要介绍 LCD 驱动的主要框架和实现难点，以及如何简单地实现字符的显示。

11.1 驱动概述

对于.NET Micro Framework 来说，LCD 其实并不是必须的，因为很多嵌入式设备并不需要显示功能，比如大家平时用的路由器，就仅仅是 LED 闪烁指示而已。对于红牛开发板来说，片内内存为 64 KB，片外扩展了 128 KB，加起来也只有192 KB 存储空间。一张 320×240 的 16 位的位图，大概需要 150 KB 的空间，再加上运行 TinyCLR 所需要的内存，红牛开发板的资源完全不足以运行.NET Micro Framework 的图形库。但这并不代表 LCD 驱动对于红牛开发板来说毫无意义，因为显示一些字符和绘制简单的线条，也足以让从无到有的我们值得高兴。

在.NET Micro Framework 框架之下，如果程序员需要完善 LCD 驱动，就必须要实现两个方面的内容：一个是与硬件紧密联系的控制器驱动，它主要用来初始化以及使能 LCD；另一个则与.NET Micro Framework 上层关系比较密切，用来获取 LCD 的属性或者绘制一组 BMP 数据等。

这两个方面的内容都有相应的工程与之对应，并且微软也规定了相应的接口。对于 LCD 控制器，必须要实现如表 11.1.1 所列的三个函数接口。

表 11.1.1　LCD 控制器驱动接口

函数原型	说　明
BOOL LCD_Controller_Enable(BOOL fEnable)	使能 LCD
BOOL LCD_Controller_Initialize(DISPLAY_CONTROLLER_CONFIG &config)	初始化
BOOL LCD_Controller_Uninitialize()	卸载

LCD 显示驱动接口如表 11.1.2 所列。

第 11 章　LCD 驱动

表 11.1.2　LCD 显示驱动接口

函数原型	说　明
void LCD_BitBlt(int width, int height, int widthInWords, UINT32 data[], BOOL fUseDelta)	绘制 BMP 数据
void LCD_BitBltEx(int x, int y, int width, int height, UINT32 data[])	绘制 BMP 数据
void LCD_Clear()	清屏
UINT32 LCD_ConvertColor(UINT32 color)	颜色转换
INT32 LCD_GetBitsPerPixel()	获取每个像素点所占的位(bit)数
UINT32 * LCD_GetFrameBuffer()	获取每一帧的缓存地址
INT32 LCD_GetHeight()	获取 LCD 的高度
INT32 LCD_GetOrientation()	获取旋转的角度。如果为 0,意味着无旋转
UINT32 LCD_GetPixelClockDivider()	获取像素点的分频
INT32 LCD_GetWidth()	获取 LCD 的宽度
BOOL LCD_Initialize()	初始化
void LCD_PowerSave(BOOL On)	是否进入省电模式
BOOL LCD_Uninitialize()	卸载
void LCD_WriteChar(unsigned char c, int row, int col)	显示字符
void LCD_WriteFormattedChar(unsigned char c)	显示格式化的字符

11.2　控制器驱动

　　LCD 的控制器驱动比较简单,因为它只需实现三个函数而已。STM32F10x 控制 LCD 的方式与 FLASH 一样,都是通过 FSMC。各位读者不要看到 FSMC 就脑袋变大,因为开发板的示范范例就有 FSMC 控制 LCD 的代码,我们只需做点小的更改就能直接拿来使用。

11.2.1　建立工程

　　麻雀虽小,五脏俱全。虽然控制器驱动接口的函数不多,但还是有必要为其建立一个工程的。所以还是一如既往,按照表 11.2.1 来进行更改。

第 11 章 LCD 驱动

表 11.2.1 LCD 控制器工程文件 dotNetMF.proj 修改列表

模 板	工 程
路 径	
$(SPOCLIENT)\DeviceCode\Drivers\Stubs\Processor\stubs_LCD	$(SPOCLIENT)\Solutions\STM32F103ZE_RedCow\DeviceCode\LCDController_HAL
替 换	
〈AssemblyName〉cpu_LCD_stubs〈/AssemblyName〉	〈AssemblyName〉LCDController_HAL_STM32F103ZE_RedCow〈/AssemblyName〉
〈ProjectGuid〉{be20f822-ad42-4e78-9673-372663aba733}〈/ProjectGuid〉	〈ProjectGuid〉{4178C60C-160B-433B-ABE6-F08795F0D172}〈/ProjectGuid〉
〈LibraryFile〉cpu_LCD_stubs.$(LIB_EXT)〈/LibraryFile〉 〈ProjectPath〉$(SPOCLIENT)\DeviceCode\Drivers\stubs\processor\stubs_lcd\dotNetMF.proj〈/ProjectPath〉 〈ManifestFile〉cpu_LCD_stubs.$(LIB_EXT).manifest〈/ManifestFile〉	〈LibraryFile〉LCDController_HAL_STM32F103ZE_RedCow.$(LIB_EXT)〈/LibraryFile〉 〈ProjectPath〉$(SPOCLIENT)\Solutions\STM32F103ZE_RedCow\DeviceCode\LCDController_HAL\dotNetMF.proj〈/ProjectPath〉 〈ManifestFile〉LCDController_HAL_STM32F103ZE_RedCow.$(LIB_EXT).manifest〈/ManifestFile〉
〈IsStub〉True〈/IsStub〉 〈Directory〉DeviceCode\Drivers\Stubs\Processor\stubs_LCD〈/Directory〉	〈IsStub〉false〈/IsStub〉 〈Directory〉Solutions\STM32F103ZE_RedCow\DeviceCode\LCDController_HAL〈/Directory〉
追 加	
	〈ItemGroup〉 　〈IncludePaths Include="DeviceCode\Targets\Native\STM32F10x\DeviceCode\Libraries\Configure" /〉 　〈IncludePaths Include="DeviceCode\Targets\Native\STM32F10x\DeviceCode\Libraries\STM32F10x_StdPeriph_Driver\inc" /〉 　〈IncludePaths Include="DeviceCode\Targets\Native\STM32F10x\DeviceCode\Libraries\CMSIS\Core\CM3\" /〉 〈/ItemGroup〉

11.2.2 范例函数

笔者的红牛开发板所用的 LCD 是 3.2′TFT,随板附带的 ILI932x 控制器范例刚好能够成功点亮 LCD。尤为可贵的是,范例中将 LCD 的操作全部书写于一个文件中,并且都以 LCD_XXX 形式命名。既然如此,为何不直接取而用之?那样的话,就不必还去思索那烦琐的时序,以及考虑如何对 FSMC 进行操作了。这里需要做的仅仅是,将包含有 LCD_XXX 形式函数的文件放到工程的编译文件列表中。

大家拿到的范例样板虽然不尽相同,但封装的函数基本上一致。所以在此笔者以自己所用的版本,大致说说范例中的函数,如表 11.2.2 所列。

表 11.2.2 范例函数解释

函数原型	说 明
void LCD_Init(void)	初始化
void LCD_Clear(u16 Color)	清屏
void LCD_SetCursor(u8 Xpos, u16 Ypos)	设置光标的位置
void LCD_SetDisplayWindow(u8 Xpos, u16 Ypos, u8 Width, u16 Height)	设置显示的范围
void LCD_DrawBMP(u8 Xpos, u16 Ypos, u16 Width, u16 Height, const u8 * pBitmap)	绘制 BMP 数据
void LCD_DrawBMP(u8 Xpos, u16 Ypos, u16 Width, u16 Height, const u16 * pBitmap)	绘制 BMP 数据
void LCD_DrawBMP(u8 Xpos, u16 Ypos, u16 Width, u16 Height, const u32 * pBitmap)	绘制 BMP 数据
u16 LCD_GetWidth()	获取 LCD 的宽度
u16 LCD_GetHeight()	获取 LCD 的高度
void LCD_DrawChar(u16 x, u16 y, u8 c, u16 charColor, u16 bkColor)	绘制字符
void LCD_DrawFormattedChar(u8 character)	绘制格式化的字符
void LCD_DrawPoint(u16 x, u16 y, u16 color)	绘制点
void LCD_DrawString(u16 x, u16 y, const u8 * pString, u16 charColor, u16 bkColor)	绘制字符串
void LCD_PowerOn(void)	上电
void LCD_DisplayOn(void)	开始显示
void LCD_DisplayOff(void)	停止显示
u8 LCD_GetBitsPerPixel()	获取每个像素点所占的容量
u8 Font_GetWidth()	获取字符的宽度
u8 Font_GetHeight()	获取字符的高度

如果将表 11.1.1 和表 11.1.2 与表 11.2.2 比较,会发现微软规定的 LCD 函数

接口在范例中都有其对应的函数。也就是说,我们可以不用花费太多的精力,也不用担心是否粗心写错代码,就能完成 LCD 的相关驱动。那么还有什么比这更为轻松的事呢?唯一的问题可能是范例的函数名会与.NET Micro Framework 的重合而造成无法编译。不过这没关系,C++不是有"类"这个概念吗?如果直接将范例函数套上一个 CILI932x 类的外壳不就好了?比如如下的代码:

```
class CILI932x
{
public:
    static void LCD_Init(void);

…
}
```

11.2.3 硬件设计

其实如果按照 11.2.2 小节的建议做好相应的准备,并且目的也仅仅是让 LCD 正常显示的话,那么基本上就可以忽略硬件设计这一部分了。但考虑到这毕竟是嵌入式的系统,可能有一些读者会对相应的连接原理,以及控制器如何使用比较感兴趣,所以还是增加了本小节的内容。如果读者您对此兴趣寥寥,不妨跳过本小节,也不会影响您对.NET Micro Framework 的了解。

因为笔者使用的是 3.2 英寸的 LCD,所以这里就以 3.2 英寸 LCD 为例进行讲解,其他尺寸的可以以此作为参考。

首先是模块的接口图,如图 11.2.1 所示。

从图 11.2.1 中可以看出,DB00~DB15 是数据线,连接的方式是 16 位并行,而不是 8 位串行。这样做带来的直接好处是显示传输速度更快,显示也更流畅,但副作用就是所使用的 I/O 口增多,是 8 位的一倍。数据线与控制器的显存其实还有相互对应的关系,不过这还是留待后续再细说,这里继续讲解其他信号线的意义。

CS 为 LCD 的片选信号。当其为高时,才能对 LCD 进行操作。

WR 为写入信号。因为数据线是双向的,故当 WR 拉高时,意味着数据线上的数据是写入到 LCD 中。

RD 为读取信号。当其为高电平时,则是通过数据线从 LCD 中读取数据。

RST 为复位信号。在开始对 LCD 进行操作时,必须要先复位,这是一个非常良好的习惯,否则数据很可能无法写入。

RS 信号标志着是对命令还是对数据进行操作。因为 LCD 是由控制器控制的,所以当 RS 为低时,意味着这是读写命令;当 RS 为高时,则是读写数据。

LCD 模块使用的控制器是 ILI9320,当然也可能是其他型号,但它们的设置都非常类似,所不同的可能只是初始化的序列。也正是如此,11.2.2 小节中的类代码 CILI932x 才以"CILI932x"来命名类。

第 11 章 LCD 驱动

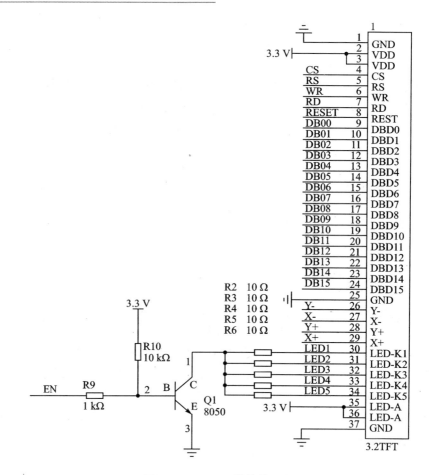

图 11.2.1　LCD 模块接口图

ILI9320 控制器是自带显存的,其大小为 240×320×18/8＝172 820。显存采用 18 位的模式存储,但数据线只有 16 位,所以在传送 65 K 色的时候,显存与数据线存在如图 11.2.2 所示的对应关系。

16 位 65 536 色的系统接口(一次发送)

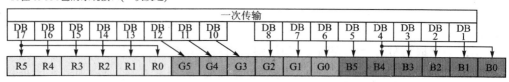

图 11.2.2　数据线与显存在传送 65K 色时的对应关系

从图 11.2.2 可知,ILI9320 控制器的 DB0 和 DB9 并没有使用,而 R0 的数值也是与 R5 进行运算后再通过 DB17 向外传输的。同理,DB4 的传输也是如此。

接下来便是介绍 ILI9320 的命令。但是 ILI9320 的命令实在很多,具体的命令可以查看 Datasheet,这里只说说 R3 指令。

R3 其实是序号为 3 的寄存器,该寄存器主管入口模式(Entry Mode),其命令结构如图 11.2.3 所示。

Entry Mode(R03h)

R/W	RS	D15	D14	D13	D12	D11	D10	D9	D8	D7	D6	D5	D4	D3	D2	D1	D0
W	1	TRI	DFM	0	BGR	0	0	HWM	0	ORG	0	I/D1	I/D0	AM	0	0	0

图 11.2.3 入口模式命令

其实 ILI9320 控制器的每条命令的格式都一样,所以这里只说说如何看懂 Datasheet 的命令。

如图 11.2.3 所示,首先看"Entry Mode(R03h)"。这里只需注意括号里面的数值,它是寄存器的地址。因为该地址是递增的,所以也可以将该地址看做是寄存器的序号。括号中的数值为 R03h,所以该寄存器序号为 3。

接下来看 R/W 和 RS。这两位就比较简单了,之前介绍原理图时也说过,R/W 标志着数据是写入还是读取,RS 标志着是否是命令。因为要往寄存器中写数据,所以 R/W 位的取值一定是 W,而既然执行的是写数据命令,那么 RS 的取值就是 1。

最后的 D0~D15,实际上对应的就是原理图上的数据线,将要写到寄存器中的数据就通过它来传输。

对于 R3 命令,需要注意 AM,I/D0 和 I/D1 这三个位。首先来看看这三个位的意义:

- AM 控制 GRAM(显存)的更新方向。当 AM 为 0 时,地址以行方向进行更新;当 AM 为 1 时,地址以列方向进行更新。
- I/D[1:0] 当更新一个数据之后,根据这两位的设置来决定地址计数器是自动增加 1 还是减小 1。

根据这三位的不同设置,可以得到不同的显示效果。这样说起来,可能难以理解,不如直接来看表 11.2.3 吧。

表 11.2.3 不同的设置显示的不同效果

设置 更新方向	I/D[1:0]=00 水平:减小 竖直:减小	I/D[1:0]=01 水平:增加 竖直:减小	I/D[1:0]=10 水平:减小 竖直:增加	I/D[1:0]=11 水平:增加 竖直:增加
AM=0 水平	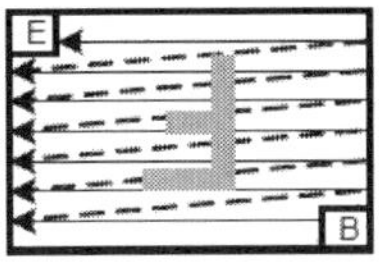	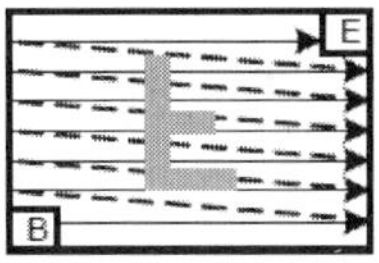	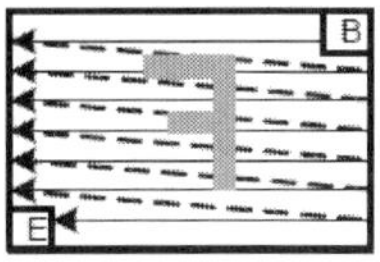	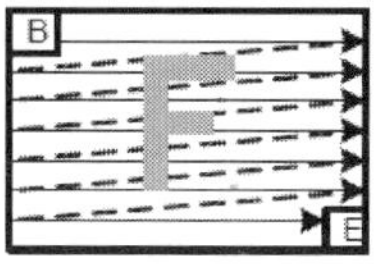
AM=1 竖直	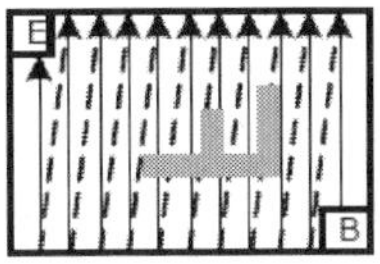		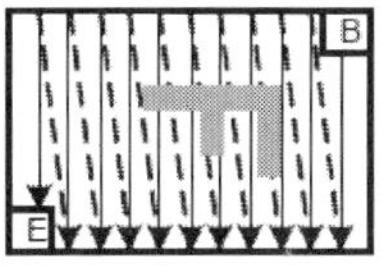	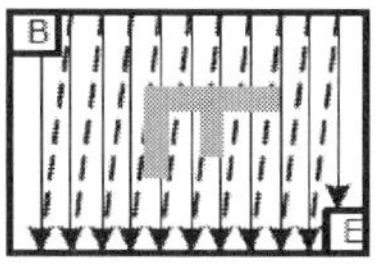

第 11 章 LCD 驱动

图 11.2.4 显示的是字母"F",但在不同的 AM 和 I/D 数值组合之下,在实际的屏幕中却有完全不同的显示效果。在实际使用中,不妨根据具体的硬件来做相应的调整。最后稍微要说明的是,图中的"B"和"E"分别是"Begin"和"End"的缩写,代表着绘制的起点和终点。

硬件的连接和 ILI9320 的命令已经了解得差不多了,可能作为程序员的我们,内心还有点恐惧:在代码中该如何实现这些命令呢?

看似很复杂的问题,其实一点也不困难。不信的话,就随着我一步一步来做吧!
首先定义一个 LCD_TypeDef 结构如下:

```c
typedef struct
{
    vu16 LCD_REG;
    vu16 LCD_RAM;
} LCD_TypeDef;
```

其中 LCD_REG 是寄存器的地址,而 LCD_RAM 则是要写入的数据。这么定义了之后,是不是与 Datasheet 上的说明相符合了呢?这还不算结束,因为 LCD 用到了 FSMC,故以 FSMC 的地址作为起始,定义相应的宏如下:

```c
#define LCD_BASE        ((u32)(0x60000000 | 0x0C000000))
#define LCD             ((LCD_TypeDef *) LCD_BASE)
```

接下来的事情就简单多了,直接使用 LCD 宏即可。比如,要对之前提到的 R3 进行写入,则可以书写如下代码:

```c
#define R3              0x03
LCD->LCD_REG = R3;
LCD->LCD_RAM = 0x1030;
```

是不是非常简单?如果不想对外暴露 LCD 的结构,则可以做一点改进,将以上代码改成函数的形式,即:

```c
void LCD_WriteReg(u8 LCD_Reg, u16 LCD_RegValue)
{
    //寄存器的序号
    LCD->LCD_REG = LCD_Reg;
    //相应的数值
    LCD->LCD_RAM = LCD_RegValue;
}
```

如果还是以 R3 为例,那么函数的调用方式只需要一行代码,即:

```c
LCD_WriteReg(R3,0x1030);
```

这么一来,作为程序员的我们,就不会再为如何写命令而发愁了吧?

11.2.4 字 体

范例函数中的 LCD_DrawChar 和 LCD_DrawFormattedChar 都是用来绘制字符的,那么不知道各位读者有没有想过,这些字符是如何绘制出来的?下面以 LCD_DrawChar 为例,看一下其声明:

```
LCD_DrawChar(u16 x,u16 y,u8 c,u16 charColor,u16 bkColor)
```

其中变量 c 是传入的字符,其类型是 u8,也就是一字节。那么这又传递一个什么样的信息呢?u8 类型的范围为 0~255,刚好是 ASCII 字符的范围。也就是说,LCD_DrawChar 只能显示英文字符和半角符号,而 Unicode 字符——例如中文——是不会通过该函数进行绘制的。

回过头来看看字符的绘制。假如传入的是英文字符,那么该如何去绘制呢?对于 LCD 显示屏来说,每个字符是由像素点构成的。平时所说的 4.3 英寸屏,分辨率为 480×272,其代表的意义是一行有 480 个像素点,一列的像素点为 272 个。假设所使用的 LCD 屏的分辨率为 20×20,则屏幕如图 11.2.4 所示。

如果要显示一个"!",则其字符宽度占 8 个像素点,高度占 16 个像素点,那么显示效果将会如图 11.2.5 所示。

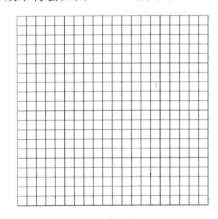

图 11.2.4　20×20 的显示屏

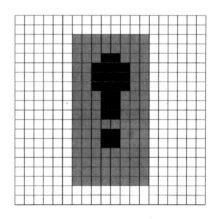

图 11.2.5　感叹号的显示

图 11.2.5 的白色部分是 LCD 原来的颜色,灰色是字符的背景,而黑色则是显示的字符的颜色。如果不想让字符的背景色区别于 LCD 的原来颜色,则可以设定其两者颜色一致。每一个像素点可以对应代码的一个位,当需要绘制该像素点时,则将该位设置为 1,故根据图 11.2.5 可以得出字符"!"的数组如下:

```
u8 c = {0x00,
        0x00,
        0x18, //00011000
        0x3C, //00111100
        0x3C,
```

第 11 章　LCD 驱动

```
        0x3C,
        0x18,
        0x18,
        0x18,
        0x00,
        0x18,
        0x18,
        0x00,
        0x00,
        0x00,
        0x00}
```

接下来可能各位读者会问，既然知道了字符的显示方式，那么是不是说需要自己去构造这些字符的数组呢？其实没必要。因为微软已经帮我们准备好了这些字符数组。

微软为我们准备的字符数组的路径位于"\$(SPOCLIENT)\DeviceCode\Drivers\Display\TextFonts"，其下有两个文件夹，分别是 Font8x8 和 Font8x15。这两个文件夹的区别在于显示字符的大小，比如 Font8x15 意味着字符宽为 8 个像素点，高为 15 个像素点。这里需要留意的是，无论是哪个文件夹，它们的宽度都为 8，刚好与一个 unsigned char 类型变量的位数相符。

那么在实际使用中，应该采用哪个文件夹的工程呢？如果从美观来说，则是 Font8x15，因为字符的高度大了一倍，也就是说数组的数据量大了一倍，但这在资源紧缺的开发板上其实是一个非常严重的问题。所以这里笔者不考虑美观的因素，而仅仅从节约资源出发，选择 Font8x8。

当确认了所使用的字库之后，还需要将相应的字库工程添加进来。不过添加的位置并不是在 LCD 的驱动中，而是在你所使用的主工程中。比如，现在编译的是 TinyCLR，那么就必须打开 TinyCLR.proj 文件，然后添加如下语句：

```
<ItemGroup>
    <DriverLibs Include = "Display_Font8x8.$(LIB_EXT)" />
    <RequiredProjects Include = "$(SPOCLIENT)\DeviceCode\Drivers\Display\TextFonts\Font8x8\dotNetMF.proj" />
</ItemGroup>
```

如果打算使用的字库是 Font8x15，那么上面的语句就应更改为

```
<ItemGroup>
    <DriverLibs Include = "Display_Font8x15.$(LIB_EXT)" />
    <RequiredProjects Include = "$(SPOCLIENT)\DeviceCode\Drivers\Display\TextFonts\Font8x15\dotNetMF.proj" />
</ItemGroup>
```

同理，如果正在调试的工程是 TinyBooter，那么也只需在 TinyBooter.proj 中添

加相应的语句即可。

下面不妨来看看 Font8x8 字库工程的相应源代码。因为在 font8x8.cpp 文件中存储了字库的数据，所以该文件较大，但实际上可以使用的接口却非常少。首先来了解字库数据，该字库的数据是以一个 unsigned char 类型的数组进行存储的，代码如下：

```
const unsigned char font_8x8[] = {
    ...

    /*    4 '$' */
        /* 00011000 */  0x18,
        /* 01111110 */  0x7e,
        /* 11011000 */  0xd8,
        /* 01111100 */  0x7c,
        /* 00011010 */  0x1a,
        /* 11111100 */  0xfc,
        /* 00011000 */  0x18,
        /* 00000000 */  0,
    /*    5 '%' */
        /* 01100000 */  0x60,
        /* 01100110 */  0x66,
        /* 00001100 */  0xc,
        /* 00011000 */  0x18,
        /* 00110000 */  0x30,
        /* 01100110 */  0x66,
        /* 01000110 */  0x46,
        /* 00000000 */  0,
    ...
}
```

因为字库数组非常庞大，全部列出来没有任何意义（norains：除了可以骗骗稿费……），所以这里只节选了其中的两个。

不妨先来看看这段短小的代码。注释中的"4"或"5"意味着这是第几个字符，而紧跟其后的"$"或"%"则是真正要显示的字符；再下面跟着的代码便是相应的像素点数值了。正如之前所说，类型为 unsigned char 的变量的大小为 8 位，刚好与字符宽度相同，也就是说，每一个 unsigned char 类型的值代表的是一行。那么为什么这里要反复强调这个概念呢？因为在接下来的代码中会遇到这个情况。再仔细观察数组，一个字符由 8 个 unsigned char 类型的数据组成，也就是有 8 行，那么这不刚好是 8×8，与所选择的字库大小相同吗？这便是微软字库排列的原理与字体大小的关系。

现在原理明白了，聪明的读者可能会考虑，如果要显示字符"%"，那么应该如何定位到相应的数据上呢？是否还要自己写算法呢？答案是否定的。如果连这些基础

第 11 章　LCD 驱动

的东西都需要自己亲力亲为的话,那么微软就不叫微软了。如果要将字符定位到相应的数组位置上,则只需调用 Font_GetGlyph 函数即可。该函数的实现代码如下:

```
const unsigned char * Font_GetGlyph(unsigned char c)
{
    c &= 0xFF;

    if(c > 0x1F && c < 0x7F) c = c - ' ';
    else if(c > 0x9F) c = c - ' ' - (0xA0 - 0x7F);
    else c = 0; /* non-printable --> space */

    return &font_8x8[c * 8];
}
```

该函数传入的形参是要显示的字符,返回的是该字符在 font_8x8 数组中的位置。可能熟悉 C/C++ 编程规范的朋友会觉得不对劲,font_8x8 是内部使用的数组,如果像这样直接返回数组的位置给调用者,则是否破坏了某些原则?是的,没错,这样的确有所不妥。但问题是,这是嵌入式系统,资源非常紧缺,虽然可以采用通用的传入缓存区的方式来进行数据的获取和保存,但这需要耗费资源,时间也会损耗不少。在多方面权衡之下,便只能采用这种妥协的方式了。

除了 Font_GetGlyph 以外,与字库有关的函数还有 int Font_Height(), int Font_Width() 和 int Font_TabWidth()。对于这三个函数都能够望文生义,在此就不多说了,接下来不妨看看 LCD_DrawChar 的实现,代码如下:

```
void LCD_DrawChar(u16 x,u16 y,u8 c,u16 charColor,u16 bkColor)
{
    //获取字符的长度和宽度,并保存到变量中,以避免频繁调用函数造成开销
    int width = Font_Width();
    int height = Font_Height();

    //获取字符所在的位置
    const UINT8 * font = Font_GetGlyph( c );

//该临时变量用来存储一行的像素点
UINT8 tmp_char = 0;

    for (int i = 0; i < height ; i++)
    {
        //因为一行为 8 位,所以刚好与 unsigned char 类型的大小相等;
        //以下每一行的数据都是一个 unsigned char 类型的数值
        tmp_char = font[i];
```

```c
    for (int j = 0; j < width; j++)
    {
        //绘制一行的数据
        if ( (tmp_char >> 7 - j) & 0x01 == 0x01)
        {
            LCD_DrawPoint(x + j, y + i, charColor); // charColor 为字符的颜色
        }
        else
        {
            LCD_DrawPoint(x + j, y + i, bkColor); // bkColor 为背景色
        }
    }
}
```

函数 LCD_DrawChar 正常工作之后,LCD_DrawString 函数就显得非常简单了。思路也非常清晰:因为传入的形参包含了 x 和 y 坐标,所以直接绘制即可。这里做了一个简单化的处理,即并不判断字符串是否大于屏幕宽度,而只是直接绘制而已。另外,还采用了两个全局变量,用来保存当前的绘制位置,以避免单独调用 LCD_DrawFormattedChar 函数时会将之前的字符覆盖。听起来是不是很简单呢?实际也是如此,其实现代码如下:

```c
void LCD_DrawString(u16 x,u16 y,const u8 * pString,u16 charColor,u16 bkColor)
{
    //判断是否为空字符
    if(pString == NULL)
    {
        return ;
    }

    u16 DrawX = x;
    while(* pString != '\0')
    {
        //绘制字符
        LCD_DrawChar(DrawX,y, * pString,charColor,bkColor);

        //DrawX 保存的是下一个字符的绘制位置
        DrawX += Font_Width();
        pString ++;
    }

    //将当前的位置保存到全局变量中
```

第 11 章　LCD 驱动

```
        ms_CurXPos = DrawX;
        ms_CurYPos = y;
    }
```

之前在说明 LCD_DrawString 函数时轻描淡写地提到了 LCD_DrawFormatted-Char 函数,其实该函数使用得还是比较多的,其定义如下:

```
void LCD_DrawFormattedChar(u8 character)
```

是不是发现什么了?没错,这个函数没有给出 x 和 y 的坐标!那么,传入的字符究竟要绘制到哪里呢?答案是:自己维持一个当前的坐标值。这看起来似乎很复杂,但实际上之前已经有所接触,就是在实现 LCD_DrawString 函数时用到的 ms_CurXPos 和 ms_CurYPos 即是所要维护的坐标数值!现在各位朋友应该明白了为何在 LCD_DrawString 函数中会对这两个全局变量进行赋值了吧?

但是问题又来了,这个没有坐标的绘制字符函数在什么情况下调用呢?答案是在调试的时候,具体来说,是在 lcd_printf 中调用的。这样一来,调用 LCD_Draw-FormattedChar 函数时没有坐标也就可以理解了。调试时为了快和准确,只需将所显示的字符统统丢给驱动,至于驱动要怎样实现就不用考虑了。

虽然 lcd_printf 函数不管坐标的问题了,但在写驱动的时候,这件事还是要落到我们自己的头上。下面以一个最简单的思路来解决这个问题。因为已经有了两个全局变量来保存当前的坐标,所以在开始绘制字符之前,先要判断 x 坐标加上一个字符宽度之后是否已经超出屏幕宽度。如果是,那么就换行;如果不是,则 x 坐标直接采用增加的数值。这里还有一个小问题,就是当绘制坐标已经到达了最后一行最后一个字符时,索性就什么都不管,而直接将屏幕清除,从头开始绘制。现在思路理清了,就看看下面相应的代码吧。

```
void LCD_DrawFormattedChar(u8 character)
{
    //如果超出屏幕的宽度或遇到换行符,则 y 坐标增加一个字符宽度
    if(ms_CurXPos + Font_Width() > LCD_GetWidth() || character == '\n')
    {
        ms_CurXPos = DEFAULT_DRAW_BEGIN_X_POSITION;
        ms_CurYPos += Font_Height();
    }

    //如果已经超出最后一行的范围,则清屏
    if(ms_CurYPos >= LCD_GetHeight())
    {
        //清屏
        LCD_Clear(DEFAULT_DRAW_BACKGROUND_COLOR);
    }

    //绘制字符
```

```
        LCD_DrawChar(ms_CurXPos,ms_CurYPos,character,DEFAULT_DRAW_CHARACTER_COLOR,
DEFAULT_DRAW_BACKGROUND_COLOR);
    }
```

11.2.5 代码完善

如 11.1 节所说,LCD 控制器函数接口一共有三个。首先来看看初始化函数 LCD_Controller_Initialize。该函数的功能很明确,首先将整个 LCD 屏清为黑色,然后设置显示的范围,所以代码为

```
BOOL LCD_Controller_Initialize(DISPLAY_CONTROLLER_CONFIG& config)
{
    //初始化控制器
    CILI932x::LCD_Init();

    //将整个屏幕清为黑色
    CILI932x::LCD_Clear(ILI932x::Black);

    //根据传入的数值来设置显示的范围
    CILI932x::LCD_SetDisplayWindow(00, 00, config.Width, config.Height);
    return TRUE;
}
```

代码中用到的 ILI932x::Black 是一个枚举变量,表示一个 16 位的颜色值,其定义代码是

```
namespace ILI932x
{
    enum Color
    {
        White   = 0xFFFF,
        Black   = 0x0000,
        Grey    = 0xF7DE,
        Blue    = 0x001F,
        Blue2   = 0x051F,
        Red     = 0xF800,
        Magenta = 0xF81F,
        Green   = 0x07E0,
        Cyan    = 0x7FFF,
        Yellow  = 0xFFE0,
    };
};
```

与初始化函数对应的是卸载函数,不过因为在范例代码中并没有关于卸载方面

的内容,所以姑且认为卸载时不需要做太多的动作,而直接返回 TRUE 即可,代码是

```
BOOL LCD_Controller_Uninitialize()
{
    return TRUE;
}
```

最后剩下的便是控制 LCD 使能与否的 LCD_Controller_Enable 函数了,而这个函数刚好与 LCD_DisplayOn 和 LCD_DisplayOff 的意义相符,所以直接拿来使用即可,代码是

```
BOOL LCD_Controller_Enable(BOOL fEnable)
{
    if(fEnable != FALSE)
    {
        CILI932x::LCD_DisplayOn();
    }
    else
    {
        CILI932x::LCD_DisplayOff();
    }
    return TRUE;
}
```

11.3 显示驱动

如果说 LCD 控制器驱动仅仅是用来控制硬件是否开始工作的话,那么 LCD 显示驱动所做的事便是如何让 LCD 正常工作。绘制直线、绘制长方形,或者输出文字,一切的根源都在于显示驱动。现在,就来看看这似乎很神秘的显示驱动是如何正常工作的吧。

11.3.1 建立工程

开始动手编写显示驱动之前应该做什么呢? 估计看过本书一两节的朋友会脱口说出:建立工程! 没错,的确如此。所以,还是略微有点枯燥地按照表 11.3.1 的内容来建立工程。

表 11.3.1　LCD 显示工程文件 dotNetMF.proj 修改列表

模　板	工　程
路　径	
$(SPOCLIENT)\DeviceCode\Drivers\Display\stubs	$(SPOCLIENT)\Solutions\STM32F103ZE_RedCow\DeviceCode\LCD_HAL
替　换	
〈AssemblyName〉lcd_hal_stubs〈/AssemblyName〉	〈AssemblyName〉LCD_HAL_STM32F103ZE_RedCow〈/AssemblyName〉
〈ProjectGuid〉{e46797cf-2e42-4e63-a240-0a9673ede6c2}〈/ProjectGuid〉	〈ProjectGuid〉{C9339349-9C18-4BA7-9F6D-49A875FE11F2}〈/ProjectGuid〉
〈LibraryFile〉lcd_hal_stubs.$(LIB_EXT)〈/LibraryFile〉 〈ProjectPath〉$(SPOCLIENT)\DeviceCode\Drivers\Display\stubs\dotNetMF.proj〈/ProjectPath〉	〈LibraryFile〉LCD_HAL_STM32F103ZE_RedCow.$(LIB_EXT)〈/LibraryFile〉 〈ProjectPath〉$(SPOCLIENT)\Solutions\STM32F103ZE_RedCow\DeviceCode\LCD_HAL\dotNetMF.proj〈/ProjectPath〉
〈ManifestFile〉lcd_hal_stubs.$(LIB_EXT).manifest〈/ManifestFile〉	〈ManifestFile〉LCD_HAL_STM32F103ZE_RedCow.$(LIB_EXT).manifest〈/ManifestFile〉
〈IsStub〉True〈/IsStub〉 〈Directory〉DeviceCode\Drivers\Display\stubs〈/Directory〉	〈IsStub〉false〈/IsStub〉 〈Directory〉Solutions\STM32F103ZE_RedCow\DeviceCode\LCD_HAL〈/Directory〉
追　加	
	〈ItemGroup〉 　〈IncludePaths Include="DeviceCode\Targets\Native\STM32F10x\DeviceCode\Libraries\Configure" /〉 　〈IncludePaths Include="DeviceCode\Targets\Native\STM32F10x\DeviceCode\Libraries\STM32F10x_StdPeriph_Driver\inc" /〉 　〈IncludePaths Include="DeviceCode\Targets\Native\STM32F10x\DeviceCode\Libraries\CMSIS\Core\CM3\" /〉 　〈IncludePaths Include="Solutions\STM32F103ZE_RedCow\DeviceCode\LCDController_HAL" /〉 〈/ItemGroup〉

　　细心的朋友看到"追加"一栏的时候会发现,搜索的头文件路径包含了 LCD 控制器所在的文件夹。这当然不是笔误,因为在接下来的代码中也需要通过 FSMC 来对显示进行控制,这样,共用相同的 FSMC 操作文件既能减少开发时间,又能降低出错的可能。

11.3.2 代码完善

对于 .NET Micro Framework 来说,其实是不会自动调用 LCD 控制器驱动函数的,而是由用户在显示驱动中适时调用。控制器驱动有三个函数,除了 LCD_Controller_Enable 以外,其初始化和卸载函数都能够在显示驱动中找到相对应的位置去执行。显示驱动的初始化和卸载函数的代码如下:

```
BOOL LCD_Initialize()
{
    DISPLAY_CONTROLLER_CONFIG config;
    //将整个屏幕作为显示的区域进行初始化
    config.Width = CILI932x::LCD_GetWidth();
    config.Height = CILI932x::LCD_GetHeight();
    //调用控制器的初始化函数
    LCD_Controller_Initialize(config);

    return TRUE;
}
BOOL LCD_Uninitialize()
{
    //调用控制器的卸载函数
    LCD_Controller_Uninitialize();
    return TRUE;
}
```

对于显示驱动的其他接口函数,因为它们基本上都能够与范例的函数相对应,所以只要明白了范例函数的用法,那么一切就都不在话下。这里不再对范例函数进行重复说明,而直接列出如下显示驱动的调用方式:

```
void LCD_Clear()
{
    CILI932x::LCD_Clear(ILI932x::Black);
}
void LCD_BitBltEx(int x, int y, int width, int height, UINT32 data[])
{
    CILI932x::LCD_DrawBMP(x,y,width,height,reinterpret_cast<const u32 *>(data));
}
void LCD_BitBlt(int width, int height, int widthInWords, UINT32 data[], BOOL fUseDelta)
{
    NATIVE_PROFILE_HAL_DRIVERS_DISPLAY();
}
```

```cpp
void LCD_WriteChar(unsigned char c, int row, int col)
{
    CILI932x::LCD_DrawChar(row,col,c,ILI932x::White,ILI932x::Black);
}
void LCD_WriteFormattedChar(unsigned char c)
{
    CILI932x::LCD_DrawFormattedChar(c);
}
INT32 LCD_GetWidth()
{
    return CILI932x::LCD_GetWidth();
}
INT32 LCD_GetHeight()
{
    return CILI932x::LCD_GetHeight();
}
INT32 LCD_GetBitsPerPixel()
{
    return CILI932x::LCD_GetBitsPerPixel();
}
UINT32 LCD_GetPixelClockDivider()
{
    NATIVE_PROFILE_HAL_DRIVERS_DISPLAY();
    return 0;
}
INT32 LCD_GetOrientation()
{
    //0 意味着没有旋转
    return 0;
}
void LCD_PowerSave( BOOL On )
{
    //什么都不做
}
UINT32 * LCD_GetFrameBuffer()
{
    NATIVE_PROFILE_HAL_DRIVERS_DISPLAY();
    return NULL;
}
UINT32 LCD_ConvertColor(UINT32 color)
{
    NATIVE_PROFILE_HAL_DRIVERS_DISPLAY();
    return color;
}
```

第 12 章

调试异常与解决

严格来说,如果各位朋友对移植过程非常熟悉,并且足够小心的话,那么本章所提及的问题是不会出现的。但考虑到嵌入式调试的复杂性,很多异常的查找和解决方式与桌面的开发大为不同,而这又往往是初学者很难越过的一道坎,所以这里将移植过程中遇到的一些问题整理成章。其中有些例子的问题是因为参数设置不正确导致的,也有些是因为 MDK 本身的 bug,但无论是由何种原因造成的,其中查找和解决问题的思路对于初学者来说都有一定的借鉴作用。

12.1 CheckMultipleBlocks 函数引发的异常与解决

在调试 TinyCLR 时,发现当程序跑到 AppDomain_Mark 函数处,并且执行到该函数内部调用函数 CheckMultipleBlocks 时必定会发生 Hard Fault 异常。查阅了很多文档,也做了很多猜测性调试,一直都没有解决该问题。

在百般苦恼的时候,抱着死马当活马医的态度,将网友叶帆的配置替换到自己的工程中,没想到,奇迹出现了:程序再也没有跑到 AppDomain_Mark 函数里,且正常输出了.NET Micro Framework 的相关信息!

这究竟是怎么回事呢?经过多次的对比测试,发现原因出在 Heap 的设置上。因为笔者想使用单芯片解决方案,不采用外部 RAM,而将 Heap、Custom_Heap 和 Stack 全部放到 STM32F103ZE 的内部 RAM 中,所以书写了如下的内存分配:

```
<Set Name = "Heap_Begin"         Value = "0x20005200"/>
<Set Name = "Heap_End"           Value = "0x20008CFC"/>
<Set Name = "Custom_Heap_Begin"  Value = "0x20008D00"/>
<Set Name = "Custom_Heap_End"    Value = "0x20008DFC"/>
<Set Name = "Stack_Bottom"       Value = "0x20008E00"/>
<Set Name = "Stack_Top"          Value = "0x20008FFC"/>
```

Heap 的大小为 0x2000 8CFC−0x2000 5200 = 0x3AFC = 15 100,约为 15 KB 左右,而这个数值对于 TinyCLR 来说太小了,完全不能满足最小需求。看到这里,也许有人会说,为什么不把 Heap_Begin 的数值往前移一点,使其变为 0x2000 3000 之类呢?回答是不可能。因为在编译 TinyCLR 时,0x2000 5200 之前的内存已经被使用殆尽,再也没有可用的余地了。打开 tinyclr.symdefs 文件就能够清晰地看到这一点,如图 12.1.1 所示。

```
0x20005100  D  Hal_Usart_State
0x200051b0  D  g_Events_BoolTimerCompletion
0x200051d8  D  g_HAL_Completion_List
0x200051e4  D  g_HAL_Continuation_List
0x200051f0  D  g_I2C_Driver
0x20005200  D  HeapBegin
0x20008dfc  D  HeapEnd
0x20008e00  D  CustomHeapBegin
0x20008efc  D  CustomHeapEnd
0x20008f00  D  StackBottom
0x20008ffc  D  StackTop
```

编译时变量所用到的内存范围已经到0x200051f0,所以HeapBegin为0x20005200已经是极限了

图 12.1.1 **HeapBegin** 的地址已经是极限

Heap_Begin 的数值往前移不行,那么往后移可以吗?查看一下配置文件,发现有一节也是占用 RAM 的,即:

```
<IfDefined Name = "PROFILE_BUILD">
    <Set Name = "ProfileBuffer_Begin" Value = "0x20009000"/>
    <Set Name = "ProfileBuffer_End"   Value = "0x2000EFFC"/>
</IfDefined>
```

但在实际测试中发现,将 ProfileBuffer 屏蔽掉后其实也是可以正常编译的,换句话说,ProfileBuffer 在目前的编译方式中是可有可无的。这样的话为什么不物尽其用,将其所占据的这部分内存拿来使用呢?于是,分散加载文件可以更改配置如下:

```
<Set Name = "Heap_Begin"         Value = "0x20008000"/>
<Set Name = "Heap_End"           Value = "0x2000DFFC"/>
<Set Name = "Custom_Heap_Begin"  Value = " + 0"/>
<Set Name = "Custom_Heap_End"    Value = "0x2000EFFC"/>
<Set Name = "Stack_Bottom"       Value = " + 0"/>
<Set Name = "Stack_Top"          Value = "0x2000FFFC"/>
```

编译,测试,一切顺利! TinyCLR 正常跑起来了!

但还是留下了小小的隐患。因为目前 TinyCLR 还比较小,并没有挂载相应的.NET Micro Framework 程序,如果以后放置了更多的.NET Micro Framework 应用程序,那么会不会因为内部 RAM 空间不够而再次引发类似莫名其妙的问题呢?这个确实不好说。不过,对此也并不是没有办法,因为开发板上不是还有外部的 SRAM 吗?如果担心内部的 64 KB 的 RAM 不够用,那么完全可以用外部的 SRAM! 也就是说,将 Heap 和 Custom_Heap 放置到外部 SRAM,而 Stack 依旧放置到内部的 RAM,这时候的分散加载文件配置如下:

```
<Set Name = "Heap_Begin"         Value = "0x68000000 "/>
<Set Name = "Heap_End"           Value = "0x6801DFFC "/>
<Set Name = "Custom_Heap_Begin"  Value = "0x6801E000 "/>
```

```
<Set Name = "Custom_Heap_End"        Value = "0x6801FFFC"/>
<Set Name = "Stack_Bottom"           Value = "0x20008000"/>
<Set Name = "Stack_Top"              Value = "0x2000FFFC"/>
```

编译，将 TinyCLR 下载到开发板，运行，也是一切顺利！TinyCLR 也能够在外部 RAM 上跑起来了！

12.2　TinyCLR 的 this 赋值语句的缘起与解决

当大家辛辛苦苦调试好 NativeSample，并将代码放到 TinyCLR 中进行编译下载后，运行时却突然发现程序莫名地崩溃了。然后一行一行检查代码，发现问题居然出在"CLR_RECORD_ASSEMBLY header = *this;"这条语句上。按理说，这条语句不应该出问题，可究竟是怎么回事呢？少安毋躁，现在一起来检查一下。

追本溯源，先从 LoadKnowAssemblies 函数看起，如图 12.2.1 所示。

```
#if !defined(BUILD_RTM)
    CLR_Debug::Printf( "Create TS.\r\n" );
#endif

    TINYCLR_CHECK_HRESULT(LoadKnownAssemblies( TinyClr_Dat_Start, TinyClr_Dat_End ));

#endif // defined(PLATFORM_WINDOWS) || defined(PLATFORM_WINCE)

#if !defined(BUILD_RTM)
    CLR_Debug::Printf( "Loading Deployment Assemblies.\r\n" );
#endif
```

图 12.2.1　LoadKnowAssemblies 函数代码

其中有两个变量需要注意，分别是 TinyClr_Dat_Start 和 TinyClr_Dat_End。这两个变量是在 tinyclr_dat.s 文件中定义的，其地址却与 scatterfile_tinyclr_xxx.xml 文件有关，如图 12.2.2 所示。

```
<If Name="TARGETTYPE" In="RELEASE DEBUG">
  <Set Name="Data_BaseAddress" Value="0x0804A000" />
  <Set Name="Code_Size" Value="%Data_BaseAddress - Code_BaseAddress%" />
  <Set Name="Data_Size" Value="%Deploy_BaseAddress - Data_BaseAddress%" />
</If>
                                              执行区的地址
<IfDefined Name="Data_BaseAddress">

  <LoadRegion Name="LR_DAT" Base="%Data_BaseAddress%" Options="ABSOLUTE" Size="%Data_Size%">

    <!-- we have arbitrarily assigned 0x00100000 offset in FLASH for the tinyclr.dat, and si

    <ExecRegion Name="ER_DAT" Base="%Data_BaseAddress%" Options="FIXED" Size="%Data_Size%">

      <FileMapping Name="tinyclr_dat.obj" Options="(+RO)" />

    </ExecRegion>
                              TinyClr_Dat_Start和TinyClr_Dat_End变量所处
                              的obj文件
  </LoadRegion>

</IfDefined>
```

图 12.2.2　TinyClr_Dat_Start 和 TinyClr_Dat_End 变量的地址

下面继续执行 LoadKnowAssemblies 函数,一直跑到 GoodHeader 函数,如图 12.2.3 所示。

```
bool CLR_RECORD_ASSEMBLY::GoodHeader() const
{
    NATIVE_PROFILE_CLR_CORE();
    CLR_RECORD_ASSEMBLY header = *this; header.headerCRC = 0;

#if !defined(BIG_ENDIAN)              this = 0x0804A001
    if ( (header.flags & CLR_RECORD_ASSEMBLY::c_Flags_BigEndian)
```

图 12.2.3　GoodHeader 函数

如果再继续往下执行,就会引发 Hard Fault 错误。是不是很奇怪?现在仔细看看上面的截图,此时 this 的数值为 0x0804 A001。如果用断点一步步调试的话,就应该知道 this 指向的地址其实就是 TinyClr_Dat_Start 的地址。但是地址为什么是 0x0804 A001 呢?是不是调试器显示的信息有误?

打开 TinyCLR.map 文件可以明确地发现,TinyClr_Dat_Start 确实是被编译为 0x0804 A001,如图 12.2.4 所示。

```
TinyClr_Dat_Start            0x0804a001   Data    0  tinyclr_dat.obj(.text)
TinyClr_Dat_End              0x0806b511   Data    0  tinyclr_dat.obj(.text)
```

图 12.2.4　TinyClr_Dat_Start 被编译后的地址

可是根据 scatterfile_tinyclr_xxx.xml 文件的配置,TinyClr_Dat_Start 不应该是 0x0804 A001,而应该是 0x0804 A000 才对啊!为什么偏偏多了 1 字节呢?看到这里,你的第一感觉是不是拼命折腾 scatterfile_tinyclr_xxx.xml 文件呢?但笔者很遗憾地说,无论你怎么折腾,TinyClr_Dat_Start 的地址永远是%Data_BaseAddress% + 1!

那么是不是就束手无策了呢?也不尽然。其实修改这个地址也很简单,只要打开 tinyclr_dat.s 文件,增加一个 SPACE 0 语句即可,如图 12.2.5 所示。

编译之后会是什么结果呢?一起来看看 TinyCLR.map 文件,如图 12.2.6 所示。

从图 12.2.6 中可以看出,TinyClr_Dat_Start 已经与我们设置的值一样了,变为正确的数值 0x0804 A000 了。

TinyClr_Dat_Start 地址的问题解决了,现在回到文章开头,为什么在 TinyClr_Dat_Start 为 0x0804 A001,也就是 this 为 0x0804 A001 时,"CLR_RECORD_ASSEMBLY header = *this;"语句会出现 Hard Fault 异常呢?最多也就是复制的数据不正确,再怎么样也不应该引发异常吧?

进入到汇编代码的层次查看一下,发现这条赋值语句的最后调用了__rt_memcpy_w 函数,如图 12.2.7 所示。

出错的地方在__rt_memcpy_w 函数中的 LDM 语句,如图 12.2.8 所示。

第 12 章 调试异常与解决

```
;;;;;;;;;;;;;;;;;;;;;;;;;;;;;;;;;;;;;;;;;;;;;;;;;;;;;;;;;;;;;;;;;;;;;;;;;;;;;;;;;;;;
; Copyright (c) Microsoft Corporation.    All rights reserved.
;;;;;;;;;;;;;;;;;;;;;;;;;;;;;;;;;;;;;;;;;;;;;;;;;;;;;;;;;;;;;;;;;;;;;;;;;;;;;;;;;;;;

    AREA |.text|, CODE, READONLY

    ; has to keep it as ARM code, otherwise the the label TinyClr_Dat_Start and TinyClr_Dat_End are 1 word shift

    ; ARM directive is only valid for ARM/THUMB processor, but not CORTEX
    IF :DEF:COMPILE_ARM :LOR: :DEF:COMPILE_THUMB
    ARM
    ENDIF

    EXPORT   TinyClr_Dat_Start
    EXPORT   TinyClr_Dat_End

    ;If you don't have the source code line ,the address of TinyClr_Dat_Start would be "%Data_BaseAddress% + 1",
    ;when you call memcpy function which would cause the hard fault.
    ;If you have "SPACE 0",the address of TinyClr_Dat_Start is  "%Data_BaseAddress%" which is right.
    ;Be careful: %Data_BaseAddress% is defined in the scatterfile_tools_xx.XML file, and it must be 4 byte align
    SPACE 0

TinyClr_Dat_Start
    INCBIN tinyclr.dat
TinyClr_Dat_End

    END
```

图 12.2.5 增加一个 SPACE 0 语句

```
TinyClr_Dat_Start                   0x0804a000    Data    0   tinyclr_dat.obj(.text)
TinyClr_Dat_End                     0x0806b510    Data    0   tinyclr_dat.obj(.text)
```

图 12.2.6 更新后的 TinyClr_Dat_Start 的地址

```
    1342:           CLR_RECORD_ASSEMBLY header = *this;
 0x0803360A 227C        MOVS     r2,#0x7C
 0x0803360C 4621        MOV      r1,r4
 0x0803360E A801        ADD      r0,sp,#0x04
⇨0x08033610 F7CDF813    BL.W     __rt_memcpy_w (0x0800063A)
    1343:           header.headerCRC = 0;
```

图 12.2.7 赋值调用了 __rt_memcpy_w 函数

```
Disassembly
                   __rt_memcpy_w:
 0x0800063A B510           PUSH      {r4,lr}
 0x0800063C 3A20           SUBS      r2,r2,#0x20
 0x0800063E F0C0800B       BCC.W     0x08000658
⇨0x08000642 E8B15018       LDM       r1!,{r3-r4,r12,lr}
 0x08000646 3A20           SUBS      r2,r2,#0x20
 0x08000648 E8A05018       STM       r0!,{r3-r4,r12,lr}
 0x0800064C E8B15018       LDM       r1!,{r3-r4,r12,lr}
 0x08000650 E8A05018       STM       r0!,{r3-r4,r12,lr}
```

图 12.2.8 执行就会出错的 LDM 语句

那么为什么 LDM 语句会出现异常呢？下面直接将地址转换为指针，写一些测试代码看看，如图 12.2.9 所示。

第 12 章　调试异常与解决

```
pVal = (CLR_RECORD_ASSEMBLY *)0x08000000;
memcpy(&header,pVal,sizeof(CLR_RECORD_ASSEMBLY));

pVal = (CLR_RECORD_ASSEMBLY *)0x08000002;
memcpy(&header,pVal,sizeof(CLR_RECORD_ASSEMBLY));

pVal = (CLR_RECORD_ASSEMBLY *)0x08000004;
memcpy(&header,pVal,sizeof(CLR_RECORD_ASSEMBLY));

pVal = (CLR_RECORD_ASSEMBLY *)0x08000005;
memcpy(&header,pVal,sizeof(CLR_RECORD_ASSEMBLY));

pVal = (CLR_RECORD_ASSEMBLY *)0x08000006;
memcpy(&header,pVal,sizeof(CLR_RECORD_ASSEMBLY));

pVal = (CLR_RECORD_ASSEMBLY *)0x08000008;
memcpy(&header,pVal,sizeof(CLR_RECORD_ASSEMBLY));

pVal = (CLR_RECORD_ASSEMBLY *)0x0800000C; //12
memcpy(&header,pVal,sizeof(CLR_RECORD_ASSEMBLY));
```

如果地址不能被4整除，则memcpy函数会引发Hard Fault异常

图 12.2.9　测试地址的代码

这里需要说明的是，虽然测试代码采用了 memcpy 函数，但是最后还是调用了函数 __rt_memcpy_w。从图 12.2.7 中看出，__rt_memcpy_w 的调用其实是有限制的，也就是说，地址一定要能被 4 整除，否则一定会产生 Hard Fault 异常！

现在来回答本章开头的问题就简单了。虽然设置的％Data_BaseAddress％是 0x0804 A000，能够被 4 整除，但偏偏编译器发了疯，将 TinyClr_Dat_Start 偏移了 1 字节，变成了 0x0804 A001，很明显这是一个不能被 4 整除的数值。而"CLR_RECORD_ASSEMBLY header = * this;"赋值语句拿这个不能被 4 整除的地址 0x0804 A001 来调用 __rt_memcpy_w 函数，肯定就产生了 Hard Fault 异常。

最后再来思考一个很有意思的问题，即当 TinyClr_Dat_Start 被编译为 0x0804 A001 地址时，是不是 tinyclr.dat 的数据也会往后移 1 字节呢？

首先来看看 TinyClr_Dat_Start 被正确编译为 0x0804 A000 时该区域的数据，如图 12.2.10 所示。

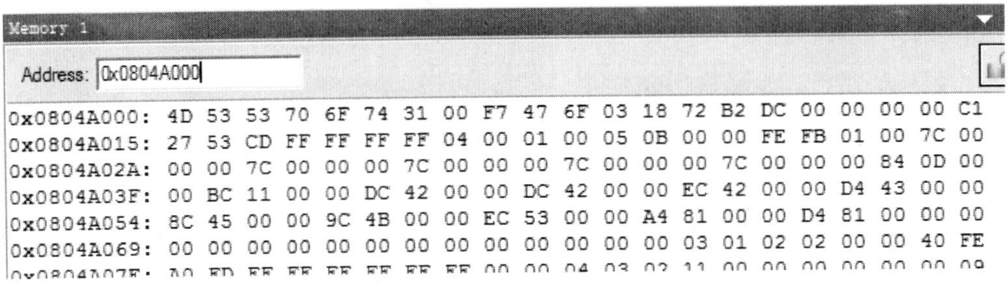

```
Memory 1
Address: 0x0804A000
0x0804A000:  4D 53 53 70 6F 74 31 00 F7 47 6F 03 18 72 B2 DC 00 00 00 00 C1
0x0804A015:  27 53 CD FF FF FF FF 04 00 01 00 05 0B 00 00 FE FB 01 00 7C 00
0x0804A02A:  00 00 7C 00 00 00 7C 00 00 00 7C 00 00 00 7C 00 00 00 84 0D 00
0x0804A03F:  00 BC 11 00 00 DC 42 00 00 DC 42 00 00 EC 42 00 00 D4 43 00 00
0x0804A054:  8C 45 00 00 9C 4B 00 00 EC 53 00 00 A4 81 00 00 D4 81 00 00 FE
0x0804A069:  00 00 00 00 00 00 00 00 00 00 00 00 03 01 02 02 00 00 40 FE
0x0804A07E:  A0 ED FF FF FF FF FF FF 00 04 03 02 11 00 00 00 00 00 00 00
```

图 12.2.10　TinyClr_Dat_Start 被正确编译后该区域的数据

而当 TinyClr_Dat_Start 被错误编译为 0x0804 A001 地址时，该区域的数据如图 12.2.11 所示。

第 12 章　调试异常与解决

图 12.2.11　TinyClr_Dat_Start 被错误编译后该区域的数据

从图 12.2.10 和图 12.2.11 中可以看出，无论 TinyClr_Dat_Start 被编译为 0x0804 A000，还是被编译为 0x0804 A001，tinyclr.dat 的数据都是以 0x0804 A000 为起始的！换句话说，当 TinyClr_Dat_Start 被编译为 0x0804 A001 时，读取出来的数据肯定是错误的。这算不算是 MDK 的一个 bug 呢？

12.3　MDK 指针赋值操作的 bug

在介绍这个 bug 之前，先来看一个很简单的算式"0x81 & 0x7F = ?"估计很多人都会知道，其结果等于 1。如果对此还有点懵懂的朋友，可以用 Windows 自带的计算器试试，结果肯定是 1。但如果是在 MDK 中，那么这个算式的结果可能就不同了，其结果很可能不是 1，如图 12.3.1 所示。

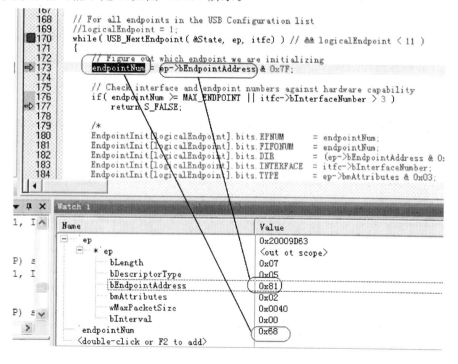

图 12.3.1　"&"操作的结果是错误的

从图 12.3.1 中可以看到,ep->bEndpointAddress 的数值为 0x81,与 0x7F 进行"&"操作后,其结果保存到 endpointNum 中,但却发现该结果变成了 0x68！这究竟是怎么回事呢？

在详细讲解该问题之前,将代码行"endpointNum = ep->bEndpointAddress & 0x7F"分解为两个步骤,如下所示：

```
endpointNum = ep->bEndpointAddress;
endpointNum &= 0x7F;
```

接着重新编译,在编译器中查看相应的结果,如图 12.3.2 所示。

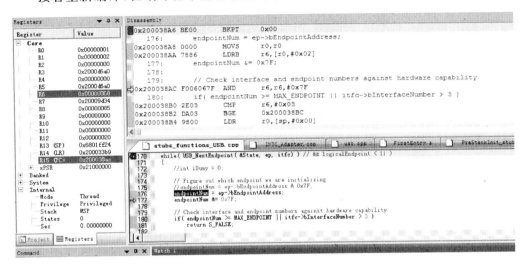

图 12.3.2　源代码与编译后的汇编代码

从图 12.3.2 可以很明显地看到,语句"endpointNum = ep->bEndpointAddress"被汇编成如下两条语句：

```
MOVS r0,r0
LDRB r6,{r0,#0x02}
```

其中 r6 是 endpointNum 变量的地址,这个没有问题。问题就出在 r0 的数值上。在执行 MOVS 操作之前,r0 为 0x0000 0001,然后将在该地址上偏移 2 字节地址所对应的数值赋给 r6! 这很明显是不对的,因为 r0 的数值应该等于 ep 的地址,也就是应该为 0x2000 9D60 才对！所以难怪会出错。

这个错误应该是 MDK 编译器的 bug。那么,有没有办法避开这个 bug 呢？方法还是有的,只要在赋值语句之前随便初始化一个变量即可,比如增加一条语句"int iDumy = 0",则执行的结果如图 12.3.3 所示。

此时发现,赋值语句的汇编代码已经变为

```
LDR r0,{sp,#0x04}
LDRB r6,{r0,#0x02}
```

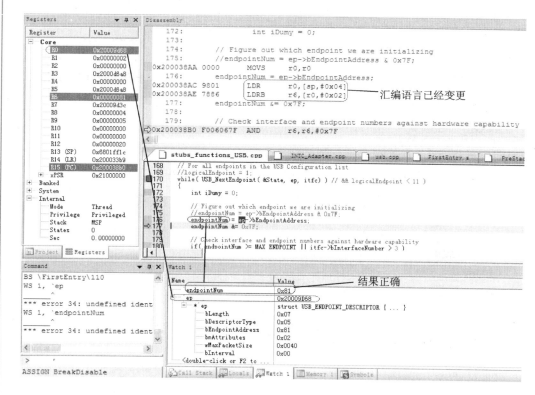

图 12.3.3 增加一条语句后的结果

代码改变后的最直接结果就是,r0 寄存器的数值刚好就是 ep 指针的地址,而不再是那个可恶的 0x0000 0001,于是 endpointNum 就变成了正确的 0x81,也就意味着已经成功绕开了 MDK 这个莫名其妙的 bug!

12.4 &Load＄＄ER_RAM＄＄Base 赋值语句的崩溃

也许在大家将一切参数都规矩地设置完毕,并满怀希望开始调试 NativeSample 时,却突然发现在调试 TinyHal.cpp 文件中的 BootEntry 函数时卡壳了。具体来说,就是在调试到"LOAD_IMAGE_Start =（UINT32）&Load＄＄ER_RAM＄＄Base"语句时出现了总线错误,如图 12.4.1 所示。

这时可能大家的第一反应是 Heap 或 Stack 的设置有误。但实际上无论怎样设置 Heap 或 Stack,这个错误还是依然存在。所以基本上可以确定,问题并非出在 Heap 和 Stack 的设置上。如果想确定 TinyHal.cpp 的代码是否一运行就会出问题,那么就在 BootEntry 函数中增添如下语句:

```
int i = 0;
i = 1;
```

执行后会发现一切都是正常的。那么为什么偏偏在给 LOAD_IMAGE_Start 赋

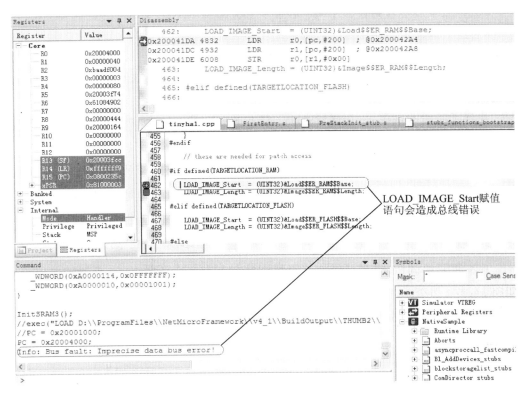

图 12.4.1 出现总线错误

值时会出错呢？是不是 LOAD_IMAGE_Start 有什么蹊跷？现在可以再次执行 debug，并设置断点，然后在 symbols 窗口查看 LOAD_IMAGE_Start 的地址，如图12.4.2所示。

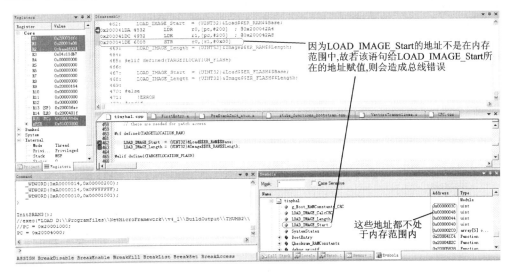

图 12.4.2 查看 LOAD_IMAGE_Start 的地址

第 12 章 调试异常与解决

从图 12.4.2 中看到什么了吗？没错！LOAD_IMAGE_Start 的地址是 0x0000 0040,而这个地址根本就不是内存的地址！那么此时 0x0000 0040 会是什么地址呢？如果是以 FLASH 模式启动,那么 FLASH 的地址就映射到 0x0000 0000,此时的 0x0000 0040 指向的就是 FLASH！现在直接往 FLASH 中写数值,则肯定会引发总线错误！

找到了问题的根源,一切就好办了。打开 scatterfile_tools_mdk.xml 文件,发现 ER_RAM_RO 字段的设置如下：

〈ExecRegion Name = "ER_RAM_RO" Base = "0x00000000" Options = "ABSOLUTE" Size = ""〉

其中起始地址为 0x0000 0000,这是不正确的,因为内存地址是以 0x2000 0000 为起始的。现在只要将 Base 的数值更改为 0x2000 0000 即可,即：

〈ExecRegion Name = "ER_RAM_RO" Base = "0x20000000" Options = "ABSOLUTE" Size = ""〉

现在再开始调试,发现已经能够顺利执行 LOAD_IMAGE_Start 变量的赋值了,如图 12.4.3 所示。

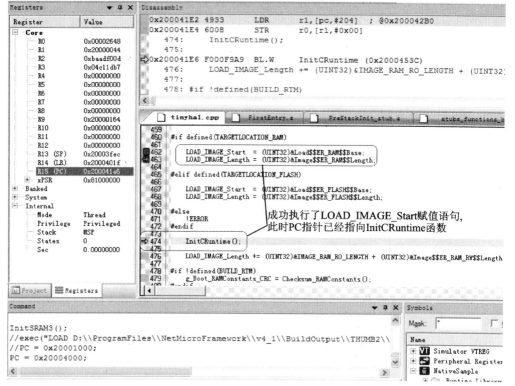

图 12.4.3　正常赋值

12.5　闲谈赋值的出错

　　从 12.2 节开始，连续三节都涉及了赋值会引发 Hard Fault 异常的问题。只不过这三节引发问题的原因都不相同，比如 12.4 节完全是因为程序员的配置文件设置有误造成的，而其余两节的问题均可以归类为 MDK 的 bug。即使是 12.4 节的人为原因，对于那些不熟悉嵌入式开发的朋友来说，也不容易找到问题的根源。回想一下，在进行桌面程序开发时，无论是 Windows 还是 Linux 操作系统，什么时候需要程序员去操心数据究竟是在内存还是在硬盘中操作呢？即使是 Windows CE 嵌入式系统，如果不是专门编写 Bootloader 的程序员，对此也不会多加理会，因为这一切都由编译器效劳了。而这一切在最贴近硬件的嵌入式领域就不同了，有太多的事情需要程序员去亲力亲为。

　　对于 12.2 节和 12.3 节这两节由 MDK bug 引发的问题，则更难以查找。12.2 节的异常至少还有章可循，能够从调用 __rt_memcpy_w 函数出问题而顺藤摸瓜了解到 TinyClr_Dat_Start 的编译地址不正确，只不过以增加 SPACE 0 来解决问题却需要灵光一现和那么一点点小小的运气。但总的来说，还有那么一点点线索。而 12.3 节的问题却是那么匪夷所思，如果没有一点点汇编语言的基础，估计很难查到问题的根源；而解决的方式更是那么不可捉摸，仅仅是增加一条无用的语句而已。

　　嵌入式开发难，难就难在调试，准确地说是难于查找问题和解决问题。而对于这两个方面，很多桌面开发的经验根本就无法应用。不仅如此，还需要程序员有惊人的想象力，因为很多问题看似不可能发生，却偏偏就出在那些意想不到的地方。

　　如果各位读者朋友在调试时遇到类似的问题，千万不要慌，一定要相信任何莫名其妙的问题都会有其真正的根源，而你所需要做的事情，就是将这个根源给揪出来。动漫《名侦探柯南》不是有句口头禅吗？就是：真相只有一个！对于嵌入式开发来说也是如此。相信艺高人胆大的各位读者朋友，在以后的调试中一定能够披荆斩棘到达成功的彼岸！

12.6　灵活使用 ARM 汇编的 WEAK 关键字

　　ARM 汇编中的 WEAK 关键字是一个很有意思的功能，如果能够灵活使用，就能减轻不少烦琐。一般来说，这个关键字用在 IMPORT 和 EXPORT 这两个声明段中。

　　现在有一个名为 ARM_Vectors 的向量表，该向量表的第一个数值指向一个 StackTop 函数的地址。该函数可能已经被定义了，也可能没有，为了代码的简便且保证之后编译器又不会报错，可以使用 WEAK 关键字，即：

第 12 章　调试异常与解决

```
///////////////////////////////////////////////////////////////
//VectorsTrampolines.s
///////////////////////////////////////////////////////////////
    IMPORT      StackTop [WEAK]

        AREA |.text|, CODE, READONLY
;Vector list
ARM_Vectors
            DCD     StackTop
```

　　以上代码表示，如果已经定义了 StackTop 函数，那么 ARM_Vectors 向量表里的第一个向量值就是 StackTop 函数的地址。如果没有定义 StackTop 函数，那么编译器也不会报错，而是将第一个向量值直接赋予 0。

　　上面的代码表示了 WEAK 对 IMPORT 的函数的功能，那么对于 EXPORT 的函数，WEAK 又有什么样的功能呢？如果 EXPORT 的函数带有 WEAK 标志，并且在其他源代码中没有定义同名函数的话，那么在编译器进行链接时使用的就是该函数；否则，就使用另外的一个同名函数。这个机制与类的继承有点相像，都是一个函数将另一个函数掩盖了；所不同的是，WEAK 里的这个掩盖，是彻彻底底让另外一个函数消失。

　　可能这样说还是有点不太明白，下面以实例来说明：

```
///////////////////////////////////////////////////////////////
//VectorsTrampolines.s
///////////////////////////////////////////////////////////////
    IMPORT      StackTop
    AREA |.text|, CODE, READONLY
;Vector list
ARM_Vectors
            DCD     StackTop



///////////////////////////////////////////////////////////////
//VectorsHandlers.s
///////////////////////////////////////////////////////////////
    EXPORT  StackTop                   [WEAK]
        AREA    |i.DefaultHandler|, CODE, READONLY
StackTop    PROC
                B       .
ENDP
```

　　虽然此时 StackTop 函数在通过 EXPORT 导出时带有 WEAK 关键字，但是因为在整个源代码文件中只有这里有 StackTop 函数的定义，所以 VectorsTrampolines.s 文件中链接的 StackTop 函数是 VectorsHandlers.s 文件中定义的此函数的同名函数。

如果在其他源代码中也定义了同名的函数,即:

```
/////////////////////////////////////////////////////////////////
//VectorsTrampolines.s
/////////////////////////////////////////////////////////////////
    IMPORT    StackTop
    AREA |.text|, CODE, READONLY
;Vector list
ARM_Vectors
            DCD    StackTop
/////////////////////////////////////////////////////////////////
//VectorsHandlers.s
/////////////////////////////////////////////////////////////////
EXPORT  StackTop              [WEAK]
    AREA    |i.DefaultHandler|, CODE, READONLY
StackTop  PROC
              B    .
ENDP

/////////////////////////////////////////////////////////////////
//Func.c
/////////////////////////////////////////////////////////////////
Extern "C" StackTop()
{}
```

则因为 VectorsHandlers.s 文件中的 StackTop 是用 WEAK 导出的,而 Func.c 文件中又有同名的函数,所以此时 VectorsTrampolines.s 里的 StackTop 就链接 Func.c 里定义的 StackTop 了。

这里有一个很有意思的问题,就是如果 EXPORT 和 IMPORT 都用 WEAK 声明,即:

```
/////////////////////////////////////////////////////////////////
//VectorsTrampolines.s
/////////////////////////////////////////////////////////////////
    IMPORT    StackTop    [WEAK]
    AREA |.text|, CODE, READONLY
;Vector list
ARM_Vectors
            DCD    StackTop

/////////////////////////////////////////////////////////////////
//VectorsHandlers.s
```

```
;///////////////////////////////////////////////////////////
    EXPORT  StackTop                    [WEAK]
        AREA    |i.DefaultHandler|, CODE, READONLY
    StackTop    PROC
                B       .
    ENDP
```

那么此时 VectorsTrampolines.s 里的 ARM_Vectors 向量表的第一个向量值是什么呢？还是 VectorsHandlers.s 里的 StackTop 函数的地址吗？很遗憾，不是，而直接是 0！所以这一点就要注意，最好不要对同名的函数在 IMPORT 和 EXPORT 时同时使用 WEAK，否则结果很可能让你抓狂！

最后，以表 12.6.1 作为总结。

表 12.6.1　WEAK 关键字在各种情形下的对比

VectorsTrampolines.s	VectorsHandlers.s	Func.c	ARM_Vectors 第一个向量值
IMPORT StackTop [WEAK]	无	无	0
IMPORT StackTop [WEAK]	EXPORT StackTop	无	VectorsHandlers.s 的 StackTop 地址
IMPORT StackTop	EXPORT StackTop [WEAK]	有同名的 StackTop 函数	Func.c 的 StackTop 地址
IMPORT StackTop	EXPORT StackTop	有同名的 StackTop 函数	存在两个 StackTop，编译出错
IMPORT StackTop [WEAK]	EXPORT StackTop [WEAK]	无	0

附录 A
代码包快速上手指南

本书所涉及的源代码已经打包，并放置于笔者的博客，如果各位朋友有需要，可以自行下载，地址为：http://blog.csdn.net/norains。

其实如果各位朋友对本书讲解的要点已经非常熟悉，那么使用该代码包完全不在话下，但考虑到很多初学者习惯于先调试代码，然后在见到相应的成效之后才去阅读相应的文档（笔者其实也是如此），所以这里以附录的形式简单讲解如何使用代码包。由于本附录意在快速讲解如何上手，所以其中的细节还望各位朋友参照本书中相应部分的内容。

步骤一

从笔者博客的相应地址下载代码包，直接解压缩，会有两个文件夹，分别是DeviceCode和Solutions。直接将这两个文件夹复制到.NET Micro Framework Porting的安装目录中，结果如图A.1所示。

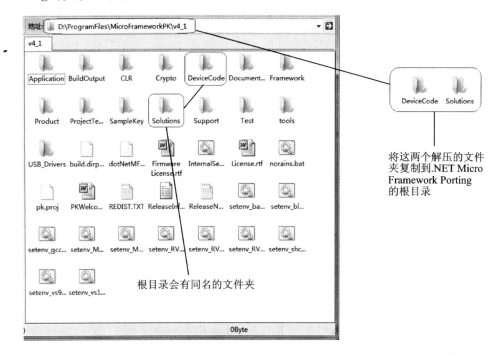

图A.1　将DeviceCode和Solutions文件夹复制到根目录

附录 A　代码包快速上手指南

其实真正起作用的是这两个文件夹下的子目录 STM32F10x 和 STM32F103ZE_RedCow。代码包之所以以 DeviceCode 和 Solutions 开头，主要是为了方便读者。现在只需直接将代码包复制到根目录，而不用考虑子目录路径如何放置，这样就可以避免出现路径有误而导致无法编译的问题了。

这里稍微说一下，STM32F10x 文件夹中主要包含的是与 STM32F103ZE 这个 CPU 相关的代码，而 STM32F103ZE_RedCow 文件夹中则包含与红牛开发板有关的代码。也就是说，如果各位读者使用的不是红牛开发板，但却是基于 STM32F103ZE 的开发板，那么只需更改 STM32F103ZE_RedCow 文件夹中的代码即可。

步骤二

选择"开始"→"运行"菜单项，输入"CMD"，打开命令行窗口，通过"cd"命令进入到 .NET Micro Framework Porting 的根目录，如图 A.2 所示。

图 A.2　进入到根目录

根据 Keil MDK 的安装路径设置相应的环境变量，笔者在这里输入的是"setenv_MDK3.80a.cmd "D:\ProgramFiles\Keil\ARM""，如图 A.3 所示。

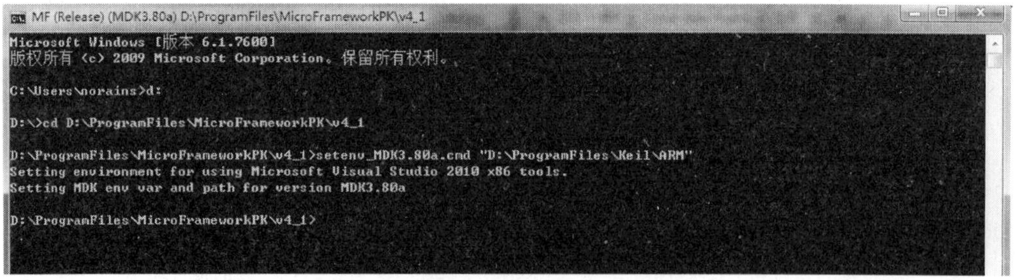

图 A.3　设置相应的环境变量

步骤三

再次使用"cd"命令，不过这次是进到 STM32F103ZE_RedCow 文件夹的 TinyCLR 目录中，如图 A.4 所示。

现在就可以通过命令行对 TinyCLR 进行编译了，直接输入"msbuild /t:rebuild /p:flavor=debug;memory=flash"。如果之前的环境变量设置正确的话，那么在一系列的编译动作之后，应该会提示编译成功信息，如图 A.5 所示。

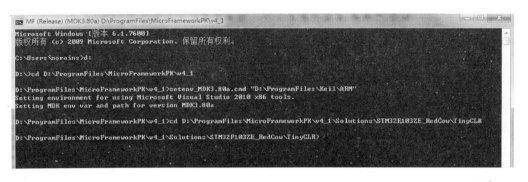

图 A.4 进到 TinyCLR 工程目录

图 A.5 编译成功

步骤四

现在可以不用理会命令行了,而回到窗口环境下直接单击".\Solutions\STM32F103ZE_RedCow\Debug\TinyClr"路径下的 TinyCLR.uvproj 文件,系统会自动调用 MDK 将其打开,如图 A.6 所示。

选择 MDK 的 Project→Options For Target 菜单项,打开 Options for Target 'Target1'对话框,在 Debug 选项卡中的 Use 下拉列表框中选择与实际调试器相符的设备,如图 A.7 所示。

附录 A 代码包快速上手指南

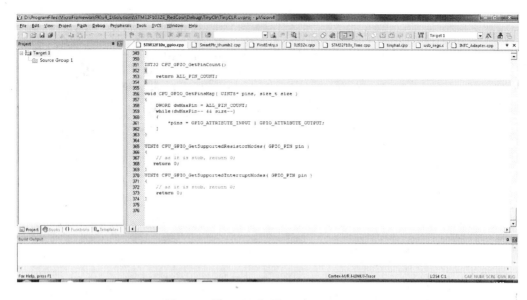

图 A.6 用 MDK 打开 TinyCLR.uvproj

图 A.7 选择 Debug 设备

相应地，在 Utilities 选项卡中也需要进行选择，如图 A.8 所示。

Utilities 选项卡的设置还没有结束，还需单击 Setting 按钮选择相应的 FLASH 区域，如图 A.9 所示。

单击 OK 按钮完成 Utilities 的设置之后，还要在 Output 选项卡中选择需要调试的 tinyclr.afx 文件，如图 A.10 所示。

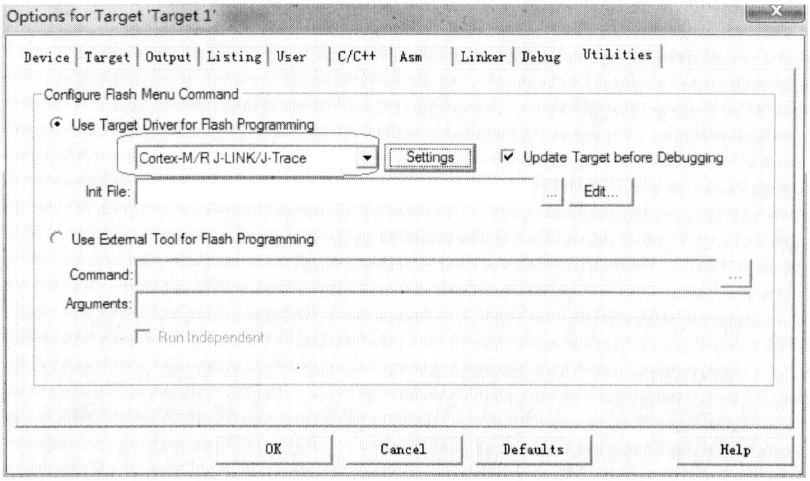

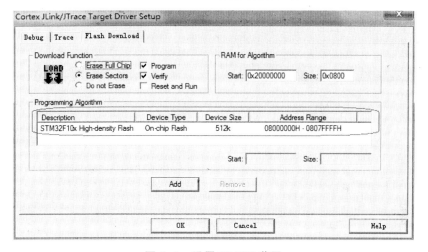

图 A.8 Utilities 也需要选择设备

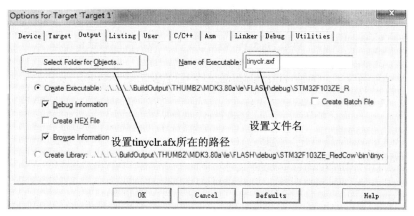

图 A.9 设置 FLASH 范围

图 A.10 设置 tinyclr.afx 文件

附录 A 代码包快速上手指南

以上的设置完毕之后,如果仅仅想下载系统文件,那么只需单击 Download 工具按钮即可;如果需要调试系统,那么就必须单击 Debug 工具按钮,如图 A.11 所示。

调试TinyCLR　　　　　　　　下载TinyCLR

图 A.11　Download 和 Debug 工具按钮

步骤五

当步骤四的系统文件下载完毕之后,重新启动开发板,下面就可以试试 C♯ 程序了。单击".\Solutions\STM32F103ZE_RedCow\Application\GPIO"目录下的 GPIO.sln 文件,系统自动调用 Visual Studio 2010 将其打开。编译源代码,将 USB 线与开发板连接起来,然后就可以单击 Start Debugging 工具按钮下载 C♯ 程序了,如图 A.12 所示。

如果一切没有问题的话,那么就应该能看到开发板上的 LED 灯在不停地闪烁。

图 A.12　单击 Start Debugging 工具按钮下载并调试程序

附录 B

BIN 文件的烧录

在网上,很多网友习惯将编译好的 TinyCLR 以 BIN 文件的形式发布,那么该如何将 BIN 文件烧录到开发板上呢？本附录就是解答此问题。

如果要烧录 BIN 文件,就必须使用 J-Flash ARM 软件,其界面如图 B.1 所示。

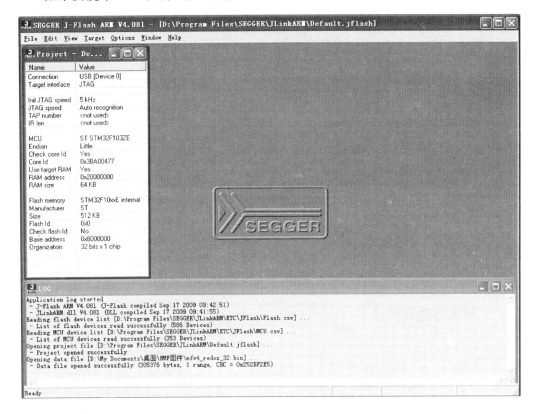

图 B.1 J-Flash ARM 软件界面

不过此时默认的 CPU 并不符合实际的需求,需要重新设置,故选择 Options→Project settings 菜单项,如图 B.2 所示。如果觉得选择菜单项太烦琐,那么也可以按 ALT+F7 快捷键。

在弹出的 Project settings 设置界面中,选择与实际开发板相符合的型号,这里选择的是 STM32F103ZE,如图 B.3 所示。

附录 B BIN 文件的烧录

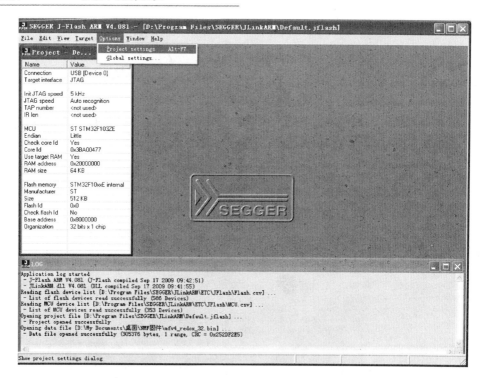

图 B.2 选择 Project settings 菜单项

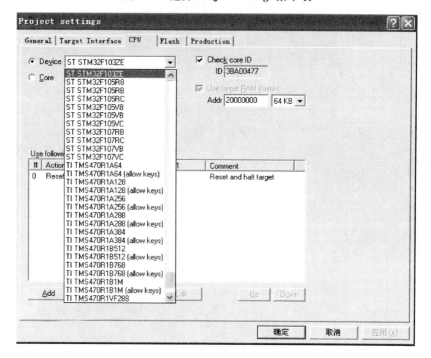

图 B.3 选择 STM32F103ZE

单击"确定"按钮,软件的左侧即列出了该 CPU 的相关信息,如图 B.4 所示。

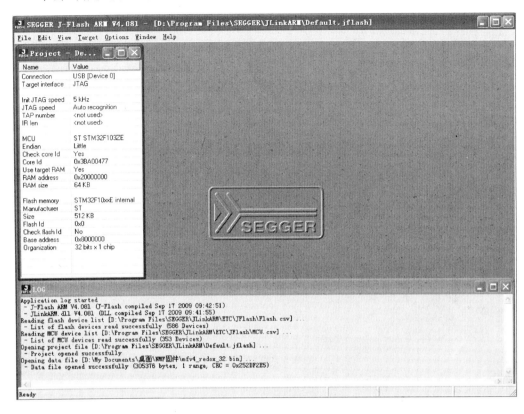

图 B.4　CPU 的相关信息

CPU 的设置工作完毕之后,就要将 J-Flash 与开发板相连,然后选择 Target→Connect 菜单项进行链接。如果链接成功,则在下方的 LOG 窗口中会显示"Connected successfully",如图 B.5 所示。

链接成功之后,可以通过选择 File→Open 菜单项来选择需要烧录的文件。其实此步骤在链接之前也可以进行,如图 B.6 所示。

因为这里选择的是 BIN 文件,所以还会弹出一个对话框,提示输入 Start address。因为 BIN 文件不像 HEX 文件,它是不包含地址的,所以烧录时需要设置起始地址。不过这里不用太担心,因为后续过程中还会根据 CPU 的信息来做相应的重定位,所以这里直接输入 0 然后单击 OK 按钮即可,如图 B.7 所示。

烧录 BIN 文件的准备工作完毕之后,就可以通过选择 Target→Auto 菜单项或按快捷键 F7 进行烧录了,如图 B.8 所示。

附录 B BIN 文件的烧录

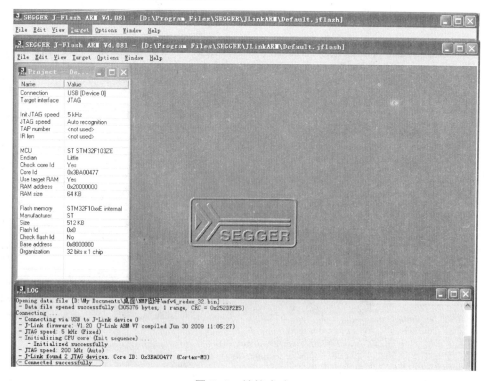

图 B.5 链接成功

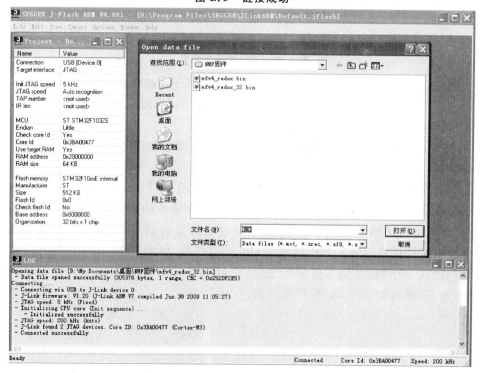

图 B.6 选择烧录的文件

附录 B BIN 文件的烧录

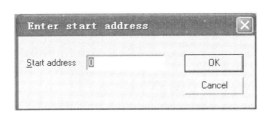

图 B.7 设置烧录的起始地址

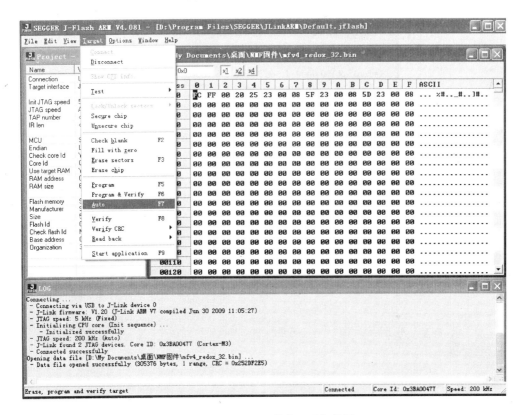

图 B.8 选择 Auto 菜单项进行烧录

这时会弹出对话框提示是否重定位到地址 0x0800 0000，此时选择"是"即可，如图 B.9 所示。

如果不出意外的话，那么就会非常顺利地进行烧录了，如图 B.10 所示。

附录 B BIN 文件的烧录

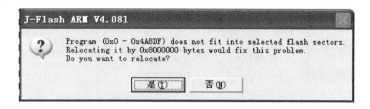

图 B.9　重定位烧录地址

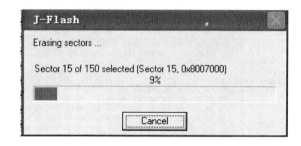

图 B.10　开始烧录

参考文献

[1] Yiu Joseph. ARM Cortex-M3 权威指南[M]. 宋岩,译. 北京:北京航空航天大学出版社,2009.
[2] 刘军. 例说 STM32[M]. 北京:北京航空航天大学出版社,2011.
[3] 小、中和大容量的 STM32F101xx、STM32F102xx 和 STM32F103xx ARM 内核 32 位高性能微控制器参考手册. http://www.stmicroelectronics.com.cn.
[4] FSMC. http://baike.baidu.com/view/3182621.htm.
[5] .NET Micro Framework 简介. http://www.pvontek.com/caseinfo,32.html.

后 记

授之于渔：写在.NET Micro Framework 4.2 RC 发布之际

在笔者将书稿交付于出版社不久，微软于2011年8月29日发布了.NET Micro Framework 4.2 RC版本。该版本的最大改进之处是，附带的支持包已经支持STM32家族了。于是，有不少朋友便问笔者，因为这本书还是基于.NET Micro Framework 4.1，并且所移植的芯片在.NET Micro Framework 4.2 RC中已经有官方支持了，那么出版这本书还有什么意义吗？说实话，笔者也曾为此烦恼，也曾犹豫过是否应该停止出版。

但是，在某一天当与一位同行说起此事时，一向睿智的他一语道破天机：微软的做法是授之以鱼，而你是授之于渔！这一瞬间，笔者顿时豁然开朗。

微软是将支持STM32家族的所有源码开放了，用户也确实可以轻轻松松地直接施行"拿来主义"。但这些代码仅仅是"鱼"，因为微软并没有告诉用户，这条鱼是如何钓上来的，代码为什么要如此实现。如果用户所使用的芯片以及开发板并不在微软官方支持之列，那么该怎么办呢？干瞪眼吗？还是等着微软来更新？如果选择这样的方式，那么估计产品的上市将遥遥无期。如果真遇到这样的情形，那么还只能选择自己移植。可说到移植，入门却又不是那么简单的事，门槛之一就是资料的匮乏。首先是微软的文档，关于移植的内容就只有只言片语，不构成系统的讲解，需要用户自己去摸索；而如果想在书店找到相应的移植书籍，就会发现是一片空白。因此本书的目的就在于，引导初学者以一种比较轻松的方式进入移植的大门，这不仅只是让代码跑起来，而更多的是让初学者明白实现的机制，这就是所谓的"授之于渔"。

虽然笔者的代码可能不是效率最高的，也可能不是性能最佳的，甚至可能不是最完善的，但应该是最适合初学者入门的。本书虽然介绍的是STM32F103ZE的移植，但其中涉及不少.NET Micro Framework运行的原理，而明白这些原理，无疑能更加了解微软官方支持库的思路，甚至如果能在进行其他芯片的移植中作为借鉴，也是大有裨益的。更何况，多了一种移植的方式，便多了一种思路，对于开阔眼界而言，不亦为一大乐事。特别是，当看到自己移植的代码能够正常跑起来时，那份喜悦绝对不是"拿来主义"所能比拟的。

如果您不满足于只会使用微软官方支持库；或者还想更加了解其中的缘起缘灭；或者您正在将.NET Micro Framework移植到其他的芯片上，但因为没有系统的资料而徘徊在移植的大门之外的话，那么不妨看看这本书，相信它应该不会让您失望。

作 者

2011年9月于深圳